U0907577

目　录

第一章　绪　论

第一节　研究背景

纵观历史,我国自然灾害主要呈现出成因背景复杂、灾害种类多、地域分布广、发生频率高强度大、灾害群发以及造成损失重等几个特征。特别是 1998 年长江、松花江和嫩江流域的特大洪涝,2006 年四川、重庆的特大干旱,2007 年淮河流域的特大洪涝,2008 年中国南方地区的特大低温雨雪冰冻灾害、汶川特大地震灾害,2010 年青海玉树地震、舟曲特大山洪泥石流以及 2013 年芦山地震和 2014 年鲁甸地震,都造成了惨重的人员伤亡和财产损失,也给民众造成了巨大的心理创伤。根据相关的调查研究发现,阪神大地震虽过去多年,但依然有四分之一的经历者患有严重的心理创伤①;同样,美国的研究也发现,即使地震已过了 14 年,还是有四分之一的经历者走不出地震的阴影②。黄介良指出,一般有 50%的人口会遭受心理创伤事件(包括意外、人为疏失、天灾及战争等),而高达 67%的幸存者会有持续的心理困扰,包括:创伤后压力症候群、恐慌症、焦虑症、忧虑症、药物或物质滥用。由于地震不仅带来大量人员伤亡、环境破坏、生活变迁,而且灾后重建需要时间较长,经历者的“创伤后应激障碍”(post-traumatic stress disorder,以下简称 PTSD)会持续至 18 个月以上。统计数据显示地震后约

① 林家彬:《阪神大地震的灾后重建工作及其启示》,《城市发展研究》2008 年第 4 期。

② 李明锦:《当今国际灾害救助新特点:以美国“卡特里娜”飓风、南亚地震灾害救助为例》,《理论导刊》2006 年第 5 期。

有32%—60%的成人以及26%—90%的儿童会有PTSD①。

作为社会弱势群体的儿童青少年,在自然灾害应对和灾后恢复中表现出更大的社会易损性。一方面,对于那些在地震中丧失亲人和朋辈的儿童青少年而言,可能面临着成为孤儿或者单亲家庭的困境;另一方面,有许多儿童青少年虽然没有失去亲人,但面对巨大的灾难冲击以及目睹他人的去世,也会产生PTSD。还有部分儿童青少年在地震灾害中受到身体伤害甚至导致肢体残疾,也会带来巨大心理创伤。部分儿童青少年能够随着时间推移无需治疗而逐渐恢复,但也有儿童青少年会因多种因素而延迟康复,发展成为PTSD。台湾大学心理学系在2000年针对九二一地震之后儿童与青少年进行研究,归纳他们在灾后的身心反应包括:害怕将来会有类似的灾难;对上学失去兴趣,厌学甚至逃学现象严重;行为退化,与自身年龄不相符合;睡眠失调以及畏惧夜晚;害怕与灾难有关的自然现象等。此外,还有可能包括:易怒、哭诉、粘人、攻击、抢夺等②。

汶川地震灾后,我国政府及相关部门开展了大规模的灾难救援以及灾后恢复重建工作。一方面,在灾害紧急救援阶段为儿童青少年提供紧急的医疗救助、临时安置、物资援助以及心理危机干预;另一方面,在过渡性安置以及灾后恢复重建阶段,通过民政、卫生医疗以及相关社会团体和组织为灾后儿童青少年提供生活安置、生活保障、困难救助、心理援助和伤残康复等服务。虽然我国已经建立了较为系统的灾害救助体系,但这种体系的基本出发点是恢复灾后民众的社会生活、基础设施以及产业发展,着重的是经济和物质层面的救助与恢复,忽视了对灾后民众心理、情绪以及精神方面的救助与重建。传统灾害救助体系存在"重物质轻心理、重眼前轻长远"的弊端。其实,与经济损失相比,灾难对人的心理冲击更为内隐,更为长久,也更为普遍。因此,灾后心理救助与灾后紧急救援同等重要,心理重建是灾后民众生活重建的重要组成部分,与灾后产业重建、社区重建以及基础设施重建一样,都是灾后恢复重建不可或缺的一部分。

灾后心理重建不仅具有重要性和必要性,同时也具有对象广泛性、程序复杂性、时间长期性、方法综合性、人员专业性以及涉及面系统性等多方面特征。正

① 杨雅榆:《震灾失依青少年的哀伤反应与因应策略过程研究》,硕士学位论文,南华大学生死学系,2002年,第3页。

② 廖文干:《地震灾后国民小学实施心理复健的探究:一所灾区小学的个案研究》,硕士学位论文,台中师范学院国民教育研究所,2003年,第14页。

因为此，灾后心理重建近年来越来越受重视，具体表现为：第一，灾后心理服务的理念不断得到认可和推广。政府和社会逐渐认识到，灾后救援不仅仅需要抢救遇难者和伤员，更应该及时提供物质帮助和心理服务；不仅仅需要把灾民从废墟中抢救出来，还应该通过心理救助让灾民从阴影中走出来、站起来。第二，灾后心理服务的实践不断丰富。1994 年，新疆克拉玛依大火之后，北京大学精神卫生研究所首次开展了灾后心理危机干预工作。随后，河北张北地震、1998 年南方特大洪水、2000 年河南洛阳大火、2002 年大连空难以及北大山难等灾难现场，都有心理卫生工作者参与救援工作①。大连空难后，政府邀请了部分心理卫生专家对遇难者家属开展心理危机干预服务，分别在大连和北京开展了三次个案心理辅导和集体心理危机干预，极大地减轻了遇难者家属的心理创伤。汶川地震灾后一个月内，就有 600 多个与心理学有关的社会组织与机构进入灾区，从事灾后心理危机干预与服务的人员达到近 2000 人。第三，灾后心理服务的政策法规不断健全。汶川地震后，为积极预防、及时控制和减缓灾难的心理社会影响，促进灾后心理健康，维护社会稳定，当时的国家卫生部于 2008 年 5 月 20 日印发《紧急心理危机干预指导原则》，强调心理危机干预作为医疗救援工作的一个组成部分，并成立心理救援协调组，制定干预工作方案，同时也明确了心理危机干预只是医疗救援工作的一部分，不是“万能钥匙”。第四，灾后心理服务的研究不断深入。自 2002 年白渝在《防灾博览》发表第一篇关于灾后心理服务的文章以来，以“灾难心理”和“灾后心理”为主题的 CNKI 期刊论文和硕博论文逐年增多。这些研究从心理学、精神医学、社会学、护理学、管理学、人类学、教育学、图书馆学、艺术学、伦理学等不同学科出发，对灾后民众的心理状况、影响因素、群体特征、干预方法、服务模式以及国内外经验等进行了系统研究。另外，关于灾难心理的著作也不断问世，包括时勘教授的《灾难心理学》《灾后心理自助手册》和《抗震救灾心理辅导手册》以及中国科学院心理研究所 5 · 12 心理援助丛书等。第五，灾后心理服务政策法规不断健全。2002 年，当时的卫生部、民政部、公安部和中国残疾人联合会等联合发布了《2002—2010 年中国精神卫生工作规划》，明确提出“精神卫生救援”的概念，并将其纳入到救灾防病和灾后重建工作

① 柯佳敏等：《精神救助 · 社工介入 · 系统构建：专业社会工作介入社会性突发事件精神救助系统构建研究》，中国社会科学出版社 2013 年版，第 3 页。

中,要求各省要针对灾害实际情况制定相应的《灾后精神卫生救援预案》。2013年5月1日起开始施行的《中华人民共和国精神卫生法》也要求:“发生自然灾害、意外伤害、公共安全事件等可能影响学生心理健康的情况,学校应当及时组织专业人员对学生进行心理援助。”可见,心理援助逐渐成为灾后救援及重建的重要内容。

尽管如此,我国灾后心理服务工作依然处于滞后发展阶段。就以汶川地震灾后心理援助为例,当时进入灾区的心理卫生工作者来自不同的专业和系统,有教育工作者、心理咨询人员、心理治疗人员、慈善机构人员、志愿者队伍、医护人员、社会工作者甚至是各类公务人员。这种“一窝蜂”式的心理干预服务往往带来两种后果:一方面,许多心理干预人员不具备心理危机干预以及心理辅导的专业价值和能力,不仅起不到心理危机干预的效果,反而不断地揭开灾后民众的心理伤疤,带来“二次心理伤害”;另一方面,许多灾后心理干预人员往往徒有“一股热情”,并没有真正了解灾后儿童青少年的心理需要,服务的可持续性也难以得到保证。地震一周年后,能够留下来继续从事灾后心理重建工作的人员不足五分之一。可见,虽然灾后心理干预服务已经有所开展并得到一定社会认同和参与,但仍然存在着诸多问题:一是缺乏专业的沟通协调平台进行统筹工作,不能保证相应工作人员的专业素质,也导致了灾后民众对于心理服务产生排斥心理。二是灾后心理服务重视紧急救援阶段的心理危机干预,缺乏持续性开展心理重建服务的专业人员和服务机制。三是未能将灾后心理救助与其他方面的救助结合起来,未能通过社会支持来促进恢复重建的顺利完成。对于灾后民众而言,获得及时的心理救助与长期的心理重建服务,可以极大地鼓舞抗震救灾的士气和重建未来的信心,从而为灾后生活重建、基础设施重建以及经济重建等提供强大的精神动力。四是灾后心理重建的视野较为单一,更多注重在传统心理学的“问题视角”①,忽视了其在紧急救援以及灾后重建中所作出的努力和取得的经验。另外,传统的心理学以及精神医学视野下的心理干预缺乏对于灾后民众社会环境以及社会支持的研究与关注。五是相关政策和法律法规还没有得到落实,灾后心理重建的人员培养、组织体系、运行机制、社会资源运用等问题还没有

① 闻英:《社会工作中问题视角和优势视角的比较》,《南阳师范学院学报(社会科学版)》2005年第10期。

得到很好的解决。因此,如何在心理学开展灾后心理危机干预的坚实基础上,进一步完善和拓展灾后心理危机干预的学科视野,长期跟踪观察和分析灾后心理的社会生存状态与社会影响因素,并构建灾后心理服务的社会支持网络,成为灾后青少年心理重建的必需创新,同时也能进一步提升灾后青少年心理救助的成效。

基于以上分析,本研究提出了“地震灾后青少年心理重建的社会工作介入研究”这一主题,期望在总结灾后青少年心理救助现有理论与实践研究的基础上,从社会工作的专业视野和理论框架出发,在对灾后青少年心理状况及其需求调研的基础上,借鉴国内外心理重建的经验,探讨社会工作介入的理论、模式、方法、技术以及运用,完善我国灾后心理重建的理论体系。

面对灾害,社会工作秉持利他主义的理念和助人自助的基本精神,将灾害所影响的灾民、救援人员、灾民家属以及相关人员均作为服务对象,通过专业的理论、方法与技术,在尊重服务对象主体性、能动性和自决性的基础上,关注受灾民众的个体、群体及其社区在心理和社会关系方面的改进和提升,最终达到缓解、减轻、消除灾害所带来的生理、心理以及社会功能方面的损害,提升服务对象各方面的社会功能。在灾后紧急救援阶段,社会工作的主要任务是开展受灾民众的心理干预和社会救助,包括协助沟通各种救灾信息和物资的发放、组织灾后民众开展互助性的自救活动、帮助灾民获得心理宣泄、精神慰藉以及哀伤辅导的机会;在灾后重建阶段,社会工作的主要任务则包括灾害创伤的调查分析、受灾个人及家庭的安置服务、灾区民众心理和社会关系的重建等。通过这些服务,社会工作成为灾后救助中的资源输送者、服务提供者、民间组织者、制度倡导者以及理念推广者①。针对灾后青少年的特殊心理需求,社会工作通过危机干预、心理辅导、生活协助以及关系重建,最终实现心理复原和重建。

近年来,国内外服务实践已经证明了社会工作在灾后心理服务中的意义。首先,从介入过程看,社会工作按照国家民政部下发的《关于进一步做好抗震救灾工作的紧急通知》的要求,认真做好受灾群众尤其是孤儿和青少年的心理抚慰和康复工作。一是深入灾区开展调研工作,摸清灾后青少年心理状况和需求;

① 民政部社会工作司:《灾害社会工作理论与实务》,中国社会出版社 2012 年版,第 62—63 页。

二是结合不同救援机构的实际状况，调动青少年辅导专家和社会工作专家，组建专业队伍奔赴灾区学校、安置板房、社区以及家庭开展专业服务；三是针对灾后青少年的需要，开展哀伤辅导、心理抚慰、残疾康复、生计援助、关系重建等服务；四是面向灾后青少年服务者提供心理学、社会工作以及其他专业知识的培训与督导。其次，从介入对象看，社会工作以心理重建为中心，面向灾后青少年的不同类型和群体提供服务。一是通过主动关怀、陪伴倾听、哀伤辅导、心理抚慰、活动减压、游戏治疗等方法，帮助丧亲的青少年减轻精神压力、重建家庭关系和生活信心；二是就灾后伤残青少年可能出现的生理功能退化、情绪消极悲观、生活难以自理和生计难以持续等问题，通过建立残疾人康复训练基地、组织他们开展互助和自助小组、开办就业培训班等多种方式，协助他们走出阴影，重树信心；三是面向所有儿童青少年提供综合性服务，包括生活照顾、学业辅导、心理支持、游戏治疗、生命教育等活动，引导他们走出灾难阴影，重回美好生活。再次，从介入领域看，社会工作围绕灾后青少年的心理需求，开展了救灾物资发放、生活救助以及生计发展、学校重建以及学业辅导、社区心理健康促进以及社区关系融合等服务。最后，从介入方法看，社会工作通过个案辅导、小组互助、社区教育以及政策倡导等方式，促进灾后青少年心理的复原与重建①。

通过以上经验证明，探讨社会工作介入灾后青少年心理重建的理论与框架具有重要的理论和现实意义。从理论层面看，本研究推动了心理学与社会工作学科的结合，实现了灾后青少年心理重建的跨学科合作，具体表现为：一是发展了灾后心理服务的多学科视野；二是深化了灾后心理服务的社会工作理念；三是探索了灾后心理服务的多元模式；四是拓展了灾后心理服务的社会服务领域；五是丰富了灾后心理服务的工作领域；六是促进了灾后心理服务的知识积累。从实践层面看，通过社会工作介入灾后青少年的心理重建：一是帮助灾后青少年舒缓了悲伤、化解了焦虑、释放了压力、稳定了情绪、树立了信心、增进了身心融合；二是帮助灾后青少年家庭度过了危机和难关，促进了家庭凝聚力的形成，为青少年提供了较好的家庭生活环境；三是引导灾后青少年走出自我、走出家庭，融入社区、学校和朋辈生活，由此建立互动和互助网络、发展更为积极和支持性的社会关系；四是帮助灾后青少年获得更多的社会支持、物资帮助、信息服务和宣传

① 民政部社会工作司：《灾害社会工作理论与实务》，中国社会出版社2012年版，第8—13页。

教育,从而更好地认识灾难、认识灾难救助系统,从而提升其应对灾难的意识和能力;五是提升了灾区家庭、学校以及社区的服务功能,培养了一大批社会工作者,构建了灾后社会工作服务的人才队伍。

第二节　核心概念的界定

本研究的主题是地震灾后青少年心理重建的社会工作介入,为此需要对“地震灾害”“灾后青少年”“心理重建”与“社会工作”四个基本概念进行相应的界定与分析。

一、灾害

所谓灾害,是能够对人类和人类赖以生存的环境造成破坏性影响的事物总称。《辞海》认为灾害就是“天灾人祸造成的损害”。《中国灾荒词典》(1989)认为,“灾害是由某种不可控制或未予控制的破坏引起的、突然或在短时间内发生的、超越本地区防救力量的大量人群伤亡和物质财富损毁的现象”①。《美国传统英语辞典》则将灾害(disaster)界定为“导致广泛破坏和痛苦的事件”②。《韦伯斯特词典》直接将灾害定义为“一种突发的并带来极大物质损坏、财产损失和精神痛苦的灾难事件”③。一般来讲,灾难有自然灾害以及人为灾害两种分类。常见的自然灾害如地震、火山喷发、风灾、火灾、水灾、旱灾、雹灾、雪灾、泥石流、疫病等;而人为灾害指主要由人为因素引发的灾害。其种类很多,主要包括自然资源衰竭灾害、环境污染灾害、火灾、交通灾害、人口过剩灾害及核灾害等。

与从词义上理解灾害的角度不同,不同学者从自身的学科背景来理解灾害。经济学家认为灾害的本质问题是经济损失,社会学家认为灾害是一种社会结构和社会过程的结果,历史学家认为灾害是一部人类与灾害相抗争的历史,而人类

① 孟昭华、彭传荣:《中国灾荒词典》,黑龙江科学技术出版社 1989 年版,第 39 页。

② *American Heritage Dictionary of the English Language*, Boston: Houghton Mifflin, 1992, p.529.

③ 梅里亚姆—韦伯斯特公司:《韦氏词典》,世界图书出版公司 2001 年版。

学家则认为灾害的核心是对灾害进行文化构建，等等[①]。综合而论，可以发现灾害具有以下几个方面的特征：一是危险源的多样性。从社会科学角度来看，危险源则常常出现在社会系统内部，社会的各个子系统中都有危险源存在，于是危险源的概念被拓展到社会、文化、制度、组织等层面。正因如此，亚历山大将危险源分为以下三类：自然危险源（natural hazards）、科技危险源（technological hazards）和社会危险源（social hazards）[②]。二是关系链的社会建构性。作为是危险（源）与结果之间的联系纽带，关系链的判断决定了灾害的类型和程度。一般而言，灾害的认知和判断依赖于整个社会对于灾难发展原因、灾难类型以及灾难影响的判断，这种判断强烈受到专家、政府、利益团体等主体以及社会背景、文化等的影响。因此，灾难具有强烈的社会建构性特征。三是结果的伤害性。无论如何，只有给人类生产和生活带来负面影响的危险源，才能称之为灾害。具体而言，灾害可能给人类及其社会的政治系统、经济系统、社会系统或文化系统带来破坏，并根据破坏的程度可以分为"紧急情形""灾害""巨灾"等。四是主观感知性。结合心理重建而言，受灾民众对于灾害的认知、态度以及防治措施，不仅决定了灾害影响的大小、灾害救援及重建的进程，更决定了灾后民众如何进一步预防和控制灾害的效果。因此，灾区民众对于灾害的主观感知性，也是灾害的重要特征之一。

本研究中主要以自然灾害中的地震灾害为主要研究背景。地震作为一种天灾，具有以下几个区别于其他自然灾害的特征：一是极短时间内造成较大区域的巨大影响；二是在毫无预警的情况下发生，且给人的反应时间极短；三是地震的规律超乎人们的经验，很难去预测和推断；四是具有复杂的原因；五是人们很难在极短时间内采取有效的逃生措施；六是地震造成的损毁具有多样性；七是地震所带来的余震和次生灾害持续不断；八是地震灾后救援非常困难，且灾后恢复重建需要较长时间。不过，地震所带来的危害取决于地震的震级、烈度和震源深度、发生位置以及民众的预防措施等多种因素。因此，并非任何地震都能够称之为灾害，只有那些人类生活区域、具有一定破坏和影响力的地震才是本研究的重

① 李永祥：《什么是灾害：灾害的人类学研究核心概念辨析》，《西南民族大学学报（人文社会科学版）》2011 年第 11 期。

② 陶鹏、童星：《灾害概念的再认识：兼论灾害社会科学研究流派及整合趋势》，《浙江大学学报（人文社会科学版）》2012 年第 2 期。

点,但其他能够造成青少年心理创伤的自然灾害以及人为灾害同样适用于本研究。因此,本研究中所有使用“地震”“震后”以及“地震灾后”的地方,都可以理解为广义的“灾害”“灾后”。

二、灾后青少年

本研究将青少年的年龄界定为11—22岁之间的人群,但分别使用了不同阶段的青少年概念。具体来说,在单独论述处于11—14岁人群的时候,研究中均使用“儿童”;在论述大范围的11—22岁之间人群的时候,研究中均使用“儿童青少年”;在论述14—22岁之间人群的时候,研究中均使用“青少年”。因此,“儿童”“儿童青少年”“青少年”等不同用词,均表示“灾后青少年”的含义。进一步地,灾后青少年主要是指那些经历过地震灾害,且在身心以及社会方面受到影响和冲击的处于11—22岁之间的人群。灾后青少年既包括地震灾区亲身经历地震灾害的青少年,也包括那些不在灾区但受到灾害影响的青少年;既包括灾后丧亲的青少年,也包括灾后肢体残疾的青少年。根据相关研究发现,灾后青少年的心理特征会经历以下四个阶段:一是英雄期(heroic),即灾后青少年在地震发生后的第一时间,会表现出英雄主义的气概,并积极参与灾害紧急救援工作,从而通过彼此互助保护人身财产的安全;二是蜜月期(honeymoon),即地震发生后一周到三个月左右的时间,随着政府、社会以及非政府组织的大量社会资源进入灾区,灾后青少年被持续地支持及照顾,从而感受到与周围环境的亲密关系;三是失望期(disillusionment),即地震三个月之后,随着各类社会支持的弱化甚至退出,灾后青少年得到的社会支持逐渐降低甚至失去,由此对周围环境产生失望,对救灾延误表达愤怒,对未来生活感到迷茫;四是重建期(recovery),即灾后青少年调整自身的心理及社会状态,以更积极的心态和行动开展灾后恢复重建工作①。

三、心理重建

在国外,Kiyuna、Kopriva和Farr认为灾后心理重建就是在安全支持的专业

① 戴安·梅尔斯:《灾难与重建:心理卫生实务手册》,陈锦宏等译,心灵工坊文化事业股份有限公司2001年版,第23页。

关系基础上,一方面给予灾后青少年以心理和情绪的支持以激发其对于未来的盼望,另一方面通过青少年再次经历创伤事件,协助其探索个人情感及认知状态,最终再次整合创伤经验,以其既有的或是新建立的认知基模来统整自我,实现继续成长的目的①。我国台湾地区九二一地震灾后,金树人认为灾后心理重建即是在与案主建立关系和重视案主差异性的基础上,开展安身和安心的陪伴服务,让受难者自己长出力量,将灾变经验转化成生活能量。金树人进一步强调以学校为基础开展灾后心理复原工作,透过学校多元的渠道,结合校内外资源,提供学生情绪支持、心理咨商、相关信息与实质帮助,保障灾后心理重建的成效②。

汶川地震之后,大陆地区也陆续开展了心理重建工作,中国科学院心理所首次提出灾后心理重建的"心理—社会—文化"模式,从北川中学小规模心理辅导起步,发展到包括北川境内和绵阳地区的大范围心理援助服务。这一过程主要沿袭社区心理援助和学校心理援助模式,在心理层面,开展心理教育、心理支持、心理辅导和心理治疗;在社会层面,采用个案社会工作、家庭社会工作、社区社会工作方法,链接社会资源,发展社区能力,促进灾区群众融入社区;在文化层面,依循节日文化、地域文化、民族文化、灾区文化、灾难文化,创造性地开展灾后心理援助工作③。

综上所述,本研究所使用的心理重建是指在人与环境的框架下,坚持助人自助的基本原则,基于心理学、精神医学、教育学以及社会工作等不同专业人员的团队合作,通过物质帮扶、信息咨询、情绪支持、心理辅导、危机介入以及资源联络等多种方式方法,对内促进青少年心理复原和自我整合,对外提升青少年社会交往和社会支持,最终实现其生理、心理、社会以及生命的重整和发展。

灾后心理重建不仅是一个融合物质、心理和生命教育的过程,更是一个长期的持续过程,还是一个以青少年为中心开展多元服务的过程。结合灾害进程,灾后心理重建也可以分为四个阶段:一是灾后救援阶段的危机干预与处理,主要是

---

① Kiyuna, R.S., Kopriva, R.J & Farr, S.J., "The Experiential Learning Model as a Conceptual Framework for the Treatment of Post Traumatic Stress Disorder", in *Handbook of Post-disaster Interventions*, R.Allen, Washington, D.C.: Mineralogical Society of America, 1993, p.235.

② 金树人:《九二一灾后的心理复健工作》,《理论与政策》2000 年第 14 期。

③ 史占彪等:《北川心理重建:痛并快乐着》,《中国减灾》2011 年第 6 期上。

在地震灾后二周之内，为灾后青少年提供紧急安顿、物资救助、情绪支持、危机干预、哀伤辅导以及心理咨询，协助其渡过灾后心理危机。二是灾后安置阶段的心理辅导与治疗，主要是在地震灾后二周至六个月内，通过深入调查灾后青少年的生理、心理、家庭状况及其需求，为其提供安置服务、心理咨询、学业辅导、生活救助以及各种转介服务。三是灾后恢复重建阶段的心理重建，主要是指灾后半年至一年之内，为灾后青少年提供创伤后压力疾患的治疗、高危险群的追踪、社会群体心理治疗以及社会功能的重建。四是灾后长期重建阶段的心灵重建，主要是指灾后一年到三年乃至更久，通过提升灾后青少年的心理复原力、社会支持力以及生命抗逆力，重建健康的心灵家园和支持性的社会关系，最终实现全人健康的目标[①]。其中，第一、二阶段的工作主要是“危机干预”与“心理救助”，而第三、四阶段的工作主要是强调“心理重建”与“心理卫生服务”等。

四、社会工作介入

作为现代社会专业化的解困救难的手段，社会工作不仅仅是一门助人的学科和专业，更是具体的助人方法和技术，还是一种科学的助人过程和福利制度。面对地震灾害及其所造成的巨大创伤，社会工作开展积极的介入服务。早在1871年，当时的慈善组织会社就为芝加哥大火提供救助服务。后来，受心理学影响，社会工作介入灾害救助主要通过采用心理精神工作方法，为受灾民众提供身体和心理健康服务，以缓解他们经常发生的负面情绪和创伤压力反应[②]。近年来的华人社会，经历了台湾地区九二一地震和八八水灾、大陆地区的汶川地震和玉树地震，社会工作以各种方式满足灾后民众的需求，提供多元化的专业服务。据不完全统计，汶川特大地震发生后，先后有40多家社会工作机构和500名左右的社会工作者奔赴灾区开展社会工作服务，不仅有效地缓解了灾后民众的危机心理，满足了灾区民众的社会福利需求，并极大地提升了灾区群众和干部

① 王丽文：《震灾后学校、社区的阶段心理复健工作》，《辅导季刊》2009年第3期。

② Streeter, Calvin L.& Susan A. Murty, “Introduction”, *Journal of Social Service Research*, Vol. 22, No. 1-2, 1996, pp.1-6.

的自我发展能力，也推动了社会工作介入灾后社会救助的可持续发展①。就灾后青少年心理重建而言，社会工作的介入不仅可以有效地缓解青少年的心理压力，也可以通过学业辅导、游戏治疗、小组活动、生命教育以及康乐活动等方式提升青少年的抗逆力，促进他们与家庭、社区、朋辈以及社会机构的联系，增进其社会支持网络和水平，实现他们内在复原力和外在社会支持的发展。不过，社会工作对于灾后青少年心理重建的理论功能和意义，依赖于社会工作以有效的方式介入和实际的行动。反观现实，社会工作在我国还不是很成熟，对于地震灾区民众而言，更是一个“外生性”事物，政府和社会的接纳程度还不高，更没有纳入到灾后恢复重建的政策体系，介入灾害救援缺乏政策法规依据。因此，需要深入探讨灾后心理重建中社会工作介入的具体涵义、方式、原则和内容。

所谓“介入”即是指进入、参与或插手另外一件事情进行干预性活动。因此，本研究中的社会工作介入是指社会工作者以融入、嵌入以及植入的方式开展灾后青少年心理重建的服务活动，并由此发展出相应的介入理论、模式、方法、技术以及具体的实务领域。具体来说，社会工作介入可以表现为以下三种方式：一是融入，即社会工作者利用自身的专业知识与方法，与临床心理学家、心理咨询师、医护人员、教育工作者以及其他专业人士合作开展服务，社会工作者主要负责青少年心理的辅助评估、咨询、个案辅导、小组工作、家庭访视、社区宣传以及政策倡导等工作。融入方式中，社会工作者是作为心理重建团队中的一员，是专业分工与合作的具体体现。这也是较为传统的一种方式，在医学、精神病学、心理学以及社区规划等服务中较多采用。二是嵌入，即指社会工作作为一种专业理念、方法和技术运用于灾后青少年心理重建中，并与之有机融合，逐渐成为整个灾后恢复重建的有机组成部分②，通过“项目嵌入”来实现向本土植入的转变。嵌入式发展中，社会工作作为外生力量，通过增强和创新灾后心理重建服务，来得到灾后重建系统的认可，并获得专业实践和推广权③。三是植入，即是指社会工作作为外生力量，直接通过自身的专业优势、政府行政力量或者社会强弱关系

① 边慧敏等：《灾害社会工作的现状、问题与对策：基于汶川地震灾区社会工作服务开展情况的调查》，《中国行政管理》2011 年第 1 期。

② 王思斌、阮曾媛琪：《和谐社会建设背景下中国社会工作的发展》，《中国社会科学》2009 年第 5 期。

③ 王思斌：《社会工作实践权的获得与发展：以地震救灾学校社会工作的展开为例》，《学海》2012 年第 1 期。

等多种方式植入灾后青少年服务领域，作为专业力量开展灾后青少年心理重建。该方式具有明显的强制性，是狭义的介入方式，在当前的中国，既包括通过政府命令或者指令方式保证社会工作的植入，也包括通过各种社会关系以及潜规则保证社会工作的植入。该模式具有较大的偶然性和模糊性，但往往也获得更好的可行性。

考虑到东西方社会工作不同的历史背景与文化脉络，“嵌入性”可以更好地解释和分析社会工作服务如何受到历史、文化、制度、关系和社会结构的影响，并通过嵌入达到植根的目的。具体来说，社会工作在嵌入灾后青少年心理重建过程中，需要积极吸收和反映当地的民族、宗教、风俗、习惯、社会关系以及制度体系，并通过与当地社会不同组织建立信任的伙伴关系，从而使社会工作服务被接纳和认可，并积极培养和吸收本土社会工作人才，实现社会工作服务的落地与生根。这对社会工作者有了更进一步的要求，不仅需要有适应本土情况的理论背景，更需要灵活运用社会工作的专业方法与技术，还需要有满足灾后青少年需要的心理重建内容，才能真正实现其可持续发展①。因此，社会工作可以有多种嵌入的方式，既可以通过物质救助与生活援助来促进边缘性嵌入，也可以通过开展青少年个案辅导、小组咨询、哀伤辅导等服务来促进核心性嵌入；既可以通过一般性的探访、陪伴以及支持来促进浅层嵌入，也可以通过独立开展心理危机干预和心理辅导服务来促进深度嵌入；既可以通过社会工作挂靠某一单位或者依托某类项目开展服务实现依附性嵌入，也可以单独成立社会工作服务中心，独立开展专业化服务，实现自主性嵌入②。柳拯提出我国灾害救援社会工作介入模式主要有三种，即政府主导模式、社会组织主导模式和高校主导模式③。谭祖雪等将社会工作介入灾害救援的途径分为政府相关部门直接领导、高校合作、民政部门注册批准、政府协调和其他政府部门审核批准五种类型④。除此之外，社会工作介入灾后重建还有鹤童社会企业服务模式、剑南社工“寻解导向”的社区能力建设模式、深圳“1 社工 + 4 义工”的联动机制模式、上海社工的“政社合作”介

① 廖鸿冰：《从外生性嵌入到内生性根植：社会工作本土化发展路径探索》，《社会工作（学术版）》2011 年第 9 期。

② 王思斌：《中国社会工作的嵌入性发展》，《社会科学战线》2011 年第 2 期。

③ 柳拯：《社会工作介入灾后恢复重建的成效与问题：以“512”汶川特大地震为例》，《中国减灾》2010 年第 7 期。

④ 谭祖雪等：《社会工作介入灾害救援机制研究》，《天府新论》2011 年第 2 期。

入机制模式、四川社工“行政主导”的社工介入机制模式以及香港理工社工积极发展本土化的服务模式①。

第三节 文献综述与评论

一、研究的主要问题及结论

（一）震后青少年PTSD相关状况分析

研究认为，地震作为自然灾难的一种类型，其强烈的破坏性，给受灾者造成的创伤性心理反应是非常严重和普遍的，对青少年的影响主要表现为一种创伤后应激障碍（PTSD），并在身心、精神、认知以及行为方面均有所表现。总体而言，震区青少年主要的躯体症状有头痛、肠胃不适、食欲不振、呼吸困难、心慌、疲乏、肌肉疼痛等，常见的心理症状有失眠、做恶梦、容易惊吓、紧张、情绪低落等②。

在心理情绪和人格方面，应用症状自评量表（SCL-90）与艾森克人格问卷（EPQ儿童版）对地震灾区20天后137例学生进行心理测评的结果发现，灾区青少年学生心理问题发生率为31.3%，其中强迫为35.8%，人际关系敏感为30.7%，焦虑为24.1%，抑郁为22.6%，敌意为20%，恐惧为15.3%。灾区学生主要表现为恐惧、焦虑、精神疾病症状，有心理问题的灾区青少年具有内向、情绪不稳定的人格特征③。司徒明镜等在地震灾后使用SDQ（长处与困难问卷），张毅等采用儿童自评的抑郁障碍自评量表（DSRSC）的测量结果都发现灾后青少年PTSD显著高于国内常模④。在行为方面，用Achenbach儿童行为量表对汶川

① 柴定红、周琴：《我国灾害救援社会工作研究的现状及反思》，《江西社会科学》2013年第3期。

② 张理义等：《汶川地震对青少年心身健康的影响及其干预性研究》，《中国健康心理学杂志》2009年第11期。

③ 杨艳杰等：《地震灾区青少年学生心理健康状况调查》，《中国公共卫生》2008年第12期。

④ 张毅等：《汶川大地震灾区儿童青少年的地震经历与抑郁情绪》，《华西医学》2009年第1期；司徒明镜等：《汶川大地震后灾区儿童青少年心理健康状况调查》，《四川大学学报（医学版）》2009年第4期。

地震灾区 400 名 10—13 岁儿童的测评结果也发现，地震灾区儿童行为问题检出率为 38.2%，显著高于全国及其他地区，并且他们的行为问题主要表现出严重性、全面性和普遍性的特点①。

但灾后青少年的 PTSD 具有差异性。一方面，有研究发现四川绵竹的青少年遭受的创伤暴露严重程度显著高于陕西宝鸡地区，但在 PTSD 症状严重程度（$t=0.181, df=1265, P=0.857$）上差异并不显著，只在 PTSD 症状检出率（$\chi2=8.766, df=1, P=0.003$）上差异显著，绵竹地区的 PTSD 症状检出率显著高于宝鸡地区②。另一方面，也有研究发现地震一年后青少年 PTSD 由阳性转为阴性，但一年后的 PTSD 阳性检出率没有显著降低，说明 PTSD 逐渐趋于缓解，但仍然有一个长期的潜伏期并存在个体差异③。

可喜的是，地震灾害对青少年道德品格的发展具有促进作用。有研究发现青少年在人生选择方面趋向于更善待生命、善待人生，其民族意识、国家意识、人性意识、生命意识、志愿公益意识呈现出大幅度增强的态势，同时发现青少年自救能力不足，灾后心理问题浮现④。尤其是重灾区青少年学生对于地震灾难有着深刻的道德体验与生命感悟，震后道德认知、情感、判断发展水平均有所提高，呈现积极和正向变化趋势，但在思想变化、行为表现、环境适应等方面也存在一些不容忽视的问题⑤。另外，王丹丹等从“全人健康”视角出发，认为地震灾后青少年有基本的物质生活需要、心理安全感和合理宣泄情绪的需要、家庭、学校和社区环境支持的需要，以及生活目标和自我价值感的需要⑥。

（二）震后青少年心理机制及影响因素分析

总体而言，相关研究发现地震灾后青少年 PTSD 的发生与个体的遗传特征、

① 陈彩琦等：《汶川地震灾区儿童行为问题的状况及影响因素研究》，《华南师范大学学报（社会科学版）》2009 年第 4 期。

② 贺婕等：《汶川地震后青少年 PTSD 症状及其相关因素研究》，《中国健康心理学杂志》2011 年第 1 期。

③ 陈俊、林少惠：《创伤后应激障碍的心理预测因素》，《华南师范大学学报：社会科学版》2009 年第 4 期。

④ 张爱华、佟敏育：《汶川地震对灾区青少年影响研究：以四川灾区高中生为例》，《青年探索》2009 年第 4 期。

⑤ 李军等：《四川地震重灾区青少年个体道德体验调查研究》，《教育评论》2010 年第 3 期。

⑥ 王丹丹、邓拥军：《震后灾区青少年心理重建过程中的需求评估》，《阿坝师范高等专科学校学报》2010 年第 4 期。

身体素质、生活经历、人格构成、心态、事件发生时个体的身心成熟程度、创伤前后的社会支持系统以及事件的紧张度和严重程度都有着密切的关系。茄学萍等提出了青少年地震应激反应模型,认为青少年在地震后出现一些显著的生理反应(胸闷、食欲不佳、头晕)、心理反应(悲伤、易惹、恐惧、注意力减退)以及社会功能的退缩,且存在显著的性别差异;变量各维度间的相关分析表明,除混合型应对方式与应激源的物质丧失之间相关不显著外,其他变量各维度间均存在不同程度的相关;中介效应分析表明,认知评价、应对方式在应激源与应激反应间存在中介作用,且认知评价的中介效应大于应对方式的中介效应,而认知评价又可以通过应对方式影响应激反应[①]。王龙等的进一步研究表明人格特质中的精神质和内外向与问题型应对显著正相关,而神经质与问题型应对显著负相关,与情绪型应对显著正相关[②]。

具体来说,首先,个体心理特质和震后负性生活事件是重要危险因子,除震前的负性生活事件外,震后的负性生活事件也可作为次级应激源阻碍个体的创伤修复[③]。在地震灾后那些在认知上出现害怕负面评价、自我意识强烈、思维集中在当时不愉快的情景上、负面的自我概念等特征的人更容易加剧 PTSD 的症状[④]。但是,焦虑敏感、归因方式、应对方式、人格特征及领悟社会支持等的发生与发展必须综合起来预测 PTSD 的程度[⑤]。其次,创伤暴露程度对 PTSD 的影响最大,具体包括地震级别和地理位置、震时经历和震后损失等,是否目睹或接触尸体、是否目睹死亡和恐惧程度中的“强烈恐惧”这三个因素与 PTSD 高度正相关[⑥]。再次,性别、年龄、被困、亲友受伤和目睹死亡是 PTSD 症状的有力预测因素,年幼儿童可能比年长儿童表现出更多的症状;大多数研究发现女孩表现出更多的心理问题,更倾向于表达恐惧和焦虑情绪;创伤暴露后对自身和世界的负面

① 茄学萍等:《青少年地震应激反应模型》,《心理学探新》2009 年第 5 期。

② 王龙等:《应对方式在震后青少年人格特质与 PTSD 症状间的中介作用》,《中国临床心理学杂志》2011 年第 1 期。

③ 柳武妹等:《震后 6 个月都江堰地区青少年创伤后应激症状及相关因素》,《中国心理卫生杂志》2010 年第 9 期。

④ 孙源泉等:《震区丧亲儿童羞怯、创伤后应激障碍症状和心理健康之间的关系》,《中国临床心理学杂志》2009 年第 4 期。

⑤ 陈俊、林少惠:《创伤后应激障碍的心理预测因素》,《华南师范大学学报(社会科学版)》2009 年第 4 期。

⑥ 辛玖岭等:《汶川地震重灾区青少年创伤后应激障碍及其相关因素》,《中国临床心理学杂志》2010 年第 1 期。

评价也可以预测 PTSD 症状[①]。最后,家庭和学校等支持因素也会影响 PTSD。亲子关系和学校重建工作的进度,以及老师处理情绪的能力和技巧都能够很大程度地影响 PTSD 的状态。相关的研究发现总社会支持得分和症状得分呈显著负相关[②]。此外,地震灾区儿童青少年的 DSRSC 总分与年龄,震后被转移至安全地点的时间,家人、老师/同学在地震中的情况呈正相关[③]。

不过也有研究认为灾区儿童行为问题的严重性主要由地震本身造成,家庭状况、受灾严重程度和父母的创伤后应激障碍水平等对问题检出率影响不是很大[④]。另外,有研究发现地震后那些外向、情绪稳定的学生能调整自己的心境和行为方式去适应外部环境,由此能够更容易避免受到 PTSD 的影响[⑤]。

(三)震后青少年心理重建理论视角分析

对于地震灾后青少年心理重建的理论,还没有系统的论述。但综合国内目前关于灾后青少年心理特征、影响因素以及策略分析的论述,可以归纳为以下几个方面:

首先,从传统的生理学与神经生物学出发,国内现有相关研究从神经电生理、动物模型、病理、内分泌、遗传学等出发,强调对灾后青少年的物理治疗和康复训练,以提升他们的身体素质和抵抗力,避免由于生理疾病和残障导致的心理障碍。包括用眼动脱敏和再加工(EMDR)关注创伤记忆中的双侧视觉、听觉和触觉刺激,通过对创伤或“被冻结”的记忆和体验进行处理,并将创伤性记忆转换为正常的记忆,通过对记忆意象、消极想法和躯体感受进行工作,促进创伤相关的负性认知重构[⑥]。

其次,从传统的心理学理论出发,心理分析理论强调潜在无意识幻想对创伤的意义,认为青少年在地震灾后会将巨大的身心打击及由此带来的焦虑、抑郁和

① 贺婕等:《汶川地震后青少年 PTSD 症状及其相关因素研究》,《中国健康心理学杂志》2011 年第 1 期。

② 臧伟伟:《汶川地震外迁学生的状况及其与社会支持的关系》,《华南师范大学学报(社会科学版)》2009 年第 4 期。

③ 张毅等:《汶川大地震灾区儿童青少年的地震经历与抑郁情绪》,《华西医学》2009 年第 1 期。

④ 陈彩琦等:《汶川地震灾区儿童行为问题的状况及影响因素研究》,《华南师范大学学报(社会科学版)》2009 年第 4 期。

⑤ 杨艳杰等:《地震灾区青少年学生心理健康状况调查》,《中国公共卫生》2008 年第 12 期。

⑥ 赵东梅:《心理创伤的治疗模型与理论》,《华南师范大学学报:社会科学版》2009 年第 3 期。

哀伤情绪通过自我压抑而归入无意识之中，以保持个体人格的完整性。因此，需要通过适当和安全的环境来帮助灾后青少年接纳、疏导和释放无意识压抑的对丧失和创伤的痛苦体验，并对其内在的本我、自我、人际关系和社会功能进行连接、整合和修复，最终达成创伤记忆的重构和人格复建[①]。创伤后成长理论(posttraumatic growth，PTG)强调地震灾害蕴含的现实危险和成长契机的双重含义，着重协助灾后青少年通过创伤来锻炼应对技巧，强化发展潜能，达成自我超越[②]。生态心理学理论则强调生态系统观在个体发展中的重要意义，认为地震灾害打破了青少年所赖以生存和发展的微观、中间、外层和宏观系统，但通过个体内在自我调节和外在社会支持的作用，可以达成系统之间的动态平衡和螺旋发展，最终实现灾后心理重建的目标[③]。积极心理学理论则认为在灾后青少年心理重建中，应将青少年心理治疗对象看作整体的人，而不是疾病的载体。既要看到疾病，更要看到青少年的潜能，通过心理干预使其树立起信心和希望，调动其自身的潜在力量。该理论将心理学研究的重点放在人的积极品质和挖掘人的潜力上，对灾后青少年心理重建将产生积极的影响，使心理重建转向积极方面。有调查研究发现："灾难中受灾严重的学生在"勇气"和"超越"维度的积极心理品质表现更好一些。"[④]

最后，来自社会学、教育学与文化学的理论都支持着灾后青少年的心理重建。社会学和社会工作理论强调赋权、抗逆力和社会支持在灾后青少年心理重建中的作用。一方面，可以通过开展将经历创伤的青少年看作为潜在发展的个体，相信他们成长的动力，挖掘他们内在的学习、成长和改变动力，并用信仰、希望和爱去协助他们实现灾后复原[⑤]；另一方面，需要在与灾后青年的互动中分析其发展需求与社会生态，并构建其周围以同伴家庭为主的微系统、以学校为主的中观系统和以国家、社会福利等为主的宏观系统支持，使其充分发挥以实现自身

① 赵国秋等：《灾难中的心理危机干预——精神病学的视角》，《心理科学进展》2009年第3期。

② 张倩：《创伤后成长：5·12地震创伤的新视角》，《心理科学进展》2009年第3期。

③ 曾宁波等：《"灾后师生心理重建"子课题中期研究报告》，《教育科学论坛》2009年第9期。

④ 张静等：《四川地震灾区中小学生积极心理品质调查研究》，《中国特殊教育》2009年第12期。

⑤ 张姝玥等：《汶川地震灾区中小学生复原力对其心理状况的影响》，《中国特殊教育》2009年第5期。

价值，实现自我赋权[①]。而从文化教育学理论出发则强调民族文化教育以及以学校为主的教育作为灾后青少年实现自我认知改变和团体动力发展的重要条件，认为灾后青少年的心理重建采取的模式可以包括：专家主导模式、学校主导的心理自救模式、网络咨询模式、教师康复培训模式、心理重建课程模式、健康教育模式以及政府协调动员模式等[②]。

（四）震后青少年心理重建介入策略分析

灾后心理重建是一个持续的、团队服务的过程，包括了传统哀思表达、放松疗法、悲伤情绪的积极调节、舞蹈治疗、体育运动等的理论研究和实务探索。根据理论视角的不同，灾后心理重建的策略也呈现出差异性，可以将之归纳为以下几个方面：

首先，从神经生物学和心理学出发的介入策略，认为汶川地震给震区青少年的心身健康造成了明显损害，经心理及药物干预后可使大部分受灾青少年心身获得痊愈[③]。该类介入策略重在通过医学手段和精神治疗来克服创伤给青少年带来的阴影，着重建立以社区为基础，联合家庭、学校、社区服务人员、儿科精神病医师、心理学者的儿童精神创伤干预的合作模型，结合儿童的社会经历和文化背景而制定的具有可操作性的干预模式[④]，具体包括采取生物反馈治疗、认知—行为疗法、暴露疗法、眼动脱敏和信息再加工治疗、渐进性放松、交互抑制、系统脱敏、深呼吸调整、催眠疗法、冥想放松、危机干预、来访者中心疗法以及集体治疗等干预措施。有的研究认为可以在谨遵医嘱的情况下，辅助以苯二氮卓类药物、选择性52羟色胺再摄取抑制剂等药物治疗减轻焦虑、抑郁症状，提高睡眠质量[⑤]。这些传统医学和心理学的介入对于那些地震灾害中的重症精神疾病青少年而言，具有较佳的治疗意义。

其次，针对灾后青少年往往呈现出自我封闭、难以表达情绪以及在认知和理

---

① 管雷：《论优势视角下汶川地震灾区青少年的社会工作介入》，《四川行政学院学报》2008年第4期。

② 曾宁波等：《"灾后师生心理重建"子课题中期研究报告》，《教育科学论坛》2009年第9期。

③ 张理义等：《汶川地震对青少年心身健康的影响及其干预性研究》。

④ 石淑华、杨玉凤：《关注灾后儿童精神创伤的心理援助与干预》，《中国儿童保健杂志》2008年第4期。

⑤ 郑毅：《汶川地震对儿童心理的影响与心理救助》，《中国循证儿科杂志》2008年第6期。

解力等方面的差异,通过多样性的艺术形式可以帮助灾后青少年开放内在创伤经验,释放内在压抑的情绪,达成心理重建的目标。这些被大量运用的艺术治疗的手段包括音乐治疗、游戏治疗、叙事治疗、美术绘画治疗、运动治疗以及戏剧治疗等等。刘小天认为,进入激励辅导期后,说教语言和道理阐述对于儿童心理康复的效果有限,音乐治疗则能使儿童专注在他们当前所做的事情上,年龄越小,辅导补偿的作用就越大①。更近一步地,陈秀元等在四川德阳和绵竹的实践发现音乐对于创伤后1个月的儿童有较好的治疗效果,可以促进儿童感知觉的表达②。刘斌志认为艺术疗法能够帮助受创伤者抒发并辨别情绪,减缓并处理受创伤者的危机情绪,增加青少年的正常化态度。艺术疗法介入地震灾后青少年精神救助活动一般要经历建立契约、创伤经验的再现、同理与回应、经验的再转化以及蓄势待发等步骤③。美术治疗、粘贴画疗法和文学疗法作为新型的心理治疗方式,透过美术活动及游戏治疗的模式,在治愈精神疾病,特别在灾后儿童心理辅导中显示出极大的优越性④。心理剧疗法则通过建立安全信任感、引导情绪宣泄、举行告别仪式与新生活联结等步骤帮助青少年重塑生活的信心,重构生活的意义。

再次,社会学以及社会工作也积极介入灾后青少年心理重建工作。一方面,从社会学角度来看,有学者从宏观角度倡导建立积极的社会支持体系,发挥学校的主导作用,构建震灾后儿童心理重建的复杂性与长效机制⑤。也有学者从中观层面的“家庭—邻里—社区—学校”角度考虑儿童生活环境的变迁,为灾后儿童心理重建提供了较为完善的评估、分析框架和实务方向⑥。另一方面,从社会工作视野来看,大部分学者都认为要综合运用个案工作、小组工作方法,从儿童自身以及家庭、同龄人群体等外部环境对儿童心理展开救助,帮助儿童释放压

① 刘小天、张鸿懿:《中医学对世界音乐治疗多元化发展的历史价值:兼谈灾后儿童心理援助的音乐治疗》,《中国中医药现代远程教育》2008 年第 8 期。

② 陈秀元:《团体音乐治疗在地震后灾区儿童中的治疗研究》,《中国健康心理学杂志》2009 年第 3 期。

③ 刘斌志:《论艺术疗法在地震灾后青少年精神救助中的适用性》,《上海青年管理干部学院学报》2009 年第 1 期。

④ 薛飞:《粘贴画疗法在灾后儿童心理危机干预中的应用》,《现代中小学教育》2009 年第 8 期。

⑤ 何侃:《震灾后儿童心理重建的复杂性与长效机制》,《现代预防医学》2008 年第 23 期。

⑥ 沈黎:《灾后重建中的青少年需求评估:以都江堰幸福家园安置点为个案》,《上海青年管理干部学院学报》2009 年第 1 期;朱雨欣、沈文伟:《灾后儿童心理重建路径探析:基于“人在情境中”的视角分析》,《社会工作(学术版)》2009 年第 9 期。

力，疏导情绪，尽快地使自己重新适应社会环境[①]。其中，优势视角是一个被高度重视的理论视角，强调抗逆力、伙伴关系、同理心以及原生资源在心理重建中的运用，认为社会工作不但可以克服病理取向带来的弊端，促进信任合作关系的建立，还可以主动进入工作现场提供受灾青少年的生活安置、家庭重建、就学辅导、社区重建、就业辅导等服务，促进心理重建的达成[②]。在具体实践方面，来自上海的灾后服务团队通过“安全小卫士”“爱心接力棒”等小组活动，提升青少年对安置点的归属感、责任感和自信心；以社区活动为载体实现青少年个体赋能，以支持互助小组为载体形成小组赋能，最终实现青少年的心理重建；以支持小组、联谊活动、生命教育、通讯出版、才艺展示等方式，倾听灾区青少年心声，给予他们心灵关怀和支持，协助他们发挥潜能和增强自信。中国社会工作教育协会组织的服务队则通过学校社会工作方式关注问题学生，帮助留守儿童，促进灾后学校重建与发展的能力，最终促进青少年学生的心理康复和成长。联合国儿童基金会则强调通过鼓励儿童参与有趣的益智游戏和娱乐活动，鼓励儿童参与服务活动和有关决策制定过程，减轻地震对其身心的不利影响，最终提升其生活技能和应对能力[③]。其中，洪智雄通过在汶川县映秀小学 20 天的学校社会工作服务，以社会工作方法协助学校复课为契机，分别从学校、教师、学生、家长等几方面展开工作，协助他们走出悲痛困境，恢复正常生活[④]。

最后，教育学方法也被不断地运用到灾后青少年心理重建中来。有学者认为进行生命教育等方式能够帮助灾后青少年重塑积极性格，促进复原能力，实现心理援助[⑤]。也有的学者认为灾区生命教育可从死亡教育、感恩教育、生存技能教育等几方面着手，教导青少年正确理解死亡，敬重死亡，学会感恩，领悟生命意

---

① 彭善民、沈全：《灾后安置点青少年社会工作初探：以上海 S 社工服务队的实践为例》，《上海青年管理干部学院学报》2009 年第 1 期；曹克雨：《灾后儿童的心理问题与社会工作的介入》，《河北青年管理干部学院学报》2009 年第 2 期。

② 贾晓明：《地震灾后心理援助的新视角》，《中国健康心理学杂志》2009 年第 7 期。

③ 民政部社会工作司：《灾害社会工作理论与实务》，中国社会出版社 2012 年版，第 28 页。

④ 洪智雄：《灾后重建学校社会工作介入模式研究：以汶川县映秀小学为例》，《社会工作（学术版）》2009 年第 4 期。

⑤ 张学伟：《地震对丧亲青少年的心理影响及其心理援助》，《西南交通大学学报（社会科学版）》2009 年第 2 期。

义,创造生命价值①。还有的学者针对灾区青少年的需求,通过阅读需求研究、阅读疗法书目开发、阅读疗法实施、阅读疗法疗效评价四个环节开展阅读治疗,辅助解决沟通障碍,达成灾后青少年的认知重构和意识提升,实现心理重建疗效②。

二、对目前研究的评价

国内关于灾后青少年心理重建的研究,无论是在理论综述还是在实证研究方面都取得了一定的成绩,具体表现为:一是研究成果日渐丰富,特别是随着地震灾后青少年心理重建服务的逐步拓展,相关的研究经验和理论总结陆续得以公开发表,由此又促进了服务的进一步深化;二是研究主题不断深化,相关研究主题不但包括了灾后青少年的感知、情绪、学习以及创伤经验等,还涵盖了社会支持、生活照顾、家庭关系以及社区变迁等;三是研究对象不断拓展,既关注到亲身经历地震灾害的青少年,又关注到尚未亲身经历地震但有家人在地震中遇难的青少年;四是研究方法不断创新,既有通过标准化心理问卷和量表进行的实证研究,又有重在了解当事人具体生活经验和心理状态的质性研究;五是研究视域不断扩大,既有相关的统计分析,又有心理学以及社会学的视野,更有教育学以及社会工作方法的运用;六是研究理论不断提升,不但总结了灾后青少年心理服务的现有经验,更对未来发展做了探索性展望和反思。但是,参照全球针对灾后青少年心理重建的最新进展,以及我国台湾地区在九二一地震后的研究经验,特别是考虑到地震灾害对青少年心理的长期影响,汶川灾后青少年心理重建的服务和研究还显得十分不够,急需在质和量方面不断提升,具体表现在以下几个方面:

首先,研究方法比较单一。目前大部分研究一方面是通过问卷调查来了解灾后青少年的心理健康状况水平及其创伤后应激障碍的水平,同时少部分研究通过关注青少年在学校与同辈、老师之间的关系来掌握其人际交往状况,最终达成对心理现状的分析;另一方面通过文献分析来掌握过往相关研究的结论,以此

① 姚望:《地震灾区青少年灾后生命教育研究》,《西南石油大学学报(社会科学版)》2010 年第 4 期。

② 曾庆苗等:《阅读疗法在青少年灾后心理重建中的运用思路》,《图书馆》2009 年第 6 期。

推论灾后青少年的心理状况。这些研究一方面缺乏实验研究所要求的多组控制的设计要求，难以掌握地震对青少年不同方面影响的程度和具体表现；另一方面也缺乏相关的访谈资料，难以深刻掌握青少年在地震过程中的心路历程及其心理康复过程。所以，总体上我们发现现有的研究重在对相关理论的介绍和评价、对问题抽象的描述和分析，缺乏实证性的调查研究和具体细致的定量分析。

其次，研究的学科视角较为单一。相关的研究没有充分体现青少年身处生态系统环境中，忽视了青少年心理重建的过程其实受到其家庭关系、经济状况、城乡差距、同辈群体、社区变迁、民族宗教仪式以及社会文化的影响，过分注重对个体的研究，而忽视了其所处的社会环境。虽然从心理学和精神医学角度可以对灾后青少年个体的生理、心理和行为进行较为深入的分析，但这种分析缺乏对生命历程、复原力及其社会历史文化脉络力量的重视，缺乏对灾区少数民族文化的敏感性，缺乏对当地民族和宗教心理的考虑。性别视角、文化视角、伦理视角、社会关系视角、民族和宗教视角以及人类学视角等的缺乏成为当前研究的一个显著不足。

再次，研究群体和主题较为单一。目前研究群体主要集中在亲身经历过地震灾害的当地中小学生，对其关注的主题则集中于情绪、感知、学业以及行为问题。其实，地震不但对当地青少年有重大影响，对那些虽然身处外地但亲友经历地震的青少年以及从大众传媒中看到地震灾害的其他地区青少年都有重要的影响。与此同时，地震不但影响青少年的感知、情绪、行为等方面，更对其家庭关系、社会互动、生命历程、社区归属感、职业规划以及国族意识等都有重大影响。而这些群体和主题都应该成为心理重建需要关注的焦点。另外，我们还发现现有研究主要集中于在学青少年，而缺乏对那些受灾的残疾青少年、辍学青少年、流浪青少年以及失业青少年的独特需要的关注。

最后，建议和对策缺乏可行性的论证和支撑。目前研究所提出的建议和对策缺乏实证的案例支持和例证，采用行动研究等相关方法的研究非常缺乏，并且采用该方法所取得的成效也没有经过科学评估，难以被有效地推广和运用。实际上，灾后青少年的心理重建是一个相当复杂的过程，需要多个生态系统的合作与互动，采取整合的辅导模式和框架。可见，灾后青少年心理重建的研究还需更加注重系统性、深入性、实证性和行动性。

三、对本研究的启示

因此,未来需要从以下几方面开展后续研究:一是要充分考虑到灾后青少年类型的多样性,深入调研不同类型灾后青少年的具体生活状况及其需求,除了要对灾后一般青少年进行调研外,还要对地震灾后失依青少年、失依儿童及其家庭进行调研;二是要充分考虑到灾后青少年心理层面的多样性,从不同侧面调研灾后青少年的心理状况与需求,除了要对灾后青少年的 PTSD 进行调研外,还要对灾后青少年的哀伤经验、最佳利益、家庭凝聚力等进行调研;三是要充分考虑到灾后青少年在抗震救灾和自救自助过程中所体现的人性光辉和积极行动,发现灾后青少年身上的“闪光点”,培育、鼓励、协助、支持、激发、释放他们内在的优势,积极引导和发挥灾后青少年的正能量,实现社会工作的助人自助;四是要从生态系统观的角度去看待和解决灾后青少年的心理问题,强调从灾后青少年的家庭、社区、学校、社会政策等多层面去解决心理问题,实现心理重建;五是要充分借鉴国外以及我国台湾地区的相关经验,尤其是注重吸收美国、日本以及我国台湾地区灾后心理重建的经验;六是要克服单一学科治疗的缺陷,建立一个多学科、多专业和多方法合作的服务模式,综合运用个案工作、小组工作等方法,促进受创伤的儿童青少年的身心灵的整合。

第四节 研究思路与架构

一、研究的基本问题

美国国家精神卫生研究所于 2002 年召开的“服务与干预研究”会议通过了题为《未来走向:社会工作对精神健康研究的贡献》的报告,特别强调了社会工作实务及研究对心理重建以及精神健康的贡献。国外的相关研究具有充分的实证研究以及行动研究的基础,并且提出了具体可行的心理重建框架与实施策略,但是在运用于汶川地震灾后青少年心理重建的过程中必须充分考虑具体的社会文化脉络,并且中国大陆地区的社会工作专业制度与国外有诸多不同,需要开展进一步的本土化研究。因此，本研究主要就以下问题进行探讨：

一是灾后青少年的心理、家庭及其社会生活状况如何？

二是灾后青少年的心理需求状况如何？

三是国内外灾后青少年心理重建的经验和启示有哪些？

四是社会工作如何实现灾后青少年重建的理念和模式创新？

五是社会工作如何实现灾后青少年重建的方法和技术创新？

二、研究的基本思路

对于青少年而言，由地震所触发的其他心理层面的问题才是灾后生活中所关切的，而这些心理问题关系着灾难心理适应的品质。因此，地震灾后青少年的心理重建需要秉持社会工作“人与环境互动”的基本框架，充分考虑到个体心理特征及其社会文化脉络的关系，坚持“以青少年发展为本”以及多学科合作的理念，积极挖掘青少年在灾后所展现的人性优点和行动经验，探讨社会工作的基本理念、模式、方法以及技术在灾后心理重建中的具体运用。

本研究具体的基本思路是：响应风险社会时代灾害频发及其灾后重建的需要，从心理重建与社会工作介入的内涵分析入手，以灾后青少年的心理社会发展状况及其需求为逻辑起点，通过对国内外灾后心理重建的经验总结与借鉴，全面分析与探讨灾后青少年心理重建的社会工作介入理念、模式、方法及其技术，并将其落实为具体的灾后社会服务实践。由此，探索出灾后青少年心理重建的社会工作框架，丰富我国灾难社会工作和心理重建的理论体系。

三、研究的内容架构

根据以上逻辑思路，本研究在内容架构上主要分为三大部分共七章组成。第一部分是绪论部分。作为整个研究的逻辑起点，本部分主要是在厘清社会工作介入灾后青少年心理重建的研究缘起、意义、核心概念的基础上，对相关研究成果进行系统梳理及评述，从而聚焦研究的主题及其具体内容，并选取相应的研究视角、理论框架以及方法和技术。第二部分包括第二章、第三章。一方面分析和调研灾后青少年心理状况及其需求，重点调查灾后儿童青少年创伤后应激障碍情况、灾后失依青少年哀伤经验以及地震灾后青少年家庭需求状况；另一方面，对美国以及我国台湾地区灾后青少年的心理救助及其重建体系进行了系统梳理，并总结其成功经验，引出社会工作介入的必要性和可行性。第三部分是研究的主体部分和关键，包括第四章、第五章、第六章、第七章，主要分析和探讨社会工作介入灾后青少年心理重建的基本视角、介入模式、工作方法、具体技巧等基本问题，由此构建灾后青少年心理重建的社会工作服务体系。

第五节　研究视角与方法

一、研究的理论视角

为了避免社会工作介入对灾后青少年的“二次伤害”，本研究采取了优势视角的理论框架，一方面着重关注灾后青少年在恢复重建过程中所展现的个人潜能、生存智慧和人性的光辉，并努力将其发扬光大，成为灾后心理重建的动力来源；另一方面重在帮助灾后青少年克服传统心理干预可能带来的压迫性，协助他们拓展社会关系和社会支持网络，促进个体内在心理与外在社会环境的互动。

在克服传统“问题视角”弊端基础上，优势视角认为：“每个个人、团体、家庭和社区都有其本身固有的优势；创伤、虐待、疾病和抗争具有伤害性，他们可能是挑战也可能是机遇，因为个人和社区都有反弹和重整的可能；个人、团体和社区的热望都应该受到重视；所有的环境特别是社区都充满了资源；因此，要通过优势话语和叙事来增强权能，通过激发抗逆力来实现复原，协助他们迈向正常化和资本化的人生。”①其中复原力是优势激发的关键要素，其本质是一种保护因子②，表现为个人内在的热望（aspirations）、能力（competencies）、自信（confidence）以及外在环境的资源（resource）、社会关系（social relations）和机会（opportunity），也表现为个体特质（生理机能、自尊、自我价值感以及问题解决策

① Saleebey, D., *The Strengths Perspectives in Social Work Practice*, Boston: Allyn & Bacon, 2002, 3rd ed, p.34.

② 刘斌志：《社会工作视域下艾滋患者的复原力研究》，《华东理工大学学报（社会科学版）》2010 年第 3 期。

略等)、家庭关系(美满婚姻和良好亲子关系等)以及社会支持系统(同辈群体、师生关系和福利服务等)。

优势视角蕴含着生态系统的观点,对于人的发展与生存抱持脉络观(habital)与交流观(transaction),强调社会支持网络作为一种环境优势,是实现优势激发必不可少的条件。社会支持网络是指经由个人接触而维持其社会认同,并获得情绪的支持、物质援助和服务、信息与新的社会接触。它包含了亲友、邻居、同事等非正式体系,以及专业人员所提供服务的正式支持体系,支持的形式则可分为工具性(有形或物质的协助、问题解决行动等)与情感性(心理与情绪支持、关心、鼓励等)等面向①。社会网络需要通过个人付出与经营并发展出互惠关系才能发挥社会支持的作用。优势视角特别注重非正式支持网络的运用,通过倡导让灾后青少年在社区获得平等的参与和融入以获得归属感,并有机会发展适合其生存的社会支持网络,提升其生活品质和满意度②。

在分析灾后青少年心理重建的过程中,本研究坚持以下基本假设:灾后青少年一方面由于过去生命中的家庭功能不全、人际关系疏离、低自尊的人格特质、失能以及社会环境的排斥、烙印和不良文化影响,另一方面由于地震灾害的剧烈冲击以及严重创伤,使其个人内在潜能、现实应对策略以及社会支持网络均未能发挥积极的作用,最终陷入心理暨社会功能的弱化。但是,靠着他们对于生命由衷的热爱、对于重建生活的诚恳企望以及社会网络的支持,通过点燃他们"我相信、我愿意、我尝试、我能够"的信念,可以促进他们在疗愈、复原和迈向新生的灾后心理重建过程中,发现生命的智慧,实现人生的升华。

二、研究方法论

考虑到目前社会大众对于自身心理问题的避讳以及灾后青少年对于心理辅导的误解和排斥,加之地震灾后的心理问卷调查和访谈过多过滥,促使研究者在开展具体研究过程中,除了辅以部分的问卷调查数据分析外,更主要的是通过深入访谈的质性研究。

① 刘斌志:《毒瘾艾滋病感染者的社会适应历程及影响因素》,《南京人口管理干部学院学报》2013年第3期。

② 宋丽玉、施教裕:《优势观点:社会工作理论与实务》,社会科学文献出版社2010年版,第132页。

质性研究是以研究者本人作为研究工具，在自然情境下采用多种资料收集方法对社会现象进行整体性探究，使用归纳法分析资料和形成理论，通过与研究对象互动对其行为和意义建构获得解释性理解的一种活动①。采用这样的研究取向，乃在于搁置我们社会主流价值和专业霸权带给我们的“自以为是”，真正从研究的具体实践中去描述、理解和总结灾后青少年的意义世界，并找出适合其自身发展的心理重建方案。这样的研究取向具有以下几个方面的含义：

首先，研究是一种自然主义的探究传统。这一方面体现为研究的场域是在自然情境下进行，对个人的“生活世界”及其社会环境的发展进行考察。基于灾区的民族宗教、风俗习惯以及人情世故去了解灾后青少年的意义世界，与此同时对其所处的社会文化环境进行考察，从而确定其创伤事件及其应对的真实意义。另一方面体现为充分重视社会现象的整体性、相关性和历史性，不仅要充分了解灾后青少年当前的心理状况与需求，更需要了解其在恢复重建过程中所做出的努力与展现的智慧。

其次，研究者需要与灾后青少年建立信任合作的互动关系。这一方面体现为将研究者自身作为研究工具，通过深入灾后青少年的生活世界和生存情境中去发现其灾后心理世界；另一方面强调的是要反思研究者所谓“专家”的专业霸权和所谓“健康”的价值标准，避免对于灾后青少年及其世界的道德审视和权力控制，增强其自我实现的能力，促进助人自助。

再次，研究注重对意义的“解释性理解”。在反省自身“前设”和“偏好”的前提下，研究者通过自己的亲身体验、互动理解以及意义建构，从灾后青少年的价值和心理角度出发去了解他们对于灾后心理重建的认知、态度和行为，“解释性理解”或“领会”灾后青少年的创伤经验及其生活意义。

最后，研究更多地采用非实证主义的研究方法，并注重使用归纳法、自下而上地在资料的基础上得出解释。由于质性研究是一个对复杂现实的探究和建构过程，因此很难有一个预先确定的研究方案，需要根据研究和互动的结果进行调整，因此在调查方法上更多采用访谈、观察和文献的形式。最终，通过归纳法去进行理论建构，通过文字而不是数据的方式去“深描”灾后青少年心理重建过程中所体现的文化传统、价值观念、行为规范和兴趣动机等。如此，研究的结果推

① 陈向明：《质性研究与社会科学研究》，教育科学出版社 2000 年版，第 25 页。

论就具有较强的情境性和条件性。

三、具体研究方法

(一)文献研究

文献研究是一种通过收集和分析现存的,以文字、数字、符号、画面等信息形式出现的文献资料,来探讨和分析各种生活行为、社会关系及其他社会现象的研究方式①。其具体的研究方式包括内容分析、二次分析和现存统计资料分析。一方面,本研究查阅了国内外关于灾后心理状况及其心理服务的研究文献资料,从中分析灾后青少年的生存状况以及灾后心理重建的基本体系,尤其对美国、我国台湾地区和大陆地区灾后心理重建的基本理念、政策法规、组织机构、人员配备、行动机制、服务内容以及服务模式等进行了系统梳理,由此总结出我国开展灾后青少年心理重建的理念原则、政策法规、组织体系、社会资源、人才队伍、机制模式和方法技术等。另一方面,本研究对国内外灾后儿童心理重建、灾后青少年心理重建、灾后青少年社会工作、灾后青少年心理重建中的阅读治疗等话题进行了相应的文献回顾、综述以及分析,从中提出未来研究的方向和建议。

(二)深度访谈

深度访谈,又称作无结构访谈或自由访谈,它与结构式访谈相反,并不依据事先设计的问卷和固定的程序,而是只有一个访谈的主题或范围,由访谈员与被访者围绕这个主题或范围进行比较自由的交谈。它的主要作用在于通过深入细致的访谈,获得丰富生动的定性资料,并通过研究者主观的、洞察性的分析,从中归纳和概括出某种结论②。本研究主要通过与灾后青少年的深入沟通和服务互动来了解其灾后心理的变迁历程和心理重建需求,并依据他们的需求表述和建议提出未来心理重建中社会工作介入的策略。

---

① 风笑天:《社会学研究方法》,中国人民大学出版社 2013 年版,第 204 页。
② 风笑天:《社会学研究方法》,中国人民大学出版社 2013 年版,第 248 页。

（三）问卷调查

问卷调查指的是一种采用自填式问卷或结构式访问的方法，系统地、直接地从一个取自某种社会群体的样本那里收集资料，并通过对资料的统计分析来认识社会现象及其规律的社会研究方式。本研究也采用了问卷调查的方式对灾后青少年的生存现状、心态及其服务需求进行资料收集，以达到深入了解灾后青少年及其家庭、社区和周围朋辈的目的。具体的调查问卷、调查对象以及抽样方式等均在后续的专题研究中有所论述，在此不以赘述。

（四）行动研究

行动研究被定义为："由社会情境（教育情境）的参与者为提高对所从事的社会或教育实践的理性认识，为加深对实践活动及其依赖的背景的理解所进行的反思研究。"[①]这样的行动研究具有强调实践者的平等参与、强调研究结果的实践性、强调研究中的批判反思性、行动研究注重为弱势群体赋权等特征。在研究过程中始终强调灾后青少年的全程参与，强调研究的过程就是心理重建的过程，也是他们自我认知和自我成长的过程。一方面，在调研过程中始终坚持"同感、接纳、关怀"的价值理念，将研究的过程当作促进良好的合作关系建立的过程，让灾后青少年在研究过程中能够诉说自己的创伤故事和心路历程，能够树立自信心和他信心；另一方面，在开展研究的过程中通过叙事方法为灾后青少年提供心理重建服务，并让他们能够全程参与设计、操作以及评估社会工作介入过程，从中发展出他们行动的能力和智慧。

四、研究限制

首先，国内关于灾后青少年心理状况及其心理干预的研究虽然比较多，但都是以实证性的问卷调查和数据分析为主，缺乏相应的实地研究的资料。因此，本研究将以质性访谈的资料收集为主，实证性调查资料更多来源于对既有的问卷调查研究的文献研究，实证性研究还不够。

① 王思斌：《社会工作综合能力：中级》，中国社会出版社2010年版，第318页。

其次，作为质性研究，一方面研究的个体比较少，缺乏大样本的支持，获得数据也难以形成系统性；另一方面，相关的调查资料是在特定的情境和条件下进行的，重点是理解灾后青少年个体独特的心理状况及其需求，对于灾后青少年心理重建的研究建议并不一定适用于其他群体的心理重建。

再次，考虑到许多灾后青少年并不愿意公开身份，相关的机构和组织也不愿意共享其调研的数据与报告，尤其是在具体服务过程中往往受到地震次生灾害、当地领导和社区工作者不配合、安置板房拆迁以及服务对象迁移等诸多因素的影响，导致相应的调研和服务实践难以有效持续，削弱了灾后青少年心理重建社会工作介入模式的循证基础。

最后，针对灾后青少年心理研究的"伦理议题"一直是敏感但又难以平衡的话题。在研究中，研究者应该以尊重和同感的心，尊重其分享的意愿，避免给灾后青少年造成生理和心理的伤害或压力；并切实履行知情同意的义务，清楚说明研究者身份、研究目的和用途；履行为研究对象匿名和保密的义务，并给予研究对象相应的回馈和鼓励。但由于研究者并非当地社区或者政府工作人员，加之青少年及其家长对于心理服务的敏感性，在研究过程中往往难以做到研究过程和信息的完全匿名和保密性，相关服务实践成效也还有待改进，所幸并未给研究对象带来不良的影响。

第二章　灾后青少年的心理状况及其需求

第一节　灾后儿童青少年创伤后应激障碍研究

一、研究缘起

对于地震灾后青少年身心反应的研究，PTSD 是一个被广为关注的焦点，并需要开展长期追踪性研究。为了充分了解汶川地震灾后青少年 PTSD 的相关症状及其影响因素，本研究将在对已有相关文献进行综述的基础上，通过对灾后小学四、五、六年级和初一、初二、初三年级的学生进行问卷调查，以了解灾后儿童青少年 PTSD 的基本状况。围绕这一基本目的，主要研究问题包括：

一是了解汶川地震三年后儿童晚期进入青少年早期的 PTSD 状况如何？

二是了解灾后青少年初期的 PTSD 状况与抑郁以及焦虑之间的相关关系如何？

三是了解灾后儿童青少年在地震发生后不同阶段的 PTSD 状况有何异同？

四是了解不同年龄段的儿童青少年对 PTSD 反应如何，有何异同？

五是分析灾后儿童青少年的 PTSD 状况及其对灾后心理重建的启示。

二、相关文献综述

首先，从地震灾后青少年 PTSD 的盛行率来看，针对高危险群的学生所做的 PTSD 盛行率调查显示为 3%—5%，而如果是重大灾难性事件的经历者，其盛行率则有可能达到25%—30%,还有研究显示儿童PTSD的发生率约在30%—60%①。根据Swenson及其同僚针对1989年美国南卡罗莱纳州遭遇飓风侵袭后,青少年及儿童所出现的PTSD的统计数字及后续发展来看,有28%的人出现立即性的情绪与行为障碍,29%的人在一个月后持续出现相关症状,在其后6—9个月所做的调查中,大约有16%的青少年和儿童仍有PTSD症状残余出现,一年后发现只有约6%的人仍受PTSD的影响②。在国内,唐山大地震10年后测得其震中孤儿的PTSD总发生率为23.0%,而张北地震在震后17个月受灾儿童青少年PTSD的发生率是9.4%③。高淑贞针对台湾地区九二一地震灾后国中国小学生的PTSD进行了三年期前后的调查比较研究,发现地震三年后约有5.2%的学生为PTSD高危险群,4.1%为高抑郁群,女生比男生有更多的PTSD与抑郁症状,并且儿童晚期比青少年初期有更显著的PTSD症状表现④。灾难发生后三年时间显著削弱了大部分儿童的PTSD反应,但对青少年的影响不是很大。

其次,从地震灾后青少年PTSD的发展阶段来看,国际灾难心理学的相关研究成果非常丰富。有的学者将灾难后心理反应划分为:“灾前期或预报期、冲击阶段、自救互救阶段、弥补阶段或蜜月期、核查阶段、幻灭阶段和重建、恢复阶段等八个详细的阶段”⑤。Scrignar(1984)把青少年的PTSD分为对创伤的反应、无望和失控感、慢性焦虑和抑郁症状三个阶段。有学者依据灾难后的一般性反应将之归纳为急性应激阶段、慢性应激阶段和心理恢复重建阶段⑥;也有学者将之归纳为警戒期、抵抗期和衰竭期三个阶段⑦;还有学者将儿童经历地震灾难的心理转变过程按照认知、情感和行为表现的视角归纳为惊恐无助、儿童式早熟、摆

---

① Yule,W.,“Post-traumatic Sterss Disorder in Children and Adolescents”,*International Review of Psychiatry*,No.19,2001,pp.194-200.

② Swenson,C.C.,Powell,P.,Foster,K.Y.& Saylor,C.F.,“The Long-term Reactions of Young Children to Natural Disaster”,presented at the annual convention of the American Psychological Association,San Francisco:American Psychological Association,1991,pp.123-124.

③ 赵丞智等:《地震后17个月受灾青少年PTSD及其相关因素》,《中国心理卫生杂志》2001年第3期。

④ 高淑贞:《儿童青少年地震创伤后压力反应之追踪研究》,《彰化师大辅导学报》2004年第1期。

⑤ 梁哲等:《突发公共安全事件的风险沟通难题:从心理学角度的研究》,《自然灾害学报》2008年第2期。

⑥ 付芳等:《自然灾难后不同心理阶段的干预》,《华南师范大学学报(社会科学版)》2009年第3期。

⑦ 陈雪峰等:《灾后心理援助的组织与实施》,《心理科学进展》2009年第3期。

脱负面情绪以及心理转变和升华四个阶段[①]。

再次,地震灾后青少年PTSD的症状表现包括:一是在情绪向度上表现为低自尊、易怒、罪恶感、感觉重复体验创伤事件、过度的生气、焦虑与忧郁反应、烦躁不安、恐慌发作反应。二是在行为向度上表现为社交退缩、拒绝参与回想创伤事件的活动、对噪音和震动有激烈的反应、特殊的害怕反应、分离困难与依赖行为、重复扮演创伤事件的特定内容、退化行为、冲动暴力等相关行为(如自我隔离、药物或酒精滥用、性活动增加、暴力事件与违法行为增加、逃家、自杀意念的呈现或行动等)、作出超乎同年龄的决定(如突然决定要辍学或求职,或是决定要怀孕)、自我中心。三是在身体向度上一方面表现为有心悸、换气过度、昏厥、头昏眼花、发抖、拉肚子、头痛、作呕、恶心、胃痛、晕眩十一项身体反应,另一方面表现为失眠、睡眠困难、做恶梦、梦游、重复做与灾难相关的梦等睡眠问题。此外,还有许多患者表现为缺乏精力和感到疲惫等。四是在认知向度上表现为挥之不去的创伤记忆、记忆缺损、不能专注、精神涣散、忧虑以及对于未来不抱希望等。

最后,地震灾后青少年PTSD的影响因素包括青少年的性别、年龄、种族、婚姻状况、人格特点、教育水平、宗教信仰等内在因素和来自创伤事件以及社会环境的应激源大小、创伤经历、亲人丧失情况、躯体损伤情况、生物因素、社会文化和支持程度等外在因素。遭受过躯体虐待或性虐待的儿童成年后PTSD的发生率为10%—55%[②]。面对突发创伤性事件,身边亲人伤亡人数越多、伤亡越惨重,PTSD发生率也就越高。不同的年龄会影响儿童青少年对于灾难的知觉、理解、解释、因应方式进而使其呈现出不同的PTSD反应。年幼儿童可能比年长儿童表现出更多的症状,至于青少年在PTSD反应的表现与成人的反应较为接近,情绪问题、人际问题、成瘾机会明显增加。亲子关系和学校重建工作的进度,以及老师处理情绪的能力和技巧都能够很大程度地影响PTSD的状态。相关的研究发现,“总社会支持得分和症状得分呈显着负相关”[③]。“创伤后应激障碍发作

① 李磊琼:《地震后儿童心理干预与转变过程探索》,《中国健康心理学杂志》2007年第6期。

② Lamberg, L., “Psychiatrists Explore Legacy of Traumatic Stress in Early Life”, *JAMA*, Vol.286, No.5, 2001, pp.523-526.

③ 臧伟伟:《汶川地震外迁学生的状况及其与社会支持的关系》,《华南师范大学学报(社会科学版)》2009年第4期。

的时间不固定，大多数在几个月后发生，也可能在1周后甚至30年后才发生”①。

三、研究设计

为了充分了解汶川地震一年及四年后儿童青少年的PTSD反应及其影响因素，采取问卷调查的方式收集资料，对所收集的相关资料开展横向、纵向的比较研究，具体研究方案如下：

（一）时间维度

问卷调查主要包括两个阶段。第一阶段是汶川地震发生一年后对当时的小学四、五、六年级共计602位学生以及中学初中初一、初二、初三年级共计522位学生开展调查，以了解当时儿童青少年的灾后PTSD状况；第二阶段是在汶川地震四年后对原来所收集资料的中学初一、初二、初三年级共计578位学生进行跟踪调查。具体的时间安排及研究设计包括：

第一，横向描述性研究。主要是根据汶川地震四年后的2012年对中学初中初一、初二、初三年级共计578位学生进行的问卷调查，以此了解中学生在地震四年后的适应情况，以此了解地震对青少年的长期影响。

第二，纵向研究。主要是采取同期群研究的方法，对地震一年后小学四、五、六年级共计602位学生进行问卷调查收集资料，然后在地震四年后对中学初中初一、初二、初三年级共计520位学生（这些学生大部分由之前调查的小学四、五、六年级学生分别升入）进行同期群调查，以此了解同一群体经历地震四年后的心理反应变化情况。

第三，横向比较研究。主要是通过横向研究对地震发生一年后小学四、五、六年级共计602位学生和中学初中初一、初二、初三年级共计522位学生进行问卷调查，以此分析了解同一时间不同年龄段的儿童青少年对于地震创伤的反应情况。

第四，趋势研究。通过对地震发生一年后的中学初中初一、初二、初三年级共计602位学生与地震发生四年后中学初中初一、初二、初三年级共计578位学生的问卷调查数据进行比较研究，以此了解地震发生后的一年和四年对青少年

① 孙宇理：《地震后儿童创伤后应激障碍的影响因素综述》，《中国心理卫生杂志》2009年第4期。

心理的不同影响情况。

（二）研究对象

研究以汶川地震灾区某市的小学四、五、六年级学生与中学初中部的初一、初二、初三年级学生为抽样框。其中，小学四、五、六年级学生年龄主要处于10—12岁，代表地震灾后儿童群体；中学初中部的初一、初二、初三年级学生年龄主要处于13—15岁，代表地震灾后青少年群体。其中，2009年通过分级抽样选取受访的小学四、五、六年级学生为602人，初一、初二、初三的学生为522人；2012年通过分级抽样选取受访的初一、初二、初三的学生为578人。资料收集主要包括两次对不同对象的问卷调查，研究样本如表2-1所示，具体说明如下：

表2-1　研究对象基本资料

时间	学校	年级	男生	女生	人数
2009年 地震一年后	小学	四年级	104	104	208
		五年级	126	76	202
		六年级	80	112	192
总计			310	292	602
2009年 地震一年后	中学初中部	初一	72	92	164
		初二	92	72	164
		初三	108	86	194
总计			272	250	522
2012年 地震四年后	中学初中部	初一	72	132	204
		初二	114	78	192
		初三	70	112	182
总计			256	322	578
2012年 地震四年后	中学初中部	初一	70	124	194
		初二	104	72	176
		初三	52	98	150
总计			226	294	520

第一，地震四年后儿童青少年 PTSD 状况的描述研究对象包括 2012 年的全部对象调查，共计 578 人。

第二，纵向研究的对象包括 2009 年所调查的小学四、五、六年级学生 602 人，并继续调查了小学四、五、六年级学生毕业后分别进入同地区的中学初中部的初一、初二、初三年级学生 260 人，三年后样本流失了 82 人。两次调查后的有效样本量为 1122 人。

第三，横向比较研究对象主要包括 2009 年调查的小学四、五、六年级学生 602 人以及中学初中部的初一、初二、初三年级学生 522 人。所有对象均为完成问卷且有效者，有效样本量为 1124 人。

第四，趋势研究的对象主要是 2009 年所调查的中学初中部的初一、初二、初三年级学生 522 人以及 2012 年所调查的中学初中部的初一、初二、初三年级学生 578 人。所有对象均为完成问卷且有效者，有效样本量为 1100 人。

（三）研究工具

调查研究的主要依据工具为创伤后应激障碍自评量表（PTSD-SS）、儿童创伤后压力诊断量表（CPSS）、儿童版事件冲击量表、事件影响量表中文修订版（IES-R）、创伤后应激障碍（PTSD）症状清单平民版（PTSD Checklist-Civilian version，PCL-C）以及焦虑自评量表（SAS）和抑郁自评量表（SDS）等。结合实际调研情况，选取的测评工具包括：一是地震创伤反应问卷。该问卷依据 PTSD 的诊断标准所编制，问卷题目依据 DSM-IV 所列的 PTSD 的主要症状向度，并以儿童青少年易于理解的语言加以陈述，共计 10 题，并以“是”和“否”作答。问卷回答“是”得 1 分，回答“否”得 0 分，总分最低为 0 分，最高为 10 分，得分 6 分以上者为 PTSD 高危险群。二是青少年抑郁量表。该量表由台湾地区的许文耀等人以年龄在 13—18 岁的青少年为样本进行编制。该量表所有题目以“是”和“否”作答，问卷回答“是”得 1 分，回答“否”得 0 分，总分最低为 0 分，最高为 31 分。量表得分总分可以分为 19 分以上、13—18 分、8—12 分、7 分以下四个层次，总分越高代表抑郁的程度越高，临界总分值为 19 分。三是简式症状自评量表 SCL-90 的焦虑与人际关系敏感分量表。该量表内容共计包括 10 种症状项向度，题数分别为 7 题与 4 题，计分方式以 0—4 分计算，0 表示完全没有，1 表示轻微，2 表示中等程度，3 表示严重，4 表示非常严重。

(四)资料处理

研究开展的问卷调查均获得所选取学校师生的同意,并通过对相关的班主任进行培训和说明后,交由相关的班主任负责问卷发放与回收。问卷收集后,通过相关的校对、整理以及数据录入后,用 SPSS 17.0 进行分析处理,最终整理并撰写研究报告。

四、结果与讨论

(一)地震四年后儿童青少年 PTSD 状况

根据调查所选取的研究对象及同期群研究、趋势研究的相关安排,地震发生后一年(2009 年)时调查的小学四、五、六年级的学生,到地震发生后四年(2012 年)时,已经分别升为中学的初一、初二、初三年级。根据研究设计,本部分资料呈现将以地震灾后 PTSD 症状得分人数、百分比分配等因素了解青少年在地震发生后四年的 PTSD 状况,具体情况论述如下:

1. 灾后青少年创伤后压力反应状况

汶川地震四年后的 2012 年,大约有 30 位灾后青少年的 PTSD 总得分依旧高于 6 分,约占调查人数总数的 5.2%。相比较于 2009 年调查的资料,女性比男性儿童青少年的 PTSD 症状显著要高,而在地震发生四年以后,这一特征依旧明显。而不同年级的 PTSD 症状差异不明显,在地震发生四年后,初一、初二、初三年级学生 PTSD 症状依旧没有显著差异。因此,总体可以看出,地震四年后,虽然大部分儿童青少年都不会陷入 PTSD 症状,但依旧有少数(30 位,5.2%)的青少年呈现出 PTSD 的可能特性,需要进一步关注。

2. 地震灾后青少年的抑郁状况

青少年抑郁量表调查研究发现,在所有被调查的儿童青少年对象中,共计有 24 位的抑郁量表得分在 19 分以上,达到被调查总人数的 4.1%。从性别上看,如 PTSD 的调查数据一样,女性的抑郁得分要显著高于男性,这说明女性青少年在灾害中所受到的伤害要明显大于男性。从年龄角度看,在可信度达到 95%的情况下,可以发现初三学生的抑郁指数显著高于初一学生,平均数也显示儿童青少年的抑郁分数随着年级增加而升高。

3. 地震灾后青少年的焦虑状况

数据分析发现，灾后儿童青少年焦虑的平均数较低，而人际关系敏感的平均数较高；焦虑与人际关系敏感的标准差均较高，这显示儿童青少年在灾后的焦虑及人际关系敏感均呈现出较大的差异性。从实地调研的案例看，有极少数青少年表现出极高的焦虑程度和人际关系障碍，而依旧有不少的儿童青少年呈现出更好的特征，在这两个问题回答上均无症状。

4. 地震灾后儿童青少年 PTSD 与抑郁、焦虑及人际关系敏感的相关关系

数据分析发现，PTSD 症状主要表现为地震灾后所呈现出的惊慌、恐惧、焦虑以及后续的抑郁及所带来的人际关系和社会交往方面的变化。通过对调研数据中四个因子的相关比较及多元回归分析可以发现，灾后青少年的 PTSD、抑郁、焦虑及人际关系敏感四个因素之间彼此存在显著的相关关系，具体表现为以下几个方面：一是 PTSD 症状集中表现为抑郁、焦虑的本质，并进而表现为社会行为的人际关系障碍；二是从 PTSD 得分高低可以直接推断出儿童青少年的抑郁、焦虑和人际关系敏感的状况，反之也可以推论出 PTSD 的状况；三是进一步分析发现，在 PTSD 的诸多症状中，焦虑的相关性最大、抑郁其次，而人际关系敏感最低，这也符合地震灾后青少年心理反应的访谈和案例分析情况。

5. 地震灾后高危险群的儿童青少年状况

分析地震灾后具有高危险群特征的儿童青少年可以发现：一方面，大概有 10 位被调查对象两份问卷均达到临界分数，显示出具有较高的抑郁以及 PTSD 特征，达到总体问卷的 2%。这 10 位高危青少年均为初中部学生，且有 9 位为女性。另外，还有近 40 位儿童青少年单项量表得分达到临界分数，其心理需要应该被高度关注，其中有 75% 以上为女性。可见，女性青少年应该是最需要被关注的灾后青少年群体。另一方面，通过对青少年抑郁量表的自杀意念题的分析，发现有 44 份问卷选择“是”的答案，进一步分析发现有自杀意愿的儿童青少年的抑郁和人际关系敏感得分也较高，并且呈现出一定程度的高焦虑特征，但在 PTSD 的总体特征上并无显著相关。可见，地震灾后青少年如果经历 PTSD 的症状，主要表现也是焦虑与抑郁，进而呈现出人际关系的敏感与障碍，而由地震 PTSD 导致的自杀行为却并不高。

（二）地震发生一年后儿童青少年 PTSD 的横向比较研究

地震灾后儿童青少年的 PTSD 症状及相关的高危险群方面，初中学生显著要高于小学学生，也就是说青少年出现 PTSD 症状的要高于儿童。通过对地震发生后的一年内，以初中学生为主的青少年和以小学学生为主的儿童的 PTSD 表现进行横向比较分析，发现 PTSD 问卷的 10 个题目的总得分中，小学生的得分要显著高于中学生。具体来说，一是总分达到 6 分以上的小学生有 170 位，而初中学生只有 40 位，小学生的 PTSD 症状严重比率明显高于初中生。二是小学生与初中生在 PTSD 的具体各题得分中，除了第 1、第 8、第 10 三题的得分无明显差异外，其余题目呈现显著差异。由此可以发现，儿童在地震灾害后的一年内具有更严重的 PTSD 特征，随着年龄的增长，青少年更能够应对地震所带来的创伤，而不易出现 PTSD 症状。而结合前面的调研数据分析来看，地震一年之后，由于灾后恢复重建以及其他方面的因素，儿童进入青少年之后，个别青少年的心理创伤也不断地被积累与加深，甚至到地震四年后会呈现出高危险的 PTSD 症状。所以，总体上儿童进入青少年后，PTSD 的各项症状随时间推移而减弱，但少数青少年的 PTSD 症状显著加剧。

（三）地震发生一年和四年后儿童 PTSD 的纵向比较研究

关于时间对于地震灾后儿童青少年 PTSD 的影响，基本推论是：“总体上儿童进入青少年后，PTSD 的各项症状随时间推移而减弱，但少数青少年的 PTSD 症状显著加剧”。为了验证和分析时间与 PTSD 的关系，研究比较了同一研究群体的小学四、五、六年级的儿童在地震发生一年后与地震发生四年后的 PTSD 状况进行比对分析。研究发现，一是地震一年的 PTSD 症状明显高于地震四年后的反应；二是地震一年后儿童最明显的症状为问卷的第 1、第 6、第 2 题，都属于再经验反应的方面，最少的是第 3、第 4、第 7 题，主要是过度警觉方面；三是少数儿童进入青少年以后，PTSD 的危险性不但没有降低，反而不断升高。

（四）地震一年后和四年后青少年 PTSD 差异的趋势研究

前面分析了地震创伤在儿童青少年不同年龄群体的影响，也说明了年龄越大受到地震创伤的影响也就越小。为进一步分析同一群体在地震发生一年后和四年后的创伤情况，研究选取了地震发生一年后的初中生与地震发生四年后的原来学校的初中生的 PTSD 症状进行比较分析。具体情况如下：一方面，地震四年后，初中学生 PTSD 总分达到 6 分的样本数从 40 位降为 28 位，两组初中生最常见的症状均为属于再经验反应的第 1、第 2、第 6 题，最不常见的三项分别为地震一年后的第 3、第 4、第 10 题和地震发生四年后的第 3、第 7、第 10 题，这四个题目均属于过度警觉因子。另一方面，地震四年后，初中学生的 PTSD 症状中除了第 4、第 6 题以外，其余题目的得分均低于地震一年后，其中达到显著差异的题目为第 7、第 8、第 9 题，其余没有显著差异。综合可以发现，地震灾后青少年对于创伤后压力反应受到时间的重要影响，即随着时间推逝，青少年更不容易受到 PTSD 的影响。具体来说，时间可以减轻青少年 PTSD 的逃避与麻木方面的影响，而再经验与过度警觉的症状则没有显著降低。另外，仍然有极少数青少年的 PTSD 症状并未随时间而减轻，反而有更为严重的特征，需要开展长期的灾后心理重建。

五、结论与启示

（一）基本结论

总体来看，资料分析发现地震灾后儿童青少年仍然存在 PTSD 的症状，但随着年龄和时间的推移而逐渐减弱，且 PTSD 症状与灾后儿童青少年的抑郁、焦虑以及人际关系敏感等因子有相关关系。具体来说表现为以下几方面：

一是地震灾后儿童青少年 PTSD 的盛行率分析。调查发现，汶川地震四年以后，仍然有 5.2%的灾区儿童青少年处于 PTSD 高危险群，需要开展心理治疗与辅导。而文献综述可以发现，重大灾难性事件的经历者，其 PTSD 盛行率则有可能达到 25%—30%，还有研究显示儿童 PTSD 的发生率约在 30%—60%[①]。由此看来，汶川地震灾后儿童青少年的 PTSD 发生率还算比较低的。这一方面是由于本次调查研究的范围较小，且主要集中在学校，所以样本收集具有一定的误差；另一方面，低的 PTSD 发生率也与我国众志成城、抗震救灾英雄事迹宣传报道以及羌藏地区的民族特性、文化习俗以及“集体主义”等有密切关系，地震灾

① Yule，W.，“Post-traumatic Sterss Disorder in Children And adolescents”，*International Review of Psychiatry*，No.19，2001，pp.194-200.

后儿童青少年往往在隐忍性的特质下,不愿意将自己内心的伤害诉诸外人。当然,我国规模宏大、声势浩大的抗震救灾行动,也无形中降低了儿童青少年对于心理创伤的感知度。

二是地震灾后儿童青少年 PTSD 与抑郁、焦虑以及人际关系敏感等的相关性分析。分析发现,PTSD 与抑郁、焦虑和人际关系敏感等因素有较为显著的相关性,呈现出显著的正相关。也就是说,PTSD 症状越明显的儿童青少年,其出现抑郁、焦虑以及人际关系障碍的概率就越高。逐步回归分析也发现,灾后儿童青少年的焦虑、抑郁反应也可以适当地反映出 PTSD 的症状程度。除此之外,具有 PTSD 症状的儿童青少年,还有 44 位儿童青少年表示有自杀想法。因此,对于灾后儿童青少年 PTSD 的把握既可以通过专业判断而获得,也可以通过儿童青少年抑郁、焦虑与自杀意愿的表达等多方面特征来掌握。

三是地震灾后儿童青少年 PTSD 的影响因素分析。PTSD 作为一种应激反应性精神障碍,包括性别、年龄、种族、婚姻状况、人格特点、教育水平、宗教信仰等内在因素和来自创伤事件以及社会环境的应激源大小、创伤经历、亲人丧失情况、躯体损伤情况、生物因素、社会文化和支持程度等外在因素,都会对患者产生重要的影响。具体来说,不仅灾害事件的类型、性质和模式以及青少年自身的个性特征和生活环境等因素会导致青少年不同的 PTSD 发生率,而且青少年自身所处的年龄阶段、社会环境、民族文化特色以及灾害发生的不同阶段也会导致青少年 PTSD 发生率的差异,使用不同的诊断标准也会得到不同的 PTSD 发生率。而本次调研分析发现,一方面地震发生后的时间长短与 PTSD 症状有一定的相关性,即部分灾后儿童的 PTSD 症状在三年乃至更长时间后得以明显减弱。另一方面,进一步分析发现年龄和性别对灾后青少年的 PTSD 均存在影响,对 30 位 PTSD 的可能个案而言,年龄成为灾后儿童青少年 PTSD 的一个重要影响因子,儿童更容易成为震后一年内 PTSD 的主要高危险群。从性别角度看,女性比男性患 PTSD 症状比率显著增高,这无论在儿童时期还是青少年时期,均有显著相关性。

其他调查数据也支持这一结论,我国台湾地区地震后调查发现女性有 PTSD 的为 22.2%,而男性为 6.2%①。相关的研究也支持类似的结论,一项研究结论

① Kuo,"Posttraumatic Symptoms were Worst among Quake Victimswith Injuries Following the Chi-chi Quake in Taiwan",*Psychosom Res.*,Vol.62,No.4,2007,pp.495-500.

是中学生 PTSD 症状有显著的性别差异，女生高于男生；震前生活事件、创伤程度的各维度与 PTSD 症状反应总分显著相关；学习压力、暴露和丧失程度均对再体验有显著的正向影响；学习压力、受惩罚、暴露和丧失程度对逃避及麻木有显著影响；震前生活事件对 PTSD 症状反应有重要的影响①。PTSD 程度也和受灾青少年的羞怯认知显著相关，即在地震灾后那些在认知上出现害怕负面评价、自我意识强烈、思维集中在当时不愉快的情景上、负面的自我概念等特征的人更容易加剧 PTSD 的症状②。

（二）研究启示

第一，虽然大多数灾后儿童青少年随着时间的发展，其 PTSD 症状能够逐渐缓解甚至恢复到正常状态，但是依然有少数青少年的心理创伤会更加严重，达到 PTSD 的高危险状态。因此，面向灾后青少年的心理重建，不仅应该包括灾后及时的心理治疗、心理辅导以及心理支持，更应该包括长期的心理重建与社会支持网络建设。

第二，既然研究发现地震一年后儿童 PTSD 症状较青少年更为明显，而地震四年后许多青少年 PTSD 的高危群体是由儿童期的症状发展而来，那么，灾后青少年心理重建的范畴就不仅仅是面向或针对狭义的青少年群体而开展，应该采取广义的青少年观，将儿童晚期作为灾后青少年心理重建的一部分，实现心理重建的系统性、整全性和可持续性。这一点也预示着本研究中所有使用的“青少年”概念是一个包括了儿童晚期和青少年时期的广义概念。因此，本研究中的“青少年”是一个包涵了“儿童”“儿童青少年”“青少年”三种不同但相互通用的概念，具体指 10 岁到 22 岁之间的灾后儿童青少年。

第三，研究发现，灾后青少年 PTSD 症状具有明显的性别差异，即女性高于男性。那么，在灾后青少年心理重建中，就必须坚持性别视角，充分意识到女性儿童青少年在地震灾后心理创伤方面的独特性，并结合女性的生理发展特征、心理和情感特征以及家庭等社会关系特征来开展服务。一方面，要充分意识到部

---

① 赵玉芳、赵守良：《震前生活事件、创伤程度对中学生震后心理应激状况的影响》，《心理科学进展》2009 年第 3 期。

② 孙源泉等：《震区丧亲儿童羞怯、创伤后应激障碍症状和心理健康之间的关系》，《中国临床心理学杂志》2009 年第 4 期。

分农村地区存在的“重男轻女”思想对女性青少年心理的影响，积极开展专门针对女性青少年的心理重建服务；另一方面，更需要具有性别视角的心理学家、心理咨询师、社会工作者以及教育工作者，通过灾后心理重建服务促进灾区的性别平等和社会公平公正。

第四，研究发现，儿童青少年的 PTSD 症状与抑郁、焦虑存在正相关关系，并有可能导致其人际关系的过度敏感和社会交往方面的障碍。那么，在筛检青少年的 PTSD 个案过程中，可以打破单单依靠地震创伤反应问卷的传统方法，综合采用有关抑郁、焦虑、人际关系敏感以及社会支持等方面的量表，以发现最需要帮助的儿童青少年。进一步地，在灾区心理重建的实践过程中，可以通过提升灾区学校教师、社区工作者以及家长的敏感度，多方面发现有特别心理需要的儿童青少年。

第五，研究也发现虽然具有 PTSD 症状的灾后儿童青少年没有很明显的自杀念头和自杀行为，但依旧有不少具有自杀意愿的个案出现。因此，在灾后心理重建过程中，需要注重开展青少年的危机干预特别是自杀干预，从生态系统观出发，多角度地开展预防灾后儿童青少年自杀的综合评估、个案工作、小组辅导、社区宣传教育以及政策分析与倡导，避免地震灾后短期、中期及长期可能出现的自杀问题。

第六，研究发现儿童晚期和青少年时期最常出现的 PTSD 症状是灾难再经验部分。这就启示灾后青少年的心理重建的重点应该是如何设计出更人性化、可行性以及有效的介入模式与方法，以此协助灾后青少年能够更好地缓解和消除对于未来再经验地震创伤的焦虑和恐慌心理。其中，应该更加注重采取社会工作的方法，通过个案心理支持、成长小组、康乐游戏以及表达性艺术方法，来协助儿童青少年表达和宣泄创伤心理。

第二节　灾后失依青少年哀伤经验的质性研究

一、研究缘起与相关文献

对那些父母或监护人由于震灾死亡或者心智丧失等不能履行法定监护资格

的失依青少年而言[①]，不但遭受了亲历地震的创伤，更遭受丧亲所带来的哀伤。相关的研究表明：震后3个月青少年PTSD检出率至少达到4.3%[②]，6个月后青少年PTSD、焦虑和抑郁的检出率分别为15.9%、40.8%和24.4%[③]。进一步的研究发现：地震导致孤儿心身健康状态较差，具有明显的焦虑、抑郁、恐惧等负性情绪，在震后半年和一年，孤儿PTSD检出率要高于非孤儿（37.1% vs. 23.8%，40.2% vs. 23.8%），其表现为更高水平的闯入性症状并且潜伏期更长[④]。唐山地震后对于孤儿的研究结果也发现：22年后地震孤儿PTSD的发生率仍高达23%，患PTSD的地震孤儿有50%—75%的症状会延续到成年[⑤]。大部分研究都认为，"年龄、性别、人格倾向性、亲历现场程度、亲人受伤程度、社会支持等都是重要的影响因素"[⑥]。

文献综述发现，目前关于地震失依青少年的研究总体质和量都比较薄弱，主要以地震孤儿研究为主。首先，研究的内容比较单一，主要集中在PTSD方面，关于地震孤儿哀伤的研究只有一篇理论性探讨，缺乏实地调查研究资料的支撑；其次，关于地震孤儿哀伤经验的研究，既缺乏对哀伤反应的描述和调查，也缺乏对地震孤儿哀伤应对策略的分析；再次，目前对于震后青少年的研究主要从"PTSD、焦虑、抑郁、悲恸"的问题视角入手，缺乏对震后青少年复原力及其未来希望的重视和探讨，容易形成问题标签；最后，对于震后青少年的研究缺乏科学的框架，只看到了个体内在的心理状态，忽视了形成这种心理状态的社会环境和互动过程。最终，现有研究导致的结果是震后失依青少年"PTSD、高危、失能、无望、等待拯救"的数字化镜像，这既不符合青少年在现有社会文化脉络下得以发展的生态系统视角，也不符合青少年作为困境与希望复合的多元主体特征，更不符合重在激发震后失依青少年优势和复原力的辅导方向。

① 陈云凡：《中国儿童福利制度之缺失：四川地震孤残儿童收养与保护政策分析》，《中国青年研究》2008年第12期。

② 辛玖岭等：《汶川地震重灾区青少年创伤后应激障碍及其相关因素》，《中国临床心理学杂志》2010年第1期。

③ 范方等：《震后6个月都江堰地区青少年心理问题及影响因素》，《中国临床心理学杂志》2010年第1期。

④ 柳铭心等：《异地安置汶川大地震孤儿的创伤后应激障碍评估》，《中国科学院研究生院学报》2010年第5期。

⑤ 张本等：《唐山大地震所致孤儿心理创伤后应激障碍的调查》，《中华精神科杂志》2000年第2期。

⑥ 刘斌志：《汶川地震灾后青少年心理重建的研究综述》，《青年探索》2011年第2期。

因此,本研究希望从社会工作视角出发,透过优势视角、人与环境互动、生态系统观的理论工具,一方面基于深入访谈与参与观察的资料分析,探讨震后失依青少年哀伤反应的具体表征是什么?影响震后失依青少年哀伤的因素有哪些?震后失依青少年是如何应对地震和丧亲的哀伤情绪的,有哪些复原力要素可以挖掘?另一方面基于社会工作的生态系统理论,我们尝试提出一个针对震后失依青少年哀伤辅导的社会工作整合性框架和策略。

二、理论脉络与研究路径

(一)理论脉络

为了打破将震后失依青少年看作被创伤、被打倒、被遗弃的传统问题视角,将其视为在震灾面前被压弯但不折断的顽强生命的主体,挖掘其在震后新生命的优势和复原力,研究选取了优势视角作为社会工作分析的基本理念。优势视角展现了一种从解放和赋权出发的英雄主义气质,将在人类苦难的一般理解中所不能被领悟的潜力和资源呈现在人们面前。"哪怕在虐待、创伤、疾病和困惑之中挣扎和抗争的时候,人们依然能够从自己、他人和周围的世界中激发这些潜力和资源,从而获得成长和新生"①。这一方面表现为个体内在自我纠正和逆境中反弹的品质、特征和美德,可以称之为复原力;另一方面也包括那些外在的家庭、社区以及社会的资源,我们可以称之为社会支持。创伤、虐待、疾病和抗争具有伤害性,但个人、团体、家庭和社区也有复原的优势和资源,对脆弱性、风险、障碍的关注应该以对个体与环境的优势挖掘加以平衡②。因此,本研究将着重分析震后失依青少年哀伤经验中所体现出的各种优势和复原力,并着重挖掘震后失依青少年哀伤历程中的社会文化背景及其动态历程,由此探索系统性的社会支持网络。

(二)研究路径

研究采取质性研究方法,从现象学取向出发对汶川地震中失去双亲的七位

---

① Saleebey,D.:《优势视角:社会工作实践的新模式》,李亚文等译,华东理工大学出版社2004年版,第69页。

② Kemp,S.,Whittaker,J.& Tracy,E.,*Person-environment Practice*:*The Social Ecology of Enterpersonal Helping*,Aldine De Gruyter,1997,p.34.

青少年进行主题式深入访谈，通过回溯性及时间序列的纵贯研究开展个案叙述，以深入理解其哀伤的经验历程及因应策略。一方面，研究中十分注重“文化主位”的立场，搁置研究者和既有文献对震后失依儿童的“成见”，注重从个案本身的生命经验出发去理解其哀伤经验的社会文化脉络及其因应策略的背后意义①；另一方面，研究中十分强调伦理关怀，在资料收集的过程中注重哀伤经验的再建构，并给予个案适当的情绪支持与社会工作服务。

研究的个案一方面来源于汶川地震灾后学校社会工作的服务对象，通过服务筛选出失依学生，获得学生监护人、学校以及学生本人同意后进行深入访谈；另一方面来源于汶川地震灾后都江堰“全人健康中心”项目，在对失依青少年的叙事治疗过程中进行资料的收集与分析。具体七个个案资料如下表所示：

个案	性别	年龄	就读年级	丧亲情况	幸存家人	照顾者	是否目睹父母死亡	是否受伤
C1	男	18	本一	父母	妹妹	叔叔	否，未找到尸体	否
C2	女	17	专一	父母、弟弟	无	大伯	是，且参加葬礼	否
C3	女	15	高一	母亲、父亲病逝	弟弟	外婆	否，因住院未参加葬礼	是，压伤
C4	男	16	高二	父母	姐姐	姐姐	是，但未参加葬礼	否
C5	女	13	初二	父母	哥哥	哥哥	否，受伤住院且截肢	手术截肢
C6	男	14	初三	父母、姐姐	无	大伯	是，但未参加葬礼	否
C7	男	13	初一	父母	无	姑妈	否，未被告知	轻伤无碍

三、震后失依青少年的哀伤反应

哀伤是指当地震剥夺了青少年心爱的父母兄弟或者其他亲人的时候，所表现出的失落、忧伤、抑郁以及哀恸等反应，具体表现在持续的生理、情绪、认知和行为方面，但往往又视时期不同而呈现出阶段性、个别性的主观特征。

（一）青少年哀伤的生理反应

青少年面临地震破坏以及丧亲后哀伤的主要生理反应有所差异。部分青少

① 陈向明：《质的研究方法与社会科学研究》，教育科学出版社2000年版，第12页。

年表现为过分激动和疼痛，包括身体颤抖而难以控制、烦躁不安、焦虑失眠、哭泣不已、气喘等；也有部分青少年表现出较抑郁的特征，包括喉咙哽咽而难以出声、浑身软弱无力、身体被掏空的感觉、身体麻木，以及呼吸困难等。大部分的被访谈对象都表示在获知亲人遇难后的第一时间，具有非常强烈的惊吓、震惊、不由自主的哭泣、精神恍惚和失眠等身体反应。这种生理反应持续的时间基本为一个月之内，并表现出对外界干扰的过度敏感，极少数（个案5、个案6）持续半年之久。亲历地震的个案3、个案5表示当时脑袋一片空白，对地震感到震惊和害怕，并且在连续一个月的时间都难以入睡，处于精神恍惚的境地。而身为大学生的个案1表示在获知父母双亡并且没有寻找到尸体的时候，顿时不知所措、浑身无力、茫然呆滞，有好几天的时间显得精神恍惚，不知道自己该做什么事情。个案6在获知亲人去世后，一贯活泼的他顿时陷入沉默中，既没有眼泪也没有哭泣，目光显得呆滞，并且先后持续了半年之久。

（二）青少年哀伤的情绪反应

情绪反应是地震及其创伤对个体影响最为直接和长久的特征。震后失依的青少年哀伤的重要情绪特征表现为震惊害怕、悲伤难过、疲惫不堪、无助绝望、愤怒生气甚至歇斯底里、寂寞孤独、麻木迟滞、懊悔愧疚、恋恋不舍、焦虑以及抑郁等。与生理反应有所区别，哀伤的情绪反应表现出很强的多元性。从性别上看，男性更多地表现出震惊、愤怒、悲伤难过和焦虑，而女性更多地表现出害怕、无助、懊悔、抑郁以及恋恋不舍。如个案1在遭遇地震的第一时间非常震惊会发生这样的事情，并且在获知丧亲消息后诅咒老天为什么如此残忍。但个案3、个案5则完全被地震吓呆住了，对亲人的逝去非常悲伤并很怀念，陷入自我怜悯的情境中，对今后的生活非常焦虑。从时间上看，地震发生或获知丧亲消息当时，更多的情绪反应是震惊、恐惧、愤怒和麻木；在地震后半年至一年，更多地表现出悲伤难过、寂寞孤独的情绪；在地震两年及以后，主要的情绪特征为追思和怀念，并更容易反思自己的过失和懊悔自己。直到地震三周年纪念日，个案2回忆地震当时怎么也不相信父母和弟弟会转眼就没了，在参加葬礼的时候抱着骨灰盒痛哭，不知道今后自己一个人该怎么办。而三年后，她虽然已经大学毕业了，但仍然懊悔自己为什么没有和亲人在一起，常常为自己一个人活着而憎恨自己。

（三）青少年哀伤的认知反应

研究发现，丧亲青少年哀伤反应的认知表现主要是不相信、困惑、思念逝者以及认为逝者依然存活几个方面，虽然也有学者认为青少年会在不相信和悔恨中尝试去寻找和理解整个事件的真相和发生过程，但我们依旧将其归纳为困惑的认知主题。少数访谈对象呈现出对当时信息认知的混乱和丧失。在访谈中，个案2表示自己学校也发生了地震但没有人员伤亡，因此在接到告知父母死亡的电话时还以为是对方的恶作剧而加以斥骂，甚至在回去参加葬礼的过程中仍然抱着一丝希望，不相信丧亲的事实。地震三年后，个案2依旧清晰记得父母和弟弟的音容笑貌，就觉得他们就在身边一样，怎么也不明白是什么造成今天的孤单处境。通过照顾者的叙述，我们知道个案6经常依靠在偏僻处一个人发呆或者暗自掉泪，哪怕看电视的时候也不和堂兄弟抢遥控器，始终是在怀念父母和姐姐，并且不相信他们去世的事实，始终不能走出地震的阴影。个案5对于地震以及丧亲的记忆则显得十分模糊，非常不愿意去记起地震当时的情况，更无法详细描述当时的情形，回忆显得前后不一和信息混淆。

（四）青少年哀伤的行为反应

关于灾后丧亲青少年哀伤的相关行为研究集中指向行为退缩迟缓、强迫性或逃避性行为、叹息哭泣或者注意力不集中等。尝试自杀或者自杀未遂也成为震后幸存者备受关注的行为特征之一。但在我们访谈过程中，我们发现震后丧亲青年少年的行为反应主要表现为怀念和故地重游、叹息和行为内敛、逃避行为等。基本上所有的受访者都表示会经常梦见与逝去亲人共同生活和交流，并且大部分个案都会在时间允许的情况下经常去故地重游和悼念。珍藏和随身携带逝去亲人的遗物成为他们追思亲人的主要方式。个案2表示只要一有时间就会去亲人的墓地，并且以后也会选择在附近工作以便于凭吊。个案6告诉我们看到大伯一家的生活，让自己思念父母和姐姐，从而更加感伤。有时候也会想既然这么孤单，还不如随父母一起去了算了。而个案5由于在地震中受伤，所以只要房屋有轻微震动就非常紧张，对环境特别敏感。

四、震后失依青少年哀伤的影响因素

德国心理学家勒温认为人的行为是个体与环境相互作用的结果，具体表示为 $B=f(P \cdot E)$。其中，B(behave)指的是个体的行为，也包括事件的结果；P(person)指的是个体生理、心理以及文化认知的特质；E(environment)表示周围的社会环境，包括微观、中观以及宏观的生态系统；f 表示个人与社会的互动函数。借鉴此一模式，我们通过访谈发现震后失依青少年哀伤反应受到以下几个方面的影响：

（一）个体特质因素

首先，年龄和性别成为影响青少年哀伤反应的基本因素。儿童对父母的依赖程度较高，因此哀伤反应也较为明显，主要表现为愤怒、不相信、失眠、思念以及孤单等特征；而青少年正尝试迈向独立，因此哀伤反应不会持续过久，主要以悲伤、罪恶感以及思念为主，并最终能够将父母的逝去作为生活的转折点。男性对丧亲的接受程度要高于女性，哀伤反应持续的时间也较女性为短。其次，人格特质也会影响青少年的哀伤反应。那些身心功能不健全的青少年更容易陷入哀伤境地并持续很长时间。个案 6 由于一直以来就比较内向，因此在地震三年后依然难以走出丧亲所导致的哀伤阴影，而个案 7 则很快地融入了新的学习和家庭生活中。再次，个体一直以来的身心状况也影响哀伤的程度，那些体质较差或者受伤的青少年哀伤的持续时间较长。个案 3、个案 5 都由于手术截肢而有更强的哀伤反应，尤其是在自怨自艾方面较为明显。最后，青少年个体对死亡的概念、认知与态度成为哀伤反应的决定性因素。那些了解死亡的科学含义、过去曾经见过亲人死亡并参加葬礼，以及愿意了解死亡的青少年更容易接受丧亲的事实，也能发展出更好的哀伤应对策略，哀伤程度与时间都会降低或缩短。个案 3 虽然遭遇小型手术，但由于其父亲早年病逝，因此对未来的担心也就没有那么明显，反而更清晰自己未来的角色与责任。

（二）生态系统因素

在生态系统观看来，失依青少年的身心发展具有明显的生命周期、人际关联与角色、互动与生活调适的特征。因此，过往经验对当前的哀伤具有重要影响，同时当前的哀伤经验又是社会环境的产物。首先，家庭与朋辈关系等微观系统成为失依青少年哀伤的首要因素。那些过往父母亲子关系较为融洽、收养亲属的家庭关系较为和谐，以及家庭经济条件较好的青少年更能够妥善处理哀伤情绪。灾后获得更多朋辈支持的失依青少年也更能够快速走出哀伤影响。其次，包含学校、社区以及专业服务机构等在内的中观系统也成为重要的影响因素。那些所处社区受到重创、学校校舍被破坏严重、没有更多的外界专业人士支持的失依青少年除了会有对于地震和丧亲的哀伤，更表现出对于社会公平和未来生活的担忧和愤怒。特别是学校重建、社区重建以及专业服务机构的进入，能够强化大家灾后重建的希望和信心，有效地缓解失依青少年的哀伤情绪。最后，更高层面的文化力量、国家动员和媒体报道成为影响哀伤反应的宏观因素。一方面，那些由于文化习俗中忌讳死亡而从未接触死亡仪式的儿童青少年，其遭受丧亲后的哀伤经验更为复杂和持久，并往往会陷入寻找死亡真相的迷思中；另一方面，媒体如果更注重报道救灾过程而避免地震中死者的悲惨画面，青少年会更容易度过哀伤。那些抗震救灾中国家动员较好的地区青少年，其哀伤经验持续时间也较短，表现出更积极的生活态度。

（三）互动因素

青少年丧亲的哀伤经验既受到个体特质的影响，又受到社会环境的制约，更取决于两者互动的关系及其结果。首先，就互动关系而言，青少年与逝去亲人生前的关系成为一个重要的考察因素。这其中也包括青少年对自己以及父母的角色认同因素。正如，个案 6 与父母姐姐生前的关系非常密切、对父母的依附感比个案 7 更为强烈，其丧亲的哀恸比个案 7 也更为强烈和持久。其次，个体丧亲之后的哀伤表达形式也会影响哀伤的强度以及持续时间，那些悲伤情绪受到压抑的青少年，哀伤历程会被阻断，则更容易出现强迫性追念、幸存的罪恶感以及突然地愤怒和情感麻木。再次，是否有足够的时间让青少年去做好丧亲的准备并参加葬礼也会影响哀伤的过程，那些未参加葬礼的青少年的自责与悔恨的经验会更加强烈。

（四）哀伤行为因素

哀伤是个体应对外界丧亲刺激的一个反应过程和结果，而及时性的哀伤行为往往又会成为持续性哀伤的重要原因。因此，哀伤行为本身的表现也成为影响丧亲青少年哀伤经验的重要指标。首先，从时间上看，地震及丧亲后第一时间以生理和情绪反应为主，包括悲恸、伤心、难过以及震惊等。而事后一年，则更多以自卑自怜、悔恨、思念、梦境幻觉以及触景伤情等认知和行为反应为主。其次，亲人死亡的形式以及青少年是否目睹也成为哀伤经验的重要因素。那些非预知性死亡，没有见到父母最后一面甚至未能参加葬礼的青少年，会出现全面的哀伤延长和重度创伤。再次，亲人死亡对青少年所造成的生活压力以及亲属的照顾水平和能力也会影响哀伤经验。其中，个案1、个案4、个案7由于能够自食其力或者获得较好的亲属照顾，丧亲对其影响最为明显的体现为半年之内，一年之后的哀伤经验强度大大减弱。最后，访谈发现，那些采取积极哀伤行为的青少年更容易度过丧亲期，否则便容易造成延迟性哀伤反应。

五、震后失依青少年哀伤的因应策略

总体而言，地震、丧亲及青少年的各项特征对哀伤反应都是强化因素，但哀伤所导致的后果反过来对青少年的影响却有正负两方面：一方面，哀伤经验会造成青少年个体的悲哀、哭泣、注意力不集中以及各项身心症状，进而影响其身心、学业以及未来的生涯发展；另一方面，由于复原力的作用，地震及丧亲所导致的变迁会激发青少年发展新的自我及建立新的现实感；有些青少年也可能从新的哀伤过程中调适过来，形成新的自我意识、个人成长及社会认同，如承担新的角色、形成新的日常生活模式、恢复或发展社会关系网络等①。这主要依赖于青少年发展出的哀伤因应策略，即在地震和丧亲所导致的家庭、学业、人际关系、自我概念、经济状况及未来定位的生活及角色的改变，并造成焦虑、恐惧、害怕、沮丧、愤怒等负面情绪后，青少年所采取的情绪、认知和行为改变的过程与方法。访谈

---

① 庄小铃、叶昭幸：《概念分析：哀伤》，《长庚护理》2000年第1期。

资料的分析发现,青少年的哀伤因应策略包括[①]:

(一)情绪因应策略

访谈结果显示,面对地震及丧亲所带来的巨大冲击,青少年最先发展出情绪因应策略以让自己能接受眼前突然的遭遇。首先,是否认、压抑和若无其事。青少年在获知丧亲后的第一时间往往会否认消息的真实性,坚决认为亲人没有去世。有的青少年也会表现出对外界的关心表示漠视,不让自己的情绪外露,表现出若无其事的样子。其次,是宣泄和哭泣。有些青少年在获得丧亲信息后会歇斯底里地嚎啕大哭,任何安慰措施都无济于事。再次,是正向的乐观思考。有些青少年最终能够接受父母的离去,认为地震是天意,亲人去世也是命中注定,非人力所能左右;部分青少年更将个人的幸存看作是父母亲人的寄托和庇护,从而更加珍惜自己的生命,以乐观的心态面对变故,对未来充满信心和希望。在以上三个方面的策略中,由于文化对角色的期望使得男性比女性更多采取压抑和正向思考的因应策略。访谈结果还发现,由于震后社会动员以及国家救援机制的大规模启动,部分青少年因羞于表达而压抑了哀伤情绪,最终哀伤延迟到一年后甚至更长时间,反而不利于哀伤情绪的处理。

(二)认知因应策略

在处理哀伤情绪之后,青少年还需要发展出认知因应策略,以决定是认同、接受还是遗忘或逃避地震及丧亲的事实。首先是纠结与困惑,即青少年在难以接受事实真相的情况下强迫自己不断地回忆丧亲事件,希望找到避免事件发生的细节以缓解痛苦的情感。其次是强迫性、选择性遗忘,即青少年在面对某些特殊节日、特殊对象的时候,会选择性地遗忘或模糊某些记忆,并以逃避思考或谈论该话题的方式来掩盖或缓解哀伤情绪。再次是接受丧亲事实并认同逝者,即当青少年意识到再怎么伤心难过也无济于事的时候,尝试直面并接受丧亲的事实和当前的处境,但同时会坦然地回忆或论及亲人在世时的疼爱和教导,心中塑造并认同了一个正向完美的逝者的形象,以作为未来生活的象征和意念。最后,

① 杨雅榆:《震灾失依青少年的哀伤反应与因应策略过程研究》,硕士学位论文,南华大学生死学系,2002 年,第 67—68 页。

还有部分青少年在面对地震和丧亲的巨大变故后，在心思意念方面会做出重大调整，尝试独立地去面对和处理未来生活的压力和危机，并通过行动挑战和改变原有负面的个性、认知和态度，有效地发展出个人交际网络、对生命的体悟以及成熟的处事方式，从而有效地增强了对未来生活的掌控感。在以上四个方面的因应策略中，大部分个案都有一个尝试遗忘或模糊记忆的过程，且随着时间的流逝，遗忘使用的频率会减少；另外，基本上所有的（除个案6）访谈对象在地震一年后都能够采用接受事实、认同逝者以及改变自己态度的因应策略。有四位个案表示经历过地震和丧亲后，更加意识到自己作为幸存者的责任和使命，遇事会更加稳重和谨慎，为人处世也会更多考虑周围人的看法。有五位个案均表示，地震和丧亲迫使自己对生命有更多的领悟，更加珍惜生活和周围的人，也会不断地通过人际交往来提升自己的包容度和忍耐力，以适应新的生活。

（三）行为因应策略

行为因应策略是青少年应对地震及丧亲的外显行动及过程，也是最为有效的应对策略。访谈资料的综合研究发现其具体策略呈现以下几个特征：首先，表现为策略多元化。其具体策略包括：哭泣、若无其事、寻求社会支持、逃避、转移注意力、祈祷、遵从家人期待、转换环境、寻求认同、药物滥用、冲动性行为等。其次表现为两极化。面对丧亲的哀伤，有些青少年装作不在乎别人的看法，尤其是面对其他家庭温暖、朋辈询问相关事宜、其他朋友关心的时候，会表现出若无其事的态度；而有些青少年则积极地去寻求其他社会网络支持，并主动向别人诉说自己的遭遇与困境。有些青少年会为了融入朋辈群体而隐藏哀伤，而有些青少年则选择逃避和遗忘的方式来应对。再次，适应环境变迁成为失依青少年经常使用的因应策略。面对如此重大变故，青少年在家庭关系、依附关系、生活环境、学业环境以及朋辈关系方面都有所不同，因此如何认识、熟悉并适应新的环境成为地震后三年来面临的重要任务。最后，寻求社会支持成为青少年最重要的行为因应策略。一方面，青少年会想方设法寻找朋辈在情感上的陪伴、亲属在生活上的照顾、学校在人际方面的辅导，以及社会福利机构的专业服务和参与机会，通过寻求社会支持来转移对地震及丧亲的注意力；另一方面，青少年对社会支持的选择性也不断增强。部分个案明确表示不希望心理辅导和其他专业人士的服务介入，不希望太多人知道自己的心思，并明确表示不愿意多次揭开痛苦的伤疤。但家庭支持被青少年认为是最重要的支持网络，并努力去尝试适应和融入新的家庭环境。

六、结论与建议

综合研究发现，基于个体特质、社会环境以及两者互动关系的综合影响，震后失依青少年的哀伤经验主要表现为生理、情绪、认知以及行为四个方面，由此带给青少年在身心发展方面的消极影响，但青少年也会在震灾以及丧亲之后呈现出多样性的复原力，促使其得以体悟生命的可贵，从而更积极地适应新的生活。在这一过程中，社会工作者作为有效的改变媒介，可以通过个案工作、小组工作以及社区宣传教育等方式，促进震后失依青少年的身心康复以及社会适应。具体来说，可以从以下几方面入手：

首先，社会工作需要针对震后失依青少年开展有效的个案辅导。这一方面可以通过情绪辅导、认知改变以及行为调适等方面的工作，给予适当的情绪支持来引导青少年去探讨丧亲对个人生命的意义和影响，促进其发展自我支持的能力，适应变迁的社会境遇；另一方面，在辅导过程中要特别注重对失依青少年复原力的挖掘和培育，要充分激发青少年内在的独立意识、责任意识、珍爱生命的意识以及使命感，帮助他们树立克服困境的信心。

其次，社会工作需要面向震后失依青少年开展小组辅导与团队建设。这一方面可以通过将那些具有类似境况的青少年组织成为一个小组，让他们能够在宽松、安全、保密和信任的小组氛围中发泄哀伤情绪，分享哀伤经验，交流哀伤的因应策略。另一方面，还可以通过小组开展一系列有助于青少年转移注意力以及增强行动力和兴趣的小组活动。既可以通过阅读、体育、竞赛、旅游等活动转移其对哀伤的关注，也可以组织其参加各项志愿服务，让失依青少年在服务他人中体会到自身的价值和生命的可贵。

再次，社会工作可以开展适当的社区健康宣传和促进。一方面，可以针对社区居民开展各项教育促进活动，为社区居民提供震后心理重建的各项知识培训，为收养家庭开展亲子辅导项目，促进社区居民的接纳和守望互助精神；另一方面，还可以通过社会工作推动灾后社区重建，通过青少年职业辅导来促进社区生计重建，通过开展心理援助促进社区心理重建，通过引导媒体的正确报道促进社区文化重建,通过社会工作把震后失依青少年的心理重建与文化重建、生计重建结合起来。

最后,面对那些有复杂哀伤经验的失依青少年,社会工作需要开展个案管理,通过资源链接和整合来维护青少年的身心健康,促进其社会适应。一方面,社会工作者可以作为灾后心理重建的协调者和负责人,整合护理学、心理学、社会学、教育学的众多专业人士开展整合性的工作,避免失依青少年隐私的泄露和服务的重复;另一方面,社会工作还可以将那些需要特别处理的失依青少年转介到相应的专业部门和人士,最大限度地维护失依青少年的最佳利益。

第三节　灾后青少年家庭状况及需求分析

在社会工作专业的生态系统观和家庭系统理论看来,个体与家庭之间是有效互动和共同成长的机制和过程。尤其是在地震等创伤性事件之后,对于家庭关系的探讨,要同时考虑到家庭内个体和家庭外各类系统,看到外部系统对内部系统的压力和创伤,也看到内部个体变迁对整体功能的影响。这也启示我们,灾后青少年心理重建应该充分考虑到其家庭状况及其变迁的过程,应同时从个体的物理网络、社会网络和生态网络等整体结构入手。

进一步的探索发现,对于灾后青少年而言,家园重建工作不仅仅是房屋和建筑的重建,更多的是经济、家庭、心理、文化以及社会关系的重建。而根据社会调查以及文献查新的情况来看,灾后重建工作依然任重而道远。一是房屋重建并不等于家庭重建。根据相关调查发现:“仅有六成的灾后家庭认为当前的生活已经恢复到灾前水平,1/3 的家庭认为自己的生活水平仍未恢复到灾前水平,可见硬件的恢复并不代表居民心理水平的恢复。”①二是对于儿童青少年而言,家庭经济和建筑的重建并不代表其家庭结构的修复。根据灾后实地访谈的数据分析,一半以上的灾后青少年都认为即使国家和社会给予更多的社会关怀和支持,但是缺失家人所造成的心理伤害更为长久且难以弥补,并且有近 1/3 的青少年

① 邓大胜等:《灾区居民心态稳定,生活满意程度较高》,中国科学技术发展战略研究院调研报告,2010 年,第 1266 页。

由于丧失亲人而产生严重的心理问题。三是对于儿童青少年而言，家庭结构的修复也难以实现缘由关系和氛围的修复。虽然在调查过程中发现了许多家庭重建中的抗逆力和复原力的持续存在，但灾后儿童青少年对于重组后的家庭依然难以建立对原生家庭类似的感情。有许多儿童青少年在面对收养家庭、寄养家庭以及重组后家庭的成员时，表现出较明显的退缩、内向以及抑郁等特征。可见，对于儿童青少年而言，地震所带来的家庭变迁和压力对他们具有更为深远的影响。

一、地震灾后青少年的家庭变迁及压力特征

灾后家庭压力一方面来自地震灾害的直接影响，另一方面也是由于自身脆弱性而导致的。综合来看，地震给灾后青少年家庭带来以下几方面的变迁和压力：

（一）家庭居住条件变迁对青少年的影响

汶川地震灾区处于四川欠发达的山区，民众的居住条件本来就较差，相应的社会保障体系不够健全，加之地震对山区建筑的破坏性极强，因此地震灾后许多家庭丧失了原有居住的环境。这一方面表现为原有房屋的损毁和倒塌，导致家庭成员无家可归，或者居住在危房中，具体表现为房屋发生地基下陷和滑坡、房屋墙面裂缝、房屋倒塌损毁、房屋使用空间降低等，在地震灾区许多损毁的房屋都不能居住，这就要求家庭成员挤在帐篷房内或者活动板房内。另一方面，随着抗震救灾以及灾后重建工作的不断推进，为了解决大量受灾群众与紧缺建设用地的矛盾，灾区出现了大量规模巨大的高建筑密度活动板房过渡安置区。这些安置板房可能会存在夏季室内比室外热、冬季室内比室外冷、下雨时屋顶漏水、墙面渗水、板房隔音差、室外积水倒灌、屋内阴暗等问题。其中，活动板房夏季恶劣的室内热环境对受灾群众影响十分巨大。另外，还有居住环境狭小也是一个重要的不利因素。居住环境的阴暗、潮湿、闷热和狭小，使得青少年没有足够的活动空间，从而影响其学业、心理和身体发展的状况。

（二）家庭经济状况变迁对青少年的影响

此次汶川地震灾害中，大部分受影响的家庭经济状况都较差，有些贫困家庭

甚至没有解决基本温饱问题;有些家庭经济状况较好,但由于地震对当地土地的破坏,许多从事养殖、种植产业的家庭顿时陷入经济困顿;还有些家庭的收入来源于家庭成员的外出务工,而地震灾后家庭成员都回乡参与灾后重建,因此家庭收入就相对减少,加之地震导致部分家庭成员受伤甚至残疾,看护照顾的压力也相对较大。一般来说,这些家庭经济本身存在较大的脆弱性,在社会保障体系尚不健全的情况下,一旦家庭成员丧失劳动力,或遭遇疾病、伤残或其他特殊意外,就容易使整个家庭陷入困境。

虽然地震灾后,许多家庭都得到了各种补助,但是这些补助也存在各种问题和限制:一是部分补助的发放只在于满足其基本的生存和生活需要,在有补助的情况下仍然有许多家庭会陷入入不敷出、收支失衡、无法满足基本生活开支的困境。二是部分房屋重建的补助是基于家庭自身重建能力而发放的,由此导致那些没有任何经济能力的家庭生活重建的压力较大,其重建步伐也会较慢。三是伴随地震灾后各种生活和生产物质成本的迅速提高,许多家庭难以承受通货膨胀所带来的巨大经济压力。四是为了应对受灾家庭由于失业而导致的家庭经济困境,政府也推行了相应的职业培训和创业贷款等政策。但对于地震灾后的家庭而言,在巨灾的心理阴影下,受灾群众很难在短期内培养出较熟练的工作技能,在灾后就业机会较少的情况下,灾后家庭的生计重建依然是一个漫长的过程。这些家庭经济的压力,往往直接影响青少年的身心发展,这一方面表现为青少年往往自认为成为家庭的负担而陷入焦虑状态。特别是对于那些地震中受伤的青少年而言,家庭经济的困境只会使其变得更加自卑和自责,将自己变成家庭和社会的包袱。另一方面,青少年往往会为了解决家庭经济的压力而辍学,过早地承担成人的社会责任。

(三)婚姻家庭关系变迁对青少年的影响

汶川地震使许多家庭破裂,导致家庭中各种关系的断裂。在震后,由于生产与生活的需要,也组建了许多新的家庭。在破裂与重组之间,家庭关系发生了许多新的变化。总体来说,地震灾后家庭关系变迁表现出以下几个方面的特征:

首先,是夫妻之间关系的变迁。地震后灾区的离婚率和结婚率都迅速攀升,这一方面是由于夫妻一方对另一方在地震中的表现非常失望,也有可能是有些夫妻在婚前本来就感情不和,一直由于财产分割等原因而没有离婚,而地震所导致的一无所有,反而促使许多夫妻对人生有了更多新的看法,最终选择了离婚;另一方面是由于地震导致夫妻中某一方遇难,另一方迫于生活和生产压力而选择了重组新家庭。这些都导致了夫妻之间关系的变化。对于没有子女的夫妻而言,这种夫妻关系变化的影响仅限于两人之间。而对于那些已经有青少年子女的夫妻而言,夫妻关系的变化会给青少年带来更多负面的心理和人格的影响。特别是许多重组家庭中出现了一些新型的伦理关系,比如丈夫与亡妻的妹妹结婚、妻子与亡夫的哥哥结婚、弟弟娶兄妻或叔嫂恋等。虽然在地震后的灾区,社会大众都已经接受了这样的现实情况,但对于部分青少年而言,接受这些关系还需要一个适应的过程。

其次,是亲子关系的变迁。正如前所述,地震灾后的青少年往往面临着许多新的社会关系,特别是家庭重组后许多青少年将会面临新的父亲或母亲并要学会如何处理这些新的亲子关系。对于那些处于情绪敏感期的青少年而言,地震灾后往往很难忘记亲生的父亲或母亲,并会有意无意地将继父或继母与之前的亲生父母作比较,稍有不顺心如意的地方可能就会陷入情绪的困扰当中。调查发现,重组家庭中的青少年在心理和行为上更加敏感和易怒,往往会为家庭中发生的一些小事情而产生抑郁情绪,认为在新的亲子关系中受到忽视和排斥。

再次,是手足关系的变迁。众多研究表明,手足关系是青少年发展的重要影响因素。而地震灾后那些重组家庭中的青少年会更容易遇到新的手足关系,并产生一些不愿意接受的状况:一是部分青少年往往会陷入对过往逝去亲人的思念,难以融入新的重组家庭之中,从而难以与新的兄弟姊妹建立亲密关系;二是在地震灾后的心理脆弱时期,部分青少年不愿意打开自己的心门接纳新的兄弟姊妹,总认为他们会剥夺来自父母的爱,从而对手足产生敌对的情绪;三是部分青少年选择外出打工或者求学等方式,不愿意留在新组建的家庭中;四是还有部分青少年处于儿童向青少年过渡时期,尚没有自我独立生活的能力,因而会受到来自新的家庭成员的控制,难以适应新的家庭成员关系。当然,也有许多青少年能够很好地适应新的家庭生活环境,并与新的兄弟姊妹建立良好的手足关系。

最后,是隔代亲子关系的变迁。此处讲的隔代亲子关系主要是地震灾后,部分青少年由于双亲遇难而被爷爷奶奶、外公外婆或者叔伯舅姑等隔代抚养下所形成的亲子关系。地震灾后,部分青少年尤其是年龄较小的青少年,往往没有独立自主生活的能力,需要依靠亲属来抚养。这部分青少年也面临着家庭关系变迁的冲击:一是需要完全在缺失父母的情况下融入一个新的家庭关系之中,此时青少年的心理往往会处于孤立无助的内心世界之中,哪怕亲友照顾十分细致周到,也难以弥补双亲所能够提供的亲密依恋关系,而依恋关系的缺失会造成心理上的孤独感和自卑感。二是部分青少年往往由于地震灾后遇难家属的缘故可以得到数额巨大的经济补偿。这部分青少年有可能会遇到亲属之间由于经济和利益关系而发生的争执和冲突,从而在心理层面遭受到地震丧亲所带来的二次创伤,对于家庭关系的依恋很难建立起来。三是在实地调研中发现,尽管隔代亲子关系的变迁会给青少年带来一些影响,但这在地震灾后的实际生活中更多地呈现为好的方面。尤其是地震灾后青少年与爷爷奶奶、外公外婆、舅舅、姑妈等的家庭关系较为融洽,并得到了很好的生活照顾,其心理健康和社会功能状况恢复较好。

二、地震灾后青少年的家庭凝聚力特征

(一)地震灾后家庭凝聚力的相关研究

家庭凝聚力是了解家庭内部运作情况和家庭关系的重要方式,尤其对于研究家庭关系如何受到外部影响因素的改变具有重要意义。Olson、Sprenkle 与 Russell 共同发展出婚姻与家庭系统环绕模式来解释家庭凝聚力、弹性以及沟通三个要素互动的过程。具体来说,婚姻与家庭系统环绕模式强调家庭凝聚力与弹性之间的平衡和趋于相等为佳,当其中任何一方太高或太低,都会影响家庭的稳定与和谐关系,此时需要通过良性的沟通来达致新的平衡。而“评估家庭凝聚力的主要指标是心理的亲密程度、生活的亲密程度以及相处的时间等,具体可表现为:情感的连接、联盟、时间、空间、朋友、决策、兴趣以及休闲活动等”[①]。另外,Epstain 等人也发展出旨在了解家庭如何发展处理所必须面对的紧急情况和任务的 McMaster 模式(The Master Model of Family Funcitoning)。此模式一方面强调了解家庭作为整体如何重视和支持其成员的活动与兴趣,另一方面强调家庭成员对彼此的投入和支持程度[②]。除此之外,斯坦福大学的 Moos 等人也发展

① Oslon, H.D., “Circumplex Model for Marital and Family Systems”, *Journal of Family Therapy*, Vol.22, 2000, pp.114-167.

② 陈丽英:《家庭功能的评估》,《中华心理卫生学刊》1995 年第 3 期。

出家庭环境量表(Family Environment Scale,FES),试图通过家庭环境的气氛来了解家庭成员之间的关系、成员的成长以及家庭结构。在其中,家庭凝聚力就表述为:“家庭成员对家庭的关心与承诺、家庭成员之间的相互协助的程度。”①

(二)地震灾后家庭凝聚力的变化

我国台湾地区九二一大地震后关于家庭关系与家庭互动的研究为汶川地震灾后家庭凝聚力的变化提供了很多有益的借鉴。陈淑惠、林耀盛、洪福建与曾旭民等的研究发现台湾地区九二一地震后的三四个月内,近六成的灾区民众觉得身心健康不如从前,41.7%的人认为与配偶关系没有改变,认为变差的人有17.7%,认为变好的有32.8%,而家庭内部的亲子关系、手足关系和其他亲戚关系均未发生太大的变化,甚至变得更加亲密。可见,“共同经历灾难事件,反而使得家庭成员之间的关系更加亲密,从总体上提升了家庭的凝聚力”②。当然,他们的研究也发现地震灾后家庭也会存在一些成员之间的生气与猜疑、身体健康状况下降、相互隔离甚至家庭暴力等问题。结合灾后社会服务过程中对相关家庭的实地访谈资料可以发现,汶川地震灾后家庭的凝聚力变化状况可以通过夫妻关系、亲子关系以及手足关系三个方面来体现。

首先,在夫妻关系方面呈现多样性变化特征,但总体以夫妻之间关系变得更加亲密为主,也有部分夫妻由于之前关系的疏离和隔阂而选择离婚。一方面,地震灾害对受灾家庭原有的夫妻关系形成了巨大的冲击并发生了明显的变化:有些夫妻关系在地震灾后由于互动增加、互相珍惜、互为依靠而变得更加紧密并一直维持下去;有些夫妻在地震救援阶段由于对生命的体悟和珍惜而关系紧密,在灾后重建阶段由于各种家庭事务和经济压力而变得疏离;有些夫妻在地震之前相互之间关系不甚亲密,地震之后由于家园损毁和财产消失,反而关系变得更为疏离甚至离婚;还有些夫妻在地震之后一段时间由于子女受伤或遇难而关系变得疏离,但在灾后重建阶段由于情况的好转,重新树立对生活的希望而关系变得更加亲密。另一方面,对于部分家庭而言,其夫妻关系并没有因为地震而有所变化,家庭凝聚力之间也保持相对稳定的状态。

---

① Moos,R.H.& Moos,B.S.,“A typology of Family Social Environments”,*Family Process*,Vol.15,No.4,1976,pp.357-371.

② 陈淑惠等:《九二一震灾受创者社会心理反应分析》,《中大社会文化学报》2000年第10期。

其次，在亲子关系方面，总体上表现为更为积极的互动特征。在地震灾后，父母对子女的关爱照顾与子女对父母的依恋归属之间形成较为良性的互动，最终促成更为亲密的亲子关系的形成。一方面，地震灾后家庭的亲子关系会向着更好的方向发展，表现为父母对子女的关心疼爱与责任心增加，在生活照顾、情感慰藉、亲子互动方面的行为会增加；相应地，一些较年长的子女会以更积极的行为来回应父母的爱，这包括表现出更听话懂事、体贴父母的心情和情感需要并安慰父母、主动帮助父母做家务、减少外出和休闲娱乐时间、增加在家庭的时间等。另一方面，有些父母在地震灾后忙于灾害救援以及恢复重建工作，加之家庭经济状况以及工作生活的烦恼，往往忽视了子女的情感与照顾需要，甚至对子女不听话、不懂事以及较为复杂的心理问题表示束手无策和不耐烦，从而淡漠和疏离了亲子关系。此时，子女在灾后由于恐惧、胆怯、焦虑和孤独心理所形成的一些行为问题会增多，并给父母造成困扰，最终形成负面的亲子互动关系。除此之外，还有部分家庭的亲子关系没有什么变化，这主要是那些年龄较小的儿童所处的家庭。

最后，地震灾后家庭内部的手足关系往往会随着儿童青少年年龄的变化而有所不同。对于大部分年龄较小的儿童而言，地震灾害并未影响其相互亲密而又有冲突的亲密关系。对于那些青少年而言，由于地震带来的恐惧、失落和孤独，反而增加了青少年对于亲密手足关系的渴望程度，从而整体上提升了家庭凝聚力的水平。但是，在实地调查中也发现，许多儿童青少年的手足关系呈现出隐性和显性交叉、短期和长期交叉以及稳定性与多变性交叉的特征，这又需要进一步详细深入的研究才能厘清。

（三）地震灾后家庭凝聚力的影响因素

众多的研究成果指出影响家庭凝聚力的因素表现为以下几个方面：一是家庭及其成员所面对的压力。Weigel 等人的研究发现，家庭中面对工作的压力，尤其是妻子所受到的工作和家务压力程度会降低其对家庭的满意度和家庭整体的凝聚力[①]。而 Larson 的研究也发现家庭中丈夫的失业会直接导致家庭凝聚力的

---

① Weigel, D.J., Weigel, R.R., Berger, P.S., Cook, A.S.& DelCampo, R., "Work-family Conflict and the Quality of Family Life: Specifying Linking Mechanisms", *Family and Consumer Sciences Research Journal*, Vol.24, 1995, pp.5-28.

降低，特别是那些妻子工作而丈夫在家的家庭①。二是家庭中未成年子女的数量以及家庭中亲子关系的频数和时间。三是家庭成员尤其是夫妻之间的沟通和互动方式。四是家庭成员的人格特质，尤其是家庭成员的抑郁、焦虑以及自杀倾向往往会降低家庭的凝聚力。从灾后社会服务过程中对相关家庭的实地访谈资料可以发现，汶川地震灾后对青少年家庭凝聚力的影响因素大致有以下五个方面：

一是家庭经济状况。地震灾后的家庭一方面面临着财产清零、房屋损毁、工作失业等现实问题，这导致家庭顿时失去收入来源，生活陷入困顿拮据的状态；另一方面还需要面临着灾后心理创伤、照顾家庭成员、照顾伤者等现实的问题。经济困难、入不敷出成为许多家庭面临的主要问题，并成为影响家庭凝聚力的主要因素。以地震中某受访家庭为例，地震后他们夫妻经常吵架，为的就是生活中的收入和消费问题、未来如何买房和安居的问题、子女照顾和教育问题，以及日常开支和活动安排的问题。处于经济困境家庭中的夫妻往往会有许多心理和行为问题，女性往往表现为抑郁、焦虑或者歇斯底里，而男性则更多地表现出烦恼、不快乐、失眠和酗酒等问题。长期如此的状态，让家庭的凝聚力急剧下降。

二是居住环境状况。许多地震灾区的家庭都失去了赖以居住的房屋，有些房屋则变成了危房。因此，许多家庭都选择入住活动板房。这种居住状况一方面导致家庭成员感受到居住环境的落差和困扰。活动板房空间狭小、空气流通差、冬冷夏热尤其是夏天异常闷热、隔音效果很差的现实状况，让许多灾后家庭很不适应。同时，活动板房区密集生活、相邻过于紧密、共同的卫生和生活设施、缺乏安全保障等问题也让灾后家庭面临着多方面的生活压力，进而影响了家庭关系和凝聚力。另一方面，活动板房在温度控制、卫生条件等方面的限制也往往导致居住其中的老人和小孩身体素质较差，并容易感染各种呼吸道疾病和消化道疾病，这在一定程度上也给灾后家庭带来了经济压力和心理困扰。

三是受灾家庭自身能力状况。许多受灾家庭处于农村地区，家庭主要成员的文化素质和工作技能不高，运用和争取相应社会补助和资源的能力较差，从而降低了家庭总体的生活质量。一方面，部分受灾家庭的家长文化素质较低和专业能力缺乏的现实，影响了他们职业转换和职业获取的能力，就算是接受过政府

① 张惠芬、郭妙雪：《工作与家庭》，扬智文化出版公司1998年版，第123页。

相关的职业技能训练,也很难在短时期内改善家庭的经济状况,从而降低了家庭的凝聚力;另一方面,有些家庭对于政府灾后救援和重建的各项社会政策不了解,不知道如何申请或获取相关的社会资源,不能有效地减轻家庭所面临的压力。反过来,那些获取社会资源能力较强的家庭,能够及时从政府、当地村委会、各种社会服务机构获得相关救助信息,能够通过让子女参加教育辅导、关怀照顾、心理辅导以及休闲娱乐的活动,从而提升子女应对地震灾害的能力,减轻父母照顾的压力。

四是受灾家庭的地震认知和态度。地震后受灾家庭对地震、对自身心理以及对生命的认知、态度和行为倾向,往往也会成为影响其家庭凝聚力的重要因素。一方面,那些认为地震是随机的自然现象,并为自身能够活下来感到幸运的家庭成员会更加幸福,并带来积极的家庭关系;另一方面,那些对生死有较乐观看法、坦然接受死亡的家庭成员能够较快地走出地震的阴影,从而有效地改善家庭的抑郁情绪,促进家庭凝聚力的提升。另外,家庭成员对自身心理状态的敏感和适度调节也会带来更高的家庭凝聚力。

五是家庭中夫妻、亲子沟通和互动的状况。那些夫妻乐于彼此讨论、分享痛苦和快乐,并相互支持性表达的家庭更容易释放和化解消极情绪,共同度过压力环境,维持较高的家庭凝聚力;同样,那些倾向于民主和开放的亲子关系的家庭,亲子之间的互动频率和效果都较高,父母和子女能够更多地从彼此获得情感支持和快乐,这也会有利于家庭凝聚力的提升。

(四)地震灾后家庭凝聚力变迁对青少年的影响

许多研究发现,家庭关系不和谐会给青少年身心带来许多负面的精神压力和心理负担。许多家庭之间夫妻关系不和谐还会影响青少年的健康状况、学业水平和人际关系状况,甚至表现出脾气暴躁、药物成瘾、破坏东西以及自我伤害等特征。对于地震灾后的青少年而言,家庭凝聚力的变迁影响大致可以从以下几个方面来论述:

首先,家庭内部的夫妻关系对灾后青少年有重要影响。对于那些失去双亲的地震灾区的儿童青少年而言,强烈的灾害冲击和持续的关怀缺失会影响其毕生的健康发展。而对于那些依然有完整家庭的青少年而言,灾后家庭关系的变化也会影响其各方面的成长。一般来讲,那些家庭中夫妻关系没有变化或者向好的方面发展的家庭,青少年会更好地克服地震所带来的心理创伤,也更能够走出自我心理困境,参加各项服务活动,并有效地发挥其复原力的作用。而那些夫妻关系变得更加疏离的家庭,青少年会更容易受到地震创伤的影响,其依恋关系没有得到有效的满足,易于陷入各种身心疾病、心理和行为问题的困境,学业发展也会受到限制。

其次,家庭内部的亲子关系成为青少年发展的关键主题。在地震灾后,青少年建立依恋关系、克服创伤心理和实现心理复原的基础乃在于与父母建立较好的亲子关系。当父母在地震灾后能够更多地向青少年表达关心、疼爱、照顾与关注时,青少年更容易在家庭、学校和同伴交往中表现出积极的心理和行为特征。而当父母忽视和否认青少年的情感和照顾需要的时候,青少年更容易出现退缩、孤僻、暴力和叛逆等消极心理和行为,其学业成绩也会受到影响。因此,良好的亲子关系不但可以帮助家庭克服地震所带来的消极影响,并且可以形成父母与子女之间相互支持的良性互动。

再次,家庭内部的手足关系也会影响青少年灾后的心理应对。那些与兄弟姊妹和睦相处并能够有积极互动关系的青少年,在地震灾后更容易以积极乐观、负责任的态度参与灾后重建;而那些具有矛盾和冲突手足关系的多子女家庭,由于父母没有足够的时间和精力来照顾他们,青少年的心理、情感和照顾需要就很难得到满足,从而产生进一步的失落心理。另外,多子女家庭由于灾后活动板房的活动空间有限,也容易造成子女手足冲突的增加。

最后,家庭内部的沟通与互动方式也影响着灾后青少年的成长。开放、民主、平等和支持性的家庭沟通互动模式能够给予青少年更多的参与家庭事务的机会和权利,从而促进其复原力和优势的发挥,也最有利于灾后青少年的成长。而那些封闭、权威、专制和攻击性的家庭沟通模式则进一步恶化了青少年已有的消极情绪和行为问题,阻碍青少年的健康成长。可见,总体来说,家庭凝聚力水平越高,青少年获得的支持就越高,其潜能挖掘和心理复原的水平就越高,灾后心理重建的效果就越好。

三、地震灾后提升青少年家庭凝聚力的需求分析

如前所述,为了帮助青少年有效地应对地震灾害所带来的创伤,一个重要的

途径就是提升受灾青少年所处家庭的凝聚力。为此,可以从以下几个方面满足受灾青少年及其家庭的需求:

(一)为受灾青少年提供适当的家庭支持服务

根据上面的研究发现,家庭经济状况、住房状况以及家庭沟通互动模式是影响家庭凝聚力的主要因素。那么,面向受灾青少年提供的家庭支持服务可以围绕以下四个方面:一是需要国家和政府在实施灾后救援和恢复重建的过程中特别响应受灾家庭生计发展的需求,可以以家庭为单位发放各项救灾物资和提供救助服务,对于家庭中有儿童青少年的情况要给予特别的补助;二是要在灾后恢复重建过程中,充分吸纳本地劳动力,并通过技能训练和安排非熟练工作任务的方式,帮助受灾家庭获得就业机会,提升受灾家庭的经济能力;三是要在灾后活动板房和安置房的设计过程中,充分考虑青少年成长的需要,在房屋空间设置、通风设备和私密空间布置等方面做一些适当的调整;四是要通过社会服务的方式促进灾后家庭的沟通与互动,通过开展家庭辅导训练营、家庭个案辅导室、亲子关系训练小组等方式促进灾后家庭的支持性沟通和对话,也促进青少年参与到家庭事务的解决中,让子女共同了解问题和彼此协调,进而促进家庭内部自身力量的增长。

(二)为受灾青少年提供适当的学校支持服务

在地震灾区,青少年的家庭生活与学校生活密切相关,良好的家庭关系会带来青少年学业的成长,而学业进步和学校人际关系的和谐会带来青少年积极的心理和行为,这反过来会促进家庭夫妻关系、亲子关系和手足关系的成长。因此,协助青少年及其家庭可以通过开展学校支持服务来达成,具体包括:一是可以以学校为单位开展灾后的社会服务工作,通过学校为青少年学生提供适当的午休场所、娱乐场所、午餐补助、助学金等,通过学校的资助来减轻家庭的经济压力;二是可以通过学校心理咨询与辅导的方式,帮助青少年学生舒缓与化解地震所带来的心理创伤,塑造积极健康的人格特质;三是可以通过小组工作的方式面向青少年开展生命教育活动,帮助受灾青少年树立正确的灾害认知、态度和行为,同时学会理解父母、感恩父母、帮助父母,通过小组工作增强青少年的潜能开发,使他们成为家庭凝聚力提升的再生力量;四是通过学校开展各类学业辅导,解决青少年家庭在教育子女方面的压力；五是在教育课程设置中融入健康教育、心理教育、道德教育以及生命教育的内容，从根本上提升受灾青少年复原力。

（三）为受灾青少年提供适当的社区支持服务

国家支持和社会各界捐助汶川灾后恢复重建的所有经费当中，有很大一部分用在了社会服务领域。可见，增加对灾后家庭的社会服务资源分配、提升受灾家庭社会资源获取的能力以及促进社会服务的可及性，是提升灾后家庭复原力的重要方式。一方面，这可以为受灾家庭提供各类社会服务的信息和资源，并引导受灾家庭成员走出伤痛，融入恢复重建的各项服务之中；另一方面，还要积极促进灾后恢复重建各项社会服务工作的公平、公正和普惠性，将最紧缺的社会服务资源分配到最需要的地区和家庭。同时，还需要通过促进社会政策的改进，强化对受灾青少年权益的保护，为受灾青少年提供心理支持、学业辅导、生活保障、休闲娱乐等多样性的服务。

第三章　灾后青少年心理重建的经验及启示

第一节　美国灾后青少年的心理救助及其重建体系

1942年,美国波士顿一场火灾造成近500人死亡。美国心理学家总结出危机事件中影响心理反应的若干因素,有理论指导的心理干预由此开始。随后,美国国家心理卫生署(NIMH)开始着手制定灾难受害者服务方案,资助有关重大灾难的社会心理反应研究。到20世纪六七十年代,为了帮助越南战争后患有"创伤后应激障碍"的军人摆脱精神和心理的痛苦,美国心理学界发展出较为成熟的心理危机干预技术①。1974年,美国联邦应急管理局(FEMA)资助了一项灾难危机干预项目,由美国心理卫生服务中心(CMHS)紧急服务及灾难救援项目组(ESDRB)负责。1978年,美国国家心理卫生署颁布了《重大灾难人类服务训练指南》,首次以政府的名义响应灾后心理重建议题。经过多次重大灾难后,美国的灾后心理卫生及重建体系日渐成熟和完善②。

一、美国的灾难应对及其心理重建服务

20世纪中期以后,美国政府及民间都不同程度地在灾难心理干预过程中开展相关的研究工作。心理学家邦尼·L.格林(Bonnie L.Green)曾就洪灾后人们

① 王绍玉、冯百侠:《城市灾害应急与管理》,重庆出版社2005年版,第15页。

② 梁茂春:《灾害社会学》,暨南大学出版社2012年版,第137—138页。

的长期性精神健康问题进行过系统深入的研究，发表了《布法罗溪河幸存者的第二个十年：压力症状的稳定性》一文①。随后，美国灾后心理服务主要集中在两个方面：一是为灾后幸存者提供紧急心理干预与救助服务，二是对灾区精神健康水平的长期跟踪评估与可持续性的心理重建服务②。这在“9·11恐怖袭击事件”和卡特里娜飓风后的心理干预与重建中得以充分体现。

（一）“9·11恐怖袭击事件”后的心理干预与重建服务

2001年9月11日，美国发生了震惊世界的恐怖袭击事件，给幸存者及其家属、救援人员乃至全美国的民众都造成了巨大的经济损失和心理创伤。在世贸中心双塔楼被撞击后的第一时间，美国危机管理体系迅速运作起来，决策部门、政府部门、民间团体以及志愿者等协调运作，有效地减少了灾难所带来的损失。其中，灾后心理的干预与重建成为灾后应激反应的重要组成部分。

首先，政府决策层十分重视灾难后的心理引导，从而避免民众陷入恐慌和迷茫之中。事件发生后的第一时间，正在佛罗里达州一所小学访问的布什总统第一时间面向全国公众讲话，确定事件性质和政府责任。这不仅暂时安抚了公众的心理情绪，而且更最大限度地维护了社会的稳定。其次，各级政府部门有组织地采取了紧急行动实施灾后救助。联邦应急总署(FEMA)及其各地应急办公室立即启动应急预案，迅速调动城市搜索救援队；美国卫生和服务部(DHHS)启动了全国医疗应急系统，向有需要的部门和地方派遣医疗救助小组；纽约市消防局、警察局、卫生局也迅速动员，在世贸中心建立机动紧急诊所，对伤员进行医疗救治与心理救助。纽约州立大学南部布鲁克林区的急诊室，在9·11恐怖袭击之后的几个小时内被指定为灾难治疗中心，配备随时待命的主治精神科医生，对双子塔坍塌的建筑中营救出来的病人进行心理辅导和治疗。而纽约圣云仙医院(Saint Vincent)也在世贸大楼临街设立心理治疗中心，为消防员、警察、当地居民和死难者遗属提供心理辅导。联邦政府规定受9·11事件影响的人群不必自己支付费用就可以获得纽约市世贸中心后遗症医疗示范中心提供的医疗服务和药物。再次，美国各非政府组织及相关私人机构也提供了大量物质与心理援助。

---

① Bonnie L.Green, Jacob D.Lindy, etal., “Buffalo Creek Survivors in the Second Decade: Stability of Stress Symptoms”, *American Journal of Orthopsychiatry*, Vol.1990, p.4354.

② 梁茂春：《美国社会科学界对灾害的研究综述》，《中国应急管理》2012年第1期。

美国红十字会不仅为事件受害者提供了临时住所、食物、衣物、家具、药品、住房维修和医疗服务，还通过建立家庭援助中心和设立咨询电话的方式，为有需要的民众提供心理辅导和信息咨询服务[①]。相关媒体也迅速停播了进一步刺激公众心理的画面，通过自身力量稳定遭受巨大冲击的民众心理，参与民众精神创伤的治愈。最后，那些最早发现、最先接近和最有利实施救助行为的民众，也积极提供了有序撤退、捐献血液和物资、情感陪护、医疗照护等多种方式的服务。

相关研究显示9·11事件发生后的几天内就有90%的民众报告出现不良心理反应，而根据纽约城市健康与卫生局的研究报告，事件两三年之后，仍有35%的受伤者遭受心理创伤的困扰，其中有8%的人发展为严重心理障碍。事件发生五六年后，在参加世贸中心健康状况登记系统的成年人中，约有19%自述有创伤性心理压力症状，几乎是普通人群发病率的4倍。为此，美国联邦政府制定了专门的诊疗计划及机构指南，整合全社会的力量进行跟踪和治疗。联邦卫生行政部门也制定了长达20年的心理康复计划，持续研究该事件所导致相关疾病发病率、持续状况和相应心理重建策略[②]。美国国立PTSD中心和退伍军人事务部推出的"灾难后心理卫生反应策略"是一种团体干预方法，旨在为灾难幸存者、家庭、救助者及组织团体提供及时的、与灾后心理反应阶段相适应的心理卫生服务。

（二）卡特里娜飓风后的心理重建服务

2005年8月的"卡特里娜"飓风被誉为美国历史上最具破坏性的自然灾害，共造成至少1836人死亡，所形成的强大飓风及洪水，给美国民众带来了物质和精神上的严重伤害[③]。飓风初期，由于通讯不畅、应急缓慢、交通受阻、组织无序而导致灾民的绝望无助，甚至发展出严重的暴力抢夺事件。但随后，美国应急管理署进行了评估检讨并作出部署与行动，不但迅速完成了灾民的转移安置和生活照顾，并按照国家灾难恢复框架和国家反应框架的内容，有效地组织了联邦政

① 赵成根：《国外大城市危机管理模式研究》，北京大学出版社2005年版，第150页。

② Miller, T. W., Kraus, R. F., Tatevosyan, A. S. & Kamenchenko, P., "Post-traumatic Stress Disorder in Children and Adolescents of the American Earthquake", *Child Psychiatry and Human Development*, Vol.24, No.2, 1993, pp.115–123.

③ 蒋杭君：《美国的灾害救助问题与政府的救助政策浅析：以2005年卡特里娜飓风为例》，《商场现代化》2011年第6期上。

府、州政府、地方政府以及民间力量参与救援与救助工作,尤其是心理救助与重建工作。

首先,作为美国应急管理署第8应急支持工作小组的美国卫生和福利部,主要负责应急支持工作小组(ESF)的公共卫生和医疗服务。灾难发生后的第一时间,该部门就宣布放宽对于医疗保险、医疗补助和儿童青少年健康保险计划的条件要求,并立即提供疾病的评估、诊断、分类和救治,协助地方政府重建健康救治和公共卫生系统。同时,美国卫生和福利部还通过国家社区卫生中心照顾了数以千计的生还者,不仅包括在庇护所内部建立临时的门诊部,还包括引导公众进入已经建立的健康中心。北卡罗莱纳州社会健康护理协会的执行主管 Sonya Bruton 提到:"每个卫生中心都打出了可以免费照料灾民的广告牌。在这点上,卫生中心正在进行艰苦卓绝的努力。"①到了2005年9月中旬,卫生和福利部将救助的关注点转向了灾害中的儿童青少年健康照顾、精神卫生服务以及滥用药品管理服务。其次,飓风之后,美国各类非政府组织、民间团体以及志愿者也积极参与到灾后物质救援与健康服务中来,包括美国红十字会、医疗后备团、社区应急响应队、美国自由军团等组织提供的多样性服务。作为美国应急管理署第6应急支持工作小组的美国红十字会,受联邦政府委托主要负责应急支持工作小组的大众救援、紧急援助、群众照顾、灾民住房和公共福利服务。在卡特里娜飓风中,美国红十字会给120万家庭提供了经济与心理援助。再次,美国各宗教团体也积极参与灾后心理救助,包括救世军、天主教慈善会、北美传教团理事会等。北美传教团理事会南方浸礼会和其他宗教组织向许多撤离人员提供了食物和避难场所,并帮助他们找到临时或永久住房。而救世军除了及时为受灾民众提供可供饮用的水和食物之外,还为被收容的受灾民众提供了适当的心理支持和心理治疗,直到帮助其顺利回归正常生活。除此之外,一些小规模的宗教组织,譬如路易斯安那州的牧师团组织,不仅通过志愿者协助灾民生活安置并发放所需要的物品,还在各个避难场所为幸存者提供情绪抚慰、心理辅导与重建服务②。最后,社区民众自身也成为灾后物质与心理救助的重要主体。美国既强

① Sarah:《社区卫生中心应对卡特里娜飓风》,2012年9月2日,见 http://www.chinacdc.cn/gwxx/200509/t20050929_32417.htm。

② 郑琦:《灾难过后的反思:关于美国卡特里娜飓风的研究综述》,《中国非营利评论》2009年第3期。

调地方政府、州政府乃至联邦政府的灾难救助责任,也十分强调社区自助与互助的作用。在飓风之后,不同社区在外界帮助下,迅速投入到自身的恢复重建中。以位于市中心只有3087户的Broadmoor社区为例,居民自发地成立了推进协会和发展公司,并选举产生各个重建分委会,顺利地开展了房屋重建、文化重建以及心理的重建工作①。

二、美国灾后青少年心理重建的体系及策略

自从20世纪六七十年代以来,经历了一系列飓风、地震、洪灾和核泄漏之后的美国联邦政府应诸多州政府的强烈要求,开始参与到灾难应急行动中来。1979年,卡特总统成立了联邦应急管理署(FEMA),1988年通过了《罗伯特·T.斯塔夫德灾难救援和应急援助法》(以下简称《斯塔夫德法》)。9·11事件以后,布什总统又创建了美国国土安全部(DHS)整合FEMA的任务,以强化对国内突发事件的应对功能。2004年,美国联邦政府制定了《国家应急预案》(NRP),2008年修订为《国家应急框架》(NRF)。作为NRF的一项重要功能,灾后心理卫生干预系统是FEMA所具有的12项紧急事务支持功能(ESF)的医疗卫生服务功能(ESF-8)之一。ESF-8又称国家灾难医疗系统(NDMS),其主要执行机构为美国卫生与人类服务部(DHHS),其下属机构包括国立卫生研究院(NIH)等一系列卫生机构。自20世纪中期开始,NIH就着手制定灾难受害者服务方案,资助有关重大灾难的社会心理反应研究。迄今,美国的灾后心理卫生干预及重建体系已经基本建成,并通过系统协调发挥了综合性的灾害应急与重建作用。

(一)基本理念

首先,关于灾后青少年具有以下基本假设:一是强调每一个经历灾难的青少年都是创伤者,这不仅仅指那些亲身经历灾难的青少年,更包括那些亲朋好友经历灾难的青少年和透过传媒目睹灾难的青少年。二是强调灾后青少年聚集在一

① 黄承伟、何晓军:《自然灾害与贫困:国际经验及案例》,华中师范大学出版社2013年版,第30页。

起并不必然是最好的选择。对于灾害紧急救援阶段而言，青少年往往会进入英雄主义阶段，表现出奉献、乐观及利他主义的行为，而进入灾后重建期，现实需求和社会关注的递减往往会使他们变得失落和忧伤。三是灾后青少年往往碍于“心理服务等于心理不正常”的观念，既不清楚自己需要心理卫生服务，更不会主动寻找相关服务，而是将大部分精力放在学业补习、生活保障以及生产恢复方面。四是部分灾后青少年可能会陷入过度的英雄主义、乐观主义、自尊以及哀伤情形，从而拒绝相关的心理卫生服务。但无论如何，灾后青少年在困境中都希望能够获得关注、温暖以及倾述的机会。

其次，关于灾后青少年的心理创伤具有以下基本假设：一是强调灾后青少年所受到的创伤既包括个体的心理创伤，更包括集体的心理创伤，两种创伤交织产生且相互影响。个体的创伤表现为单个灾后青少年所感受到的压力反应和哀伤经验，而集体创伤则破坏了他们赖以生存的社会生活、秩序和关系，并由此摧毁整个社区的归属感和认同感。如果集体创伤不能得以康复与重建，个体创伤则缺乏社会支持。尤其对于青少年而言，生活的无着、朋辈的丧失、学业的中断以及破裂的家庭都会极大降低其心理重建的效果[①]。二是强调大部分灾后青少年的创伤心理是其应对灾难的正常动态反应，而非心理疾病。青少年会不断通过内外力量的支持而尝试整合创伤经验到自我概念中，并实现心理复原与重建，除非该创伤心理持续时间过长，且严重影响其社会功能的发挥。三是强调灾后青少年的压力和哀伤反应并不必然来自其内在冲突，而更多地来自于灾难所造成的社会生活困难。

再次，关于灾后青少年的心理重建服务具有以下基本假设：一是强调灾后救助与心理服务过程可能造成“二度灾难”。一方面，地震发生后，各类救灾物资的发放、政府补助的领取、保险理赔的开展以及灾后住所的重建，都会被各类硬性的规定、繁琐的手续、不休的争论以及失望的心理差距所影响，由此造成新的社会矛盾和心理创伤[②]；另一方面，大量良莠不齐的心理卫生工作者进入灾区开展服务，让当事人反复回忆地震情景并叙述自身的创伤经验，对其造成严重的二

---

① Erikson, K.T., *Everything in Its Path: Destruction of Community in the Buffalo Creek Flood*, New York: Simon and Schuster, 1976, p.256.

② 罗布江村等：《5·12地震灾后重建中问题的分析：灾区现状与民意动向调查报告》，《西南民族大学学报（人文社科版）》2009年第5期。

次伤害甚至使其心理濒临崩溃。二是强调通过任务目标的实现来达成过程目标。换言之,灾后心理重建服务虽然强调实现青少年的自我概念、自我认知和自我抗逆力等过程性目标,但其主要的载体和手段则更多的是学业辅导、照顾服务、医疗康复以及小组活动等内容。就算是对于遭受较为严重心理创伤的青少年而言,社会工作者的主要任务也是开展转介服务以及资源链接,而非直接的治疗。三是强调灾后心理重建服务的阶段性。一方面,对于亲人遇难的青少年而言,可能会经历否认、愤怒、讨价还价、抑郁以及接受五个阶段,不同阶段的心理服务面临着不同的主题和任务;另一方面,对于参与灾害救助的青少年而言,大致也会经历英雄主义、事实清理、幻想破灭几个阶段,不同阶段的心理特质与需求也不同。四是强调灾后心理服务的社会性。对于灾后青少年的心理重建而言,家庭、朋辈、社区以及政府等不同层面社会支持系统的建立和完善具有重要的意义。一方面,心理支持小组可以发挥小组参与、互动与分享的力量,促进彼此的信任、接纳和支持,从而实现青少年自我认同和抗逆力的形成。其中,家庭作为最重要的支持性小组,应该充分改善家庭的互动、关系以及凝聚力。另一方面,社区在灾后心理重建中也具有独特的意义,促进青少年参与社区救援与重建事务,可以促进其参与感、归属感、能力感和抗逆力的形成,重建被灾难所破坏的社会关系与集体记忆。挖掘社区支持网络,也需要充分考虑到灾区不同的地理地貌、人口分布、宗教信仰、文化习俗等资源。

(二)政策法规

自从1950年开始,美国不断完善关于灾害应急与救援的相关法律法规。其中,最为重要的包括《斯塔夫德法》《国家紧急状态法》《地震灾害减轻法》《国土安全法》以及《全国应急框架》等。其中,《斯塔夫德法》和《全国应急框架》对灾后心理服务都有较为明确的规定。

2000年修订的《斯塔夫德法》共计七节76条,其中关于灾害心理服务的条款有:第四节第402条5170a款“普通联邦援助”规定“在任何重大灾害中,总统将……,向受影响的州和当地政府提供技术和咨询援助,包括:公共健康和安全信息,提供卫生和安全措施,管理、控制和减少公共健康和安全的紧急威胁”。第四节第416条5183款“危机咨询援助和培训”规定“总统将授权(联邦协调官)去提供专业的咨询服务,包括对州、当地机构或者私人精神健康组织的财政援助，这些私人组织向受灾人员、重大灾害的受害者提供服务和培训，以减轻他们由于重大灾害所引起或加重的精神健康问题”。除此之外，第三节第 307 条“当地组织和个人的利用”、第 317 条“援助恢复”、第四节第 408 条“联邦对个人和家庭的援助”、第 410 条“失业援助”、第 414 条“安置援助”、第 417 条“社区灾害贷款”等条款都涉及灾害心理服务的实施①。

历经 1992 年的《联邦相应预案》（FRP）和 2004 年的《全国响应预案》（NRP），2008 年全面修订的《全国响应框架》（NRF）由核心文件、应急支持功能附件、支持附件、突发事件附件和伙伴指南组成。其中，应急支持功能附件 6 主要帮助各州和地方政府在灾害发生后开展心理慰藉与安抚的服务，包括为灾民提供安全的食品、饮用水、安置住所等紧急救援和救助服务，也包括为大众提供心理关怀、精神慰藉和人道主义服务等。应急支持功能附件 8 则规定在灾情发生时，一方面开展相关的卫生需求的评估、健康监测、档案管理、医疗救治、康复护理、病人转介、食品安全、危机干预等医疗救助。其中，心理卫生与精神健康作为非常重要的主题被单独提及，重在协助受灾者的心理健康监测、评价、干预以及评估等工作，包括提供公共心理卫生的宣传、信息资讯、自杀干预、哀伤辅导等②。另一方面也需要开展面向物理和化学安全的防护工作，包括对辐射、化学或生物灾害的预防和干预，对受灾者治疗和运送的分类，组织伤病员的及时撤离，以及与地方医院的协调等。

（三）组织机构

由于美国公民社会的发育以及公民对政府干预的顾虑，美国社区发生灾害事件主要由社区和地方政府负责，并视其严重程度逐级申请州政府和联邦政府的协助。因此，美国灾后心理服务的组织机构由下而上分别包括基层社区、县市地方政府、州政府以及联邦政府三个层级：

首先是社区及其相关心理卫生机构。根据美国以往的惯例、法律、契约以及社区公约，美国不同的社区组织（包括官方与民间）以及个人经常性地对本社区的灾难风险进行分析，并通过日常的演练与知识普及实现灾害的预防。灾难发

① 韩大元、莫于川：《应急法制论：突发事件应对机制的法律问题研究》，法律出版社 2005 年版，第 543—545 页。

② 姚永玲：《美国应急反应规划的管理》，《国外城市规划》2006 年第 1 期。

生后，社区自治组织及相关的志愿者会第一时间开展及时的灾害警告与紧急逃生，并通过社会组织开展为灾民的及时心理疏导和安置服务。

其次是县市政府及民间相关心理卫生机构。美国各县市的行政执行官不仅有义务确保灾害中公民的生命财产安全，更需要通过电视讲话、广播等方式引导受灾民众了解灾害真相并安抚民众的心理。一方面，政府通过设立危机管理办公室协调相关的警察、消防、医疗卫生、社会服务、公共资讯、公共工程等单位快速响应灾害需要。该办公室下辖的医疗健康、社会服务、危机干预等科室会通过开通服务热线等方式向公众提供信息咨询服务，减小灾害影响、避免社会恐慌。另一方面，各县市政府还成立了相应的灾难心理卫生所与紧急医疗计划、公共卫生计划，与检察官的协助方案互相配合，共同提供紧急安置与心理救助服务。除此之外，县市内的各类非政府组织与商业机构也成为提供灾后心理服务的重要主体，这主要包括美国红十字会、志愿者协会、社会工作者协会以及私人执业的心理卫生机构。

再次是州政府及民间相关心理卫生机构。作为联邦政府的组成部分，各州有更大的资源调动和危机干预能力。虽然州长为危机事件的主要指挥和决策者，但各州都常设有相关的紧急事件处理处整合、指挥、控制紧急因应行动的运作。相关参与的政府机构包括消防与救援系统、执法及交通指挥系统等所有需要的部门。其中，紧急医疗服务系统负责照护与治疗受伤及生病民众；避护及照护系统负责满足幸存者及救灾协助人员的基本需求，如登记无家可归者、因灾离家者、伤病患者，成立灾难避护中心，提供避护场所给幸存者及服务人员等；急难公共信息系统负责迅速散布灾难的遵行事项及正确信息，以提供给大众。

最后是联邦政府。当州政府认为有必要，可以请求联邦政府协助。联邦政府作为灾难应急的最终责任者，构建了以国土安全部为主要责任单位、以美国应急管理署为执行单位的灾害应对架构，并通过紧急事件支持功能（ESF）把若干政府部门和某些私营部门的能力聚集成一个有组织的架构，以提供支持、资源和服务。作为联邦应急架构中 ESF-8（健康和医疗服务）的重要内容，国家灾难医疗系统（NDMS）的主要执行单位是健康和人类服务部（DHHS）。DHHS 下设公共卫生署（PHS）作为灾难医疗服务的领导机构，负责组织医疗卫生和心理卫生专业人员对灾难受害者提供紧急医疗及分类、治疗和后送的服务。PHS 下设有药物滥用和精神保健局（SAMHSA），并设有心理卫生服务中心（CMHS），CMHS

下的紧急服务及灾难救援项目组(ESDRB)主要为灾难受害人提供及时、短程的危机咨询以及情绪恢复的伴随支持等服务。另外,国立创伤后应激障碍中心(NCPTSD)与康复咨询署(RCS)还联合开展灾难心理卫生项目,组织专业培训,组建反应网络,并联合其他组织机构一起为灾难受害者提供心理卫生服务①。

除此之外,全国性民间机构和私营机构也是美国灾后心理服务的重要组成部分:前者主要包括非营利的社会团体、学术协会、宗教慈善机构、高等院校以及志愿者组织等,如美国心理学会、美国红十字会、美国社会工作者协会、美国婚姻与家庭治疗学会、美国志愿者协会、全国殡葬协会、全国救灾行动志愿组织、基督教和天主教的各类社会服务组织等;后者主要包括各大跨国企业、私营企业和公民个人,如私人医院、自杀防治热线以及医师、护士、药师和其他医疗专业人员。

(四)人员配备

经过多年的发展与完善,美国已经建立了较为完备的灾后心理卫生专业人员及志愿者队伍,并形成了一套系统的人员组成、遴选、培训与管理体系,为灾后心理服务提供坚实的人力资源保障。不仅如此,美国还从制度和经费上完善了灾害服务的人员计划,成立了灾后心理救助的核心团队,以备在灾后第一时间能够有经过特别训练的专业人员快速被动员并提供心理援助。

首先,美国灾后心理救助与重建队伍包括了心理学家、精神病学家、临床心理学家、社会工作者、志愿服务人员以及相关管理与协调人员等。虽然他们往往以常设小组或特别小组的形式来开展工作,分别应对灾难发生前、发生后以及紧急救助的需要,但不同专业人员也会根据灾难发展阶段与灾后青少年的需要而选择相应的服务项目。在灾难发生之前,相关的项目管理与协调人员需要收集青少年相关资料,制定灾后心理干预计划,筛选并组建好心理卫生团队,制订相应的训练与培训计划,以便快速响应灾后青少年心理重建的需求。在灾难发生的第一时间,那些曾经有过精神科工作或危机干预背景和经验的精神科医生、临床心理师、心理咨询专家需要及时被派往灾区开展紧急心理救助工作。针对灾后青少年心理状态的内隐性和求助的被动性,此时的心理救助往往是较为主动

---

① 张黎黎、钱铭怡:《美国重大灾难及危机的国家心理卫生服务系统》,《中国心理卫生杂志》2004年第6期。

地和灾后青少年接触,以及时了解和发现其心理需要,并提供积极的干预服务。在灾难发生的半年至一年之后,灾后心理重建成为相应的主题,一些大型的避难所及灾难援助中心陆续撤退与关闭,灾后青少年开始真正独自面对灾后各方面的重建工作并需要更加自主地走出心理阴影。此时,心理咨询师、社会工作者和志愿人员能够发挥更持久和有效的心理支持作用。

其次,美国灾后心理救助与重建队伍根据各自的专业技能和人格特色承担不同的角色与责任。其一,无论在灾害救助中心、大型避难所还是安置中心或其他救灾场所,对于灾后青少年的心理救助服务都是基于需求评估并采取更为灵活的方式,其中"积极地主动接触"(aggressive hanging out)及"喝一杯咖啡"(over a cup of coffee)是较为常见的方法。其二,心理学家和精神科医生往往在灾难现场或急救站、医院急诊室或停尸间,面向那些遭受亲人伤亡、自身残障和人格障碍的灾后青少年提供深入的心理治疗服务。其三,对于那些灾后心理创伤不太明显的青少年而言,具有相应资格和经验的心理咨询师提供的危机辅导更为适合,相应的工作技巧包括危机处理、短期治疗、心理支持性互助团体及工作上的实际援助等。其四,作为美国灾后心理救助与重建的重要团队成员,社会工作者与相关社区、机构、专业人士和政府建立并维持有效的沟通与合作,为灾后青少年系统地提供心理卫生状况评估、咨询、心理教育、危机干预、社会支持等综合性服务。其五,志愿者是美国灾后救助所有层面的重要参与者,他们在社区心理教育、心理安慰以及长期心理支持方面发挥重要作用。

再次,美国灾后心理救助与重建团队的组成具有较为严格的遴选程序以确保专业队伍的资格。在美国,无论是专业人士还是志愿者,都需要对灾后相关的心理问题、相关法律法规、青少年需求和哀伤反应等有足够的认识和了解,并具备一定的沟通和解决问题的能力、心理危机干预技巧等。对于专业人士而言,美国国立 PTSD 研究中心指出:"灾后心理救助与重建工作人员应具备富有冒险精神、善于社交、冷静、整体把握能力以及对治疗的敏感五种个性特征和共情、诚恳、积极关注与倾听四种技能。"[①]除此之外,该中心还要求相关专业人士满足以下条件:持有心理卫生临床工作执照或社会工作者执业资格、至少提供 10—14

① Young, B.H., Ford, J.D., Ruzek J.I., Friedman, M.J.& Gusman, F.F., *Disaster Mental Health Services*, The National Center for Post-Traumatic Stress Disorder, 1999, p.34.

天全天的服务、具备相关专业培训或危机干预的经验、具备对于人类多元性的敏感及尊重、能适应灾区艰苦的工作条件、具备一定的专业工作方法与技巧等。对于那些来自心理卫生机构、社会服务、公共卫生、社区基层单位甚至是一般社区居民的半专业性甚至是非专业性辅助工作人员而言,美国灾后救助体系也对其特征与资格进行了要求,具体条件如下①:最少具有高中文化水平、最好是当地人、最好具有与该社区民众类似的身份与特征、拥有强烈的助人动机和对人类的敏感度和同理心、具有理性和成熟的工作态度、拥有足够的热情和体力、具备团队合作精神、尊重人的多样性、积极学习并不断成长、具备乐观和健康的人格特质、具有较高的抗逆力与活力、尊重受助者的隐私、具备面向不同群体的服务技巧、坚持助人自助的理念而不过多介入受助者的心理复原。

最后,美国灾后心理救助与重建团队需要接受较为严格的专业培训。虽然具备严格的遴选程序和标准,但美国心理学会、美国红十字会、美国国立 PTSD 中心、美国社会工作者协会等许多专业机构依旧要求参与灾后心理救助的人士接受相关专业培训。这不仅可以防止传统心理学对自身问题模式的过于自信甚至迷信而忽视了灾区民众的多元需要和自身复原力,更可以通过训练发展出适合灾后青少年心理需要的革新程序及方法,以创造出更加灵活和人本化的灾后心理服务。

在美国,完整的灾后心理救助与重建的训练目标在于为受训者提供知识、技巧及态度,使他们能够②:一是了解青少年在重大灾难中的行为表现;二是有效地处置灾难中的特殊青少年族群,包括残障青少年、丧亲青少年、特殊青少年等;三是了解灾后心理救助的相关政策和政府架构,并学会为受助者联络资源;四是了解心理救助与心理重建的区别与联系,学会采取优势视角去处理问题;五是学会危机介入、短期治疗、分享统整、小组辅导以及哀伤辅导等技巧;六是学会运用社区教育、社区组织以及媒体运用等社区工作技巧;七是了解自身的压力情况并

① Collin, A.H.& Pancoast, D.L., *Natural Helping Networks: A Strategy for Prevention*, Washington, D.C: National Association of Social Workers, 1976, p.87; Farberow, N.L.& Frederick, C.J., *Training Manual for Human Service Workers in Major Disasters*, Rockville, Maryland: National Institute of Mental Health, 1978, p.235; Tierney, K.J.& Baisden, B., *Crisis Intervention Programs for Disaster Victims: Souce Book and Mannual for Smalle Comunities*, Rockville, Mayland: Naional Institute of Mental Healh, 1979, p.231.

② 张黎黎、钱铭怡:《美国重大灾难及危机的国家心理卫生服务系统》,《中国心理卫生杂志》2004年第6期。

能够妥善处理。因此,相应的培训内容包括:一是灾难对于青少年及其所在社会系统的心理及社会影响;二是影响灾后青少年心理创伤及复原的相关因素;三是容易遭受灾害影响的青少年特殊群体;四是面对灾后青少年不同群体的差别化应对策略;五是具体的心理危机干预技术及操作指南;六是灾后心理救助及重建的团队框架及运作机制;七是相应的压力管理策略与技巧;八是联邦反应计划中组织间的协调与沟通。

(五)行动机制

在所有突发事件中,除了恐怖袭击外,自然灾害成为威胁美国国土安全的头号因素。面对频繁发生、复杂多变的自然灾害,单靠心理干预的临床技巧,很难真正抚平受灾者的心理创伤。尤其是当碰到官僚主义束缚的时候,厘清参与灾后心理救助与重建不同机构、组织和人员的角色、责任、资源和相互关系,就显得十分重要。在美国,一般性紧急事件的处理通常由地方负主要责任与行政协调。其中,地方政府会通过相应的救援组织来加以协调,但主要的运行机制仍然是自下而上的模式。通过相应的社区组织惯例、法律法规、契约和习俗,相应的救难工作依靠官方与民间的社区组织和居民之间的守望互助。就心理救助而言,社区心理卫生机构和各类政府或民间的心理卫生机构、私人诊所、学校以及志愿者都会参与其中,虽然没有统一的组织调配这些多元的机构和人员,但它们之间能够达成彼此的了解、互动、沟通和合作,实现社区一般性紧急事件之后的心理救助与重建目的。

而灾难性紧急事件往往会越过美国基层社区和政权的管理权限和范围,迫切而又多元的救灾需求也超越了社区、地方政府和单一组织的负荷能力,传统的自下而上的社区动员和救助模式往往面临着极大的局限,各类基层组织自身也在灾难中陷入瘫痪境地,地方性机构缺乏面对全局的掌控和协调能力,各类志愿人员没有通过一致的系统进入灾区,反而造成更大的混乱。此时,急需一个整体框架来统筹个人、集体、慈善组织和政府在灾难面前的统一行动。吸取卡特里娜飓风的教训,美国政府将2004年发布的《国家应急预案》(NRP)改进为《国家应急框架》(NRF),同时修订完善了国家突发事件管理系统(NIMS),并通过总统令在全国范围内推行NIMS规定的原则和标准,促进各州在应急管理机制方面的一致性。NRF建立在国家突发事件管理系统之上,是美国如何对各种紧急情况做出应急反应的指南，为突发事件的管理提供了一套统一的模板。NRF 具有可扩展性、灵活和适应性的协调结构，规定了全美各级政府、民间团体和私营部门的角色和责任，描述了各级各类专门机构运用最佳的方法，以开展各种紧急事件的应急管理，包括各种纯地方的严重事件到大规模的恐怖袭击或大规模自然灾害事件。

首先，NRF 系统地整合了公共部门、私营部门和非政府组织，还强调注重个人和家庭准备。NRF 要求地方政府长官负有确保公共安全和居民福祉的职责，灾难中必须与周边地区、相邻州政府、非政府组织和私营机构共同组织并整合各种能力和资源。NRF 规定州长负责本管辖范围内的公共安全和福祉，当其资源不足时，州长可以请求联邦政府帮助，也可以根据应急管理援助契约向其他州请求援助。“当灾害超过或预计超过州政府、部落政府或地方政府资源能力时，联邦政府可以提供人力和物力，支持该州的应急反应”①。NRF 特别重视私营机构和非政府组织在灾难救助与恢复中的作用与意义，鼓励私营机构和非政府组织参与各州应急预案的制定，并与州和地方预案制定人员共同工作，尤其强调非政府组织在提供庇护所、紧急食品供应，以及其他重要的支持服务中的支持性作用。

其次，NRF 所强调的应急反应宗旨规定了各级政府以及非政府组织和私营机构的基本角色、职责和工作理念，包括：各级领导必须通过制定共同的目标和加强协调能力，明确表示并积极支持加入协作伙伴关系，通报各自的快速应急反应，使任何政府不因危机而瘫痪；坚持自下而上的分级应急反应模式，强调地方、部落、州和联邦各级政府对于本地域范围内的救助责任，强调突发事件发生并结束于本地，必要时寻求外部支持与援助；强调各级政府以及企业和非政府组织履行 NRF 规定的义务，提高反应能力可扩展性、灵活性和适应性；坚持采用国家突发事件管理系统的标准化结构和工具，使现场和各应急反应工作站共享一个统一有效的方法；强调个人、家庭、社区、地方政府、部落政府、州政府和联邦政府的本能和行动能力，认清危险，常备不懈②。就灾后心理援助与重建而言，政府及其职能部门提供的服务包括围绕心理重建工作而开展的紧急社区服务、一般社

① 陈涛：《标准化的应急指挥体系与专业化的应急队伍》，《中国应急管理》2009 年第 2 期。

② 赵勇、侯建：《国外大城市危机管理模式研究》，地震出版社 2007 年版，第 81 页。

区福利服务、协助社区重建服务和协助家庭复原服务，而非政府组织所提供的服务非常多元化，比如美国红十字会主要提供的服务则是紧急大量伤患的照护服务、个别家庭的紧急援助、额外协助那些无法获得政府救助的家庭、其他心理卫生服务等。

再次，美国 NRF 不断强调组织机构的完备，在联邦、州和地方政府布置了以行政长官为首的政策层、应急运行中心 EOC（应急办）和现场应急指挥体系。相应地，现场应急指挥体系（ICS），为灾害应急管理提供规范的角色、组织结构、职责、程序、术语和实际操作的表格等，并在组织机构中设置了指挥员，为管理整个事件应急过程，保证应急行动安全，沟通协调各涉及机构，评估各部门需求，设定应急目标，编制批准行动方案。

最后，针对灾后的心理救助与重建，美国许多州的州长都直接下令设立一个整合灾难心理卫生紧急反应与其他救灾机构的灾难心理卫生中心，并制订了心理卫生的灾难因应计划。相应地，美国许多市、县和郡也都有相应的设置和计划。一方面，设立灾难心理卫生中心是为了明确灾后各类心理救助机构和人员的相应资质、进入方式、角色任务和相互之间的关系，以达成有序而高效的心理救助目的，并协调中心在灾后心理救助与重建过程中与各地方、州以及联邦单位的沟通与合作关系；另一方面，灾难心理卫生计划的制定可以使心理卫生人员对组织内的设施、人员以及其他资源做最有效的运用，并与紧急医疗计划、公共卫生计划及其他社会服务的协助方案互相配合。

（六）服务内容

美国灾后心理救助与重建工作一方面是以灾难心理卫生计划的方式开展，以精神医学专家、心理学家、临床心理学家以及社会工作人员为主；另一方面也以其他多种综合方式来开展心理重建，包括社会福利服务、家庭综合服务、医疗卫生服务、青少年综合服务、学校社会工作以及文化及社会重建等。综合而论，美国灾后青少年心理救助与重建服务的主要议题包括[①]：一是对灾难及其对青少年的生理、心理及社会影响的研究，包括灾后青少年的心理及社会反应、灾后

① 赵炜等：《灾难医学继续教育项目专栏Ⅴ：美国联邦灾难心理卫生服务系统》，《中国危重病急救医学》2005 年第 9 期。

心理周期特征、存在的危险因素及程度、创伤后应激反应(PTSD)；二是对灾后青少年心理及社会状态的评估，包括评估指标体系、评估工具以及相关的数据收集；三是研究灾后青少年的社会文化特征，包括灾后青少年的家庭、朋辈、学校以及社区等的变迁及其对青少年的反作用；四是灾后特殊青少年的独特需要研究；五是灾后青少年心理救助与重建方案的设计、执行及评估工作的开展；六是灾后青少年心理问题的不同治疗模式与技术，包括危机干预、短期治疗、哀伤辅导等；七是灾后青少年 PTSD 及其应对方法；八是灾后青少年心理救助与重建的政策倡导、资源联结、人力资源以及相关的行政管理等。

(七)服务模式

面向灾后青少年心理需求的多样性和迫切性，心理救助与重建的干预模式必须更注重灵活性。尤其是考虑到灾后青少年求助的被动性，美国灾后心理救助发展出更为多元的服务模式，包括心理暨社会评估、信息提供、心理教育、危机干预、哀伤辅导、角色扮演、情境塑造、艺术疗法以及特殊事件纪念等诸多方法和模式。

美国红十字会的灾难心理卫生服务项目(DMHS)干预标准中提出了灾后心理干预的三种常用方法①：一是减压(defusing)模式。该模式主要针对灾后青少年的即时心理压力进行疏导与宣泄，一般由 1—2 名专业人士担任辅导者，以个案辅导或小组辅导的方式，促使青少年在安全、信任和支持的专业关系中说出自身的压力事件及其所造成的影响，通过辅导者的支持性、影响性和引领性技巧，协助青少年疏导压力、宣泄负面情绪，减轻灾难的冲击与影响。减压法是一种适用面广、及时性强、包容性大的常用心理危机干预模式，其具体的技术根据不同的文化背景和个体特质而定，可以采用宗教仪式减压、艺术形式减压、体育运动减压、说故事减压、保健操减压等等。二是危机干预(crisis intervention)模式。该模式主要针对遭受更为严重的心理创伤的灾后青少年，特别对那些由于灾难而丧亲、伤残、朋辈遇难以及目睹他人伤亡的青少年具有明显的作用。该模式一般采取一对一的个案辅导方法，通过疏泄、暗示、保证、改变环境、倾听、提问、观

① APA DRN Advisory Committee, "What DRN Members Do in Disaster ResponseI American Psychological Association Disaster Response", *Network News*, Vol.8, No.1, 2002, pp.1-4.

察等支持和干预技术调动青少年自身的潜能来重新建立或恢复到灾难创伤前的心理平衡状态,获得新的技能,预防心理危机的再次发生或继续恶化。作为一种精要的治疗模式,该模式关注青少年此时此地的需要,并依据明确的干预步骤和程序,往往采取平衡模式、认知模式和心理社会转变模式开展工作。三是分享报告(debriefing)模式。该模式更注重小组情境与小组互动在灾后心理救助与重建中的作用,通常采用较为正式和结构化的形式,帮助灾难现场的青少年等疏导自身的灾难经验并将之由感性层面上升为理性层面,由消极层面上升为积极层面,由个人层面上升为小组层面,通过青少年之间的相互信任、支持和鼓励,将被看作是问题的创伤经验整合成为自身成长和发展的积极因素,发挥青少年的抗逆力和潜能。

除此之外,美国灾后青少年心理干预模式还包括以下几种:一是危机事件应激报告模式(CISD)。1983年,曾任消防员和军医的杰弗里·米切尔(Jeffrey Mitchell)博士提出了这种能够减轻如消防员、急救医务人员、警察等应急人员应激反应的方法。该模式的理论假设是"事件的认知结构,例如思想、感觉、记忆和行为在复述事件并体验情感释放时都会得以修正",并最终防止或降低创伤性事件症状的激烈度和持久度,迅速使个体恢复常态。正式援助的CISD模式通常在危机发生的1—2天内进行,一般需要2—3个小时,具体包括介绍期、事实期、感受期、症状期、辅导期、再进入期六个阶段。通过提供一个安全的环境让灾后青少年用言语来描述灾害创伤及其痛苦经历,辅以小组和同伴的心理支持和分享,该模式能够有效地减轻灾难引起的心灵创伤,促进青少年从创伤性经历中逐渐恢复。二是危机事件压力管理模式(CISM)。该模式主要是美国国立PTSD中心和退伍军人事务部推出的一种团体危机干预方法,旨在为灾难幸存者、家庭、救助者及组织团体提供及时的、与灾后心理反应阶段相适应的心理卫生服务①,具体包括执行任务前、执行任务中、任务结束后三个阶段的工作策略,通过各种缓解压力的技术协助灾后青少年从创伤中复原。

最后,针对灾难后青少年并不一定意识到自身的心理需求,也不愿意主动寻求心理援助,美国灾后心理服务发展出主动接触(outreach)的工作技巧,到避难

① Young, B.H., Ford, J.D., Ruzek, J.I., Friedman, M.J., & Gusman, F.F., *Disaster Mental Health Services*, The National Center for Post-Traumatic Stress Disorder, 1999, p.72.

所、救灾指挥中心、救助物品领取处、安置房、灾区学校等地与灾后青少年面对面地接触，用尽各种方法与他们建立关系和治疗的切入点，进而采取更为深入的介入策略，提升灾后青少年心理救助与重建的易受性和可行性。

第二节　我国台湾地区灾后青少年的心理重建体系

我国台湾地区自然环境颇具特色，不仅气温高、降雨强度大，更有着陡峻的地形、脆弱的地质结构。因此，台湾地区的自然灾害主要表现为台风、异常降水、干旱、寒潮等气象灾害和地震、山崩和地盘下陷等地质灾害。前者如 2009 年 8 月莫拉克风灾及其造成的八八水灾，后者如 1999 年 9 月 21 日发生的集集大地震（以下简称为九二一地震）。加上台湾地区人口众多、土地使用密度高，各种自然灾害往往带来极为重大的生命财产损失。面对灾难所造成的家园损毁、亲人逝去，许多灾民无法承受极度悲伤，甚至陷入 PTSD 的境地。因此，如何有效地为灾后幸存者实施心理救助和心理重建，成为台湾地方政府、民间机构以及广大民众迫切关注和积极介入的重要主题，并积累了较为成功的经验。下面将以台湾九二一地震和莫拉克风灾为例介绍台湾灾后心理重建的服务及其经验。

一、我国台湾地区九二一地震灾后青少年的心理重建服务

台湾九二一地震，是 20 世纪末台湾最大的地震，发生时间为 1999 年 9 月 21 日凌晨 1 时 47 分 12 秒 6，震中位于台湾南投县集集镇。地震造成灾区死亡 2329 人，伤 8722 人，失踪 39 人，倒塌各种建筑 9909 栋，严重破坏 7575 栋，受灾人口 250 万，灾民 32 万，财产损失 92 亿美元。地震发生后的第一时间，台湾地方政府、民间团体和社会民众随即行动起来，实施了长达六年的持续重建工作。作为灾后重建四大面向之生活重建的一个重要内容，心理重建成为地震灾后各方十分关注且持续时间最长的工作，不仅纳入了政府灾后重建规划，更得到台湾各界的广泛参与：宗教界、社工团体以及经过培训的专业辅导师进入灾民集中居住点进行心灵抚慰；医疗体系提供精神医疗为主的专业心理干预；卫生管理部门制定灾后精神医疗作业规划；各医学中心和医院在灾区建立紧急医疗站，成立灾

后心理重建小组，为民众提供巡回医疗服务，并派遣精神科医师驻站执行医疗业务；政府提供整合型社区医疗服务，组织心理、社会工作者，共同安排门诊服务，并进行社区访视（家访）；教育部门组织力量对儿童青少年心理卫生状况进行调查，由各学校提供校园心理卫生服务①。持续而专业的服务理念、法规、组织、人员、资源、内容和模式，共同构筑了台湾地震灾后心理重建的完备体系。

（一）政策法规

九二一地震发生后的第四天，台湾地区领导人随即颁布了《紧急命令》作为灾害防救的法规依据，并在后续颁布了相关的执行要点、注意事项和作业规范。该命令虽然仅有 11 项条文，但却为灾后重建提供了法律框架，减少了行政上的繁琐程序，提升了救灾的效率。如，《紧急命令》第 2 条要求“中央银行”提拨资金，让灾民申请重建家园长期低利、无息紧急融资；第 3 条规定，各级政府机关为灾后安置需要，得借用公有非共享的财产；第 8 条规定，政府为维护灾区秩序及迅速办理救灾、安置、重建工作，得调派军队执行；第 9 条规定，政府为救灾、防疫、安置及重建工作的迅速有效执行，得指定灾区的特定区域实施管制，必要时并得强制撤离居民。这些都为灾后紧急心理救助和重建提供了人力、物力和政策支持。

九二一震灾后，为了让各级地方政府所制定的重建计划均有原则可以遵循，由台湾地区“行政院”经济建设委员会订定了《灾后重建计划工作纲领》，并报经“行政院”九二一灾后重建推动委员会第八次委员会 11 月 9 日通过，成为当时台湾地区推动灾后重建的工作纲领。该纲领首先确定了灾后重建计划的体系、目标、原则、前置作业、四大重建内容、配合措施和执行评估的内容，并通过详细的附件规定了重建计划的进度和任务②。其中，生活重建部分对心理重建的主管部门、目标任务、经费来源和民间参与进行了详细的规定。

为有效、迅速推动震灾灾后重建工作，以重建城乡、复兴产业、恢复家园，台湾地区于 2000 年 2 月 3 日颁布了《九二一震灾重建暂行条例》，并先后于 2000 年 11 月 29 日、2001 年 10 月 17 日、2003 年 2 月 7 日三次进行修订并督促实施。

① 张霞：《台湾地区地震灾后重建经验借鉴》，《现代人才》2008 年第 4 期。

② 中国台湾“行政院”灾后重建推动委员会：《灾后重建计划工作纲领》，2012 年 5 月 15 日，见 http://www.myoops.org/twocw/independent/512/06lawdata/L0002-00.Pdf。

作为灾后重建工作具体实施的行政协调体系，该条例首先确认了九二一震灾灾后重建推动委员会，负责规划、协调推动震灾重建事项，以确保灾后重建工作群龙有首。其次，该条例以灾区社区重建为主要载体，涵盖了与民众利益密切相关的地籍与地权处理、城乡社区建设、居民生活重建、文化资产重建、重建用地配合、租税与融资配合、行政程序的执行与简化以及重建经费筹措等内容。再次，该条例对相关主要内容的具体实施规程、细则、办法和措施都以附件形式进行了详细规定①。最后，该条例还特别在第二章第四节提出县(市)政府应自行或委托其他机关、社会福利机构或团体，于各灾区乡(镇、市)设立生活重建服务中心，为灾后民众提供福利服务、心理辅导、组织训练和咨询转介。

2000 年 3 月，台湾地区“立法院”制定与颁布了灾害防救法。该法规定了灾害防救的各级各类组织，灾害防救计划的拟定、内容、程序以及协调，灾害预防的准备与实施，灾害应变措施的项目、责任、措施及程序，灾后复原重建的措施与相关责任，为进一步为健全灾害防救体制，强化灾害防救功能，引导灾后重建可持续发展提供了法律支持。

为保证灾后重建尤其是心理重建工作的顺利进行，台湾各部门还颁布了诸如《九二一大地震安置受灾户租金发放作业要点》《九二一震灾临时住宅分配及管理办法》《九二一震灾出租先租后售及救济性住宅安置受灾户办法》《九二一震灾重建就业服务职业训练及临时工作津贴请领办法》等关于生活重建的相关法规、政策和办法②。

(二)理念原则

根据《灾后重建计划工作纲领》，灾后重建的目标是塑造关怀互助的新社会；建立社区营造的新意识；创造永续发展的新环境；营造防灾抗震的新城乡；发展多元化的地方产业；建设农村风貌的生活圈。为达成以上目标，灾后重建重点打造公共设施重建、产业重建、生活重建、社区重建计划四个层面，且要保证四个层面的相互融合和协调。其中，公共设施的重建要能够实现以人为本和生态环

① 《九二一震灾重建暂行条例》，2012 年 5 月 15 日，见 http://www.myoops.org/twocw/independent/512/06lawdata/L0101.Pdf。

② 徐伟、陈铭聪：《我国台湾地区预防灾害体系与法治保障》，《江苏警官学院学报》2013 年第 4 期。

保,产业重建则要能够与社区文化特色相协调,生活重建则更强调社区参与和守望相助,社区重建则更注重设施、产业、生活、文化和心理重建的统一。为此,灾后重建总体需要遵循以下原则:一是以人为本,生活为主;二是因地制宜,统筹规划;三是生态环保,统筹城乡;四是建设防灾社区,注重计生发展;五是复兴传统产业,打造地方特色;六是横向沟通、纵向合作;七是推动民间参与,注重团队建设;八是中央主导,地方参与,循序渐进。

结合台湾各级政府以及民间团体关于灾后生活及心理重建的相关计划与行动,可以发现其心理重建的基本理念包括但不限于以下几方面:一是全人理念,强调通过对灾后青少年的生理、心理、灵性以及社会功能的整合重建,一方面为灾后青少年提供食品、住宿、保险、康复学业方面的训练和照顾,另一方面也照顾到青少年不同的宗教信仰和风俗习惯,帮助原住民的青少年树立正确的灾害观和世界观,更是协助青少年的家庭、学校和社区为其提供多元支持。二是将心理重建作为生活重建的一部分,结合医疗卫生服务、学校教育辅导、社会福利救助服务、就业服务以及家庭综合服务的内容来开展。三是强调不同机构和部门的多元参与合作,包括"内政"部门、"国防"部门、医疗卫生部门、教育部门、原住民族委员会以及更为广泛的民间团体、社会大众共同开展。四是强调跨专业的心理重建团队的建立,包括心理学、社会学、社会工作、精神科等。五是强调长期性和可持续性,将心理重建的工作范围从灾后救援阶段拓展到灾后 6 年、10 年甚至 20 年内。六是强调对于有特殊需要的灾后青少年的服务,包括失依儿童青少年、残障青少年等。

具体而言,台湾地区灾后心理重建又遵循了以下基本原则:一是必须有系统和持续的规划,并建立一套心理问题和需求的筛选、评量和作业规范和流程,实行科学的心理重建;二是相关专业人员必须接受系统而严格的筛选、训练和督导支持,以确保对于灾后青少年心理救助与重建的专业性和有效性;三是构建完善且层次分明的心理救助与重建转介系统,并积极整合精神医疗、公共卫生、社会工作以及社区工作的相关系统,保证灾后青少年的心理问题得到长程的辅导与治疗;四是要考虑到灾后心理重建的持续性,积极培育社区在地化的心理支持队伍,以接替心理卫生专业人员的工作;五是要充分认识到心理卫生专业人员自身的心理耗竭,保持稳定的积极心理状态。

（三）组织体系

地震灾后的第七天，台湾地区当局成立了震灾灾后重建推动委员会，并督促下属各级政府及村里及社区都设置了相应的委员会，负责规划、协调推动震灾重建事项，整合了政府、民间团体和社会民众三方的力量，围绕四大重建任务，构建了以政府主导、民间操作和社会参与的灾后重建组织体系。在生活重建工作中，各级政府承担起人民因灾难造成的人员、社会、财务等损害的重建工作，以保障其生存权、工作权和财产权；而对于受灾地区的居民，尤其是老人、妇女、残疾人、儿童和青少年等弱势群体，以及那些因灾导致死亡、失踪、重伤者、失依者等特殊群体，各社会团体进行了涵盖精神、物质和社会结构等三方面的协助；社会民众则积极参与了各项守望互助的社区服务以及志愿服务的专业救助活动①。具体来说，台湾地区九二一地震灾后心理重建包括以下四个方面的组织体系：

首先是政府部门，主要由台湾当局"行政院"下属的"文化建设委员会"（简称"文建会"）负责，具体包括"内政部""国防部""教育部""卫生署""青年辅导委员会""原住民族委员会"。其中，"内政部"部署县（市）政府应自行或委托其他机关、社会福利机构或团体，于各灾区乡（镇、市）设立生活重建服务中心，以提供相应心理服务。"教育部"成立了"教育部学生辅导支持中心"、"台湾地区九二一受灾学生心理辅导与谘商信息网"等组织，并协调灾区县市（南投、台中县市、彰化、云林、苗栗）的学校成立学生辅导工作小组，青少年辅导计划辅导团中心学校更名成立县市学生辅导支持中心，安排辅导教师轮值，提供电话谘商及咨询服务。"卫生署"协调各医学中心及支持医院服务区域，并在相应灾区设立急救站和灾后心理卫生服务中心。

其次是民间团体，主要以财团法人九二一震灾重建基金会（以下简称九二一基金会）为主，包括了其他相关基金会、社会服务机构、各类协会、高等院校和社区机构等。九二一基金会成立于 1999 年 10 月 13 日，是台湾当局"行政院"为统筹运用"'行政院'九二一赈灾专户"（由社会各界汇集的九二一地震赈灾捐款专户），宣布由民间与相关单位共同组织的机构，办理各项灾后安置与重建工作。其他较有影响的民间团体则包括了诸如九二一家园重建联盟、社工震灾行

---

① 沈黎、刘斌志：《台湾九二一灾后重建的经验与启示》，《社会福利》2008 年第 8 期。

动联盟、九二一安置行动联盟、九二一民间赈灾联盟、文化环境基金会、人本教育基金会、慈济救援服务中心、基督教长老教会、台湾世界展望会等，北市妇女救援协会、残障联盟、老人福利联盟、中华民国联合劝募协会、全国会计师公会、全国律师公会和消费者文教基金会等都在后来的灾后重建中担任了重要角色。

再次是各类高等学校，在心理重建方面主要以台湾大学医疗体系和彰化师范大学心理及教育学体系为主，其他高校的社会工作体系也在灾后心理重建中发挥了重要作用。在 1999 年 9 月 21 日下午起，台大医院即组织紧急医疗小组①，后又成立灾后心理重建小组，并结合公共卫生专家、临床心理专家、社会工作专家、以及台大医院家庭医学部及精神部等，成立台大医学院医疗卫生暨心理重建组。

最后是社会民众，这既包括了广大企业公司的普通职员和管理人员，也包括了更为广大的一般大众，他们都以各自不同的方式为灾后重建呼吁、捐款捐物。但是，参与灾后心理重建工作的社会民众主要是各类志愿服务人员。在台湾，九二一灾后心理重建的志愿者主要以来自心理学、社会工作、教师以及艺术界专业人员居多，其他没有心理学专业背景的志愿者都要接受较为严格的筛选和训练。所有这些，都是为了保证志愿者能够从内心真正去理解和尊重灾后青少年的创伤，并愿意无条件地接纳和关心他们，懂得用专业的理念和方法去实现持续的心理重建。

（四）资源配备

地震灾后，台湾当局从人、财、物和政策等多方面为灾后重建提供资源，这既包括政府部门提供的资源，也包括民间的捐赠以及其他如鼓励民间参与或优惠贷款所提供的资源。

一方面，政府作为灾后重建最主要的资源提供者，提供了大部分的人财物和政策资源。一是政策支持，包括台湾当局各部门提供的大量长期低利、无息紧急融资、租税减免、临时工作津贴补助、慰助金发放、放宽管制、就医优惠、格外招生等优惠政策。二是人力资源支持，包括：台北市卫生局责成市立医院轮流在灾区

① 廖士程、李明滨：《九二一震灾后身心重建之精神医疗介入：台大医疗体系之经验回顾与前瞻》，2012 年 5 月 15 日，见 http://www.douban.com/group/topic/3354138/。

派驻医护药人员，并捐赠三万剂流行性感冒疫苗供当地六十五岁以上民众免费施打；“教育部”动员大专校院教授、退休老师、实习教师和大学社团干部等前往灾区，支持学校正常教学，并在灾民收容中心开办安亲班；“法务部”援引“受刑人监外作业实施办法”，选派拥有土木、水电、油漆专长的监所受刑人投入灾区重建工作；“行政院”征调包括国工局、高工局、高铁、公路局、捷运局等600名的专业人员投入受灾屋的鉴定工作等。三是经费支持，包括：发行公债或办理借款新台币800亿元，调节收支移缓救急或移用以前年度岁计剩余等约新台币400亿元；为死亡者每位发放救助及慰问金总数新台币50万元；“中央银行”提拨新台币1000亿元，供银行办理灾民重建紧急融资，并提拨邮政储金转存款新台币1000亿元，供银行办理灾区民众购屋、住宅重建或修缮贷款项目融资；“教育部”斥资新台币二亿多元，在灾区兴建一千二百六十间简易教室；台中县政府成立“九二一震灾孤儿抚恤教养基金”及“专户定储”，提供震灾孤儿们所需的生活费及教育经费等。四是物资支持，包括“行政院”决议征调学校、体育馆、军营，供灾民临时安置，并紧急采购帐篷；“陆军总部”决定在九二一地震各灾区开设16个营区收容所，提供灾区民众食宿及医疗照顾，并协助寻找离散亲人；“交通部”发布民间车辆暨工程重机械征租用命令，以支持军队协助灾区重建等。五是心理重建方面，包括“卫生署”公布《灾区医疗卫生重建计划纲要》，着手医疗长期重建，并要求各大医学中心认养25个灾区，提供当地民众常规的医疗需求；“卫生署”公布《九二一震灾心理卫生工作方案》，提供24小时安心专线供灾民心理咨商服务；“国防部”军医局责成北投八一八精神专科医院、总医院、左营医院及高雄总医院等医院医师进行任务编组，为支持中、北部灾区的部队官兵进行体检、心理辅导及精神治疗；“教育部”与财团法人社大文教基金会合作，开办免费“灾区再造大学”，以住屋、教育、医疗及心理复健实用课程为主，协助灾民学习与重建家园、社区复建有关的知识与技能等等。

另一方面，民间机构、企业、社会大众以及国际社会也积极以各自的方式支持九二一地震灾后重建。地震发生后，全台捐款踊跃，可谓台湾首次最大规模的集体募捐行动。保守估计，现金捐款总数高达约新台币315亿元，其中由台湾当局政府收受134亿元另成立九二一震灾重建基金会保管使用；111亿元是民间团体募集，大部份捐到宗教团体，其中61.74%用在校园重建，11.04%盖组合屋；58亿元是县市政府募集，11.5亿元为乡镇公所募集。其中民间捐款约占政府编列重建经费总额的七分之一①。仅九二一基金会使用经费高达140多亿元新台币，推动重建计划共计32项，其中属于生活重建相关计划有12项，与心理重建有关的项目包括九二一震灾灾区年节温情系列活动、灾区及社区生活整体照顾重建计划等。另外，九二一基金会还建立了“台湾阅读推广中心”，开始设置“爱的书库”，仅震后三年来已成就了16个县市的70个“爱的书库”，募捐书籍总计5,914箱，236560本图书已被循环阅读了15次②。

（五）服务内容

如前所述，灾后重建主要涉及到四个部分的体系，其中政府、民间团体以及高等学校构成灾后心理重建的重点。就九二一灾后青少年的心理重建而言，主要包括以下几个方面的服务：

首先是政府层面开展的心理重建服务，主要是“教育部”和“卫生署”透过文化倡导活动、心理谘商、讲习、训练课程等，办理灾民、救灾人员及社会大众心灵重建工作，抚慰社会大众的心灵创伤。一方面，“教育部”以灾区青少年学生及其家长、老师为主要服务对象，动员各级学校及社会心理辅导资源，预防与治疗灾后心理创伤，增进校园心理卫生。就紧急心理干预而言，包括针对受灾学生发放心理辅导策略与方法的宣传单张，提供相应的班级辅导与个别辅导，组织并训练心理辅导团队进入灾区，协助有特别需要的青少年开展生活、情绪与学习的辅导，建立受灾学校辅导通报系统，收集受灾学校受创学生的名单，并与医疗单位建立立即性的支持转介网络，转介严重受创的青少年；就长期心理重建而言，包括三级重建策略：一是初级心理重建，包括编印灾后心理复健与辅导工作手册，为各校提供灾后心理复健讲座，协助各校师生面对并了解PTSD，针对受灾学校提供必要的教育安置，针对灾区学生开展生命教育，组织志愿者进驻各校提供心理支持。二是次级心理重建，包括开展社区心理谘商与咨询服务，为灾区学校提供座谈与个别辅导服务，为灾区学生提供“创伤后支持团体”以及哀伤情绪治疗，为遭受地震严重创伤的青少年提供个案管理服务。三是三级心理重建，包括建立灾后青少年心理健康档案并与追踪辅导，协调社区精神医疗单位给予心理

① 黄荣村：《台湾九二一大地震的集体记忆》，印刻文学生活杂志社2009年版，第145页。

② 中国台湾九二一基金会：《九二一基金会之震新思维》，2012年5月15日，见http://www.myoops.org/twocw/independent/512/01foundation/AA100.Doc。

治疗，开展灾区青少年的家访和生活安置，通过社会倡导促进学校心理重建的政策和资源落实。另一方面，“卫生署”也积极促进灾后心理重建的人财物支持①，九二一震后第二天即指派台北市立疗养院、桃园疗养院、八里疗养院、北投医院等奔赴灾区在医疗站、殡仪馆、灾民收容中心等地点设立“心理咨询站”和24小时电话心理咨询专线，制定“卫生署”九二一震灾心理卫生工作方案，以灾区乡镇为单位提供持续性精神医疗与心理卫生服务，积极发动民间心理卫生相关团体的资源，并汇编《重大灾害心理卫生专业人员工作手册》以提升实务工作者的专业水平。

首先是各民间社团开展的心理重建服务。九二一基金会资助的“灾区及社区生活整体照顾重建计划”中，南投县关于失依儿童、少年辅导计划中就十分注重青少年的心理重建。该计划由中华基督教救助协会、台湾基督教长老教会、伊甸社会福利基金会、天主教圣母圣心修女会、南投县慈惠善行协会、中华基督教救助协会、台湾佛教法性宝林协会、中华民国智障者家长总会、世界展望会等12个民间团体承办了南投县23个“社区家庭支持中心”，除提供个案咨询服务、个案转介、开案辅导、社区需求调查、社区资源连结及福利服务方案外，还针对特殊弱势的青少年及其家庭提供悲伤辅导、喘息服务、亲子活动、成长团体、课业辅导、家庭关怀、年节庆祝活动及社区环境维护，系统地促进灾后青少年的心理重建。

再次是台湾各高校开展的心理重建服务。除了承担“教育部”部署的灾后心理重建支持计划外，彰化师范大学自身也积极开展心理重建服务，包括：调查灾区学生名单，并初步了解受创程度；搜集灾后心理适应与辅导相关数据；由咨辅中心提供简易心理伴随训练；为失落哀伤反应的师生提供支持小组或谘商小组；满足各级别受创学生的紧急个别谘商需求；提供灾后心理复健、生命教育的班级辅导；提供精神医疗特别咨询服务；举办灾后外宿同学心理调适生活适应座谈会；慰问灾区校友，表达慰问并提供转介服务；开辟震灾后话题讨论区，为本校师生及校友提供讨论与心情分享的平台；办理灾后教师支持团体，提供专业心理协助。另外，台湾大学九二一灾后心理复健小组的服务内容包括排应急教育训

① 中国台湾九二一基金会：《携手走过：生活重建计划系列》，2013年4月12日，见http://www.myoops.org/twocw/independent/512/02report/FL0001.Doc。

练、编制信息文宣、提供灾区心理卫生工作、与设置080心理复健服务专线等四类。台大医院与台大医学院则由精神医疗团队负责人到达现场评估精神医疗的服务需求,并随即展开急性医疗站的精神医疗服务等。

最后是台湾社会工作界开展的心理重建服务。九二一地震灾后的第一时间,台湾的社会工作者随即投入到灾后救助中,并通过一手的调研将灾后青少年的需求送交当地政府部门,并由县市政府社会工作者有组织地开展创伤处置、收容安置和心理危机干预工作,对受灾青少年的持续关注并预防其自杀等问题,促进灾后青少年获得多方面的社会支持。“除了在台北市、台北县灾区帮忙的各大学社会工作师生团队外,联合劝募协会和社会工作专业人员协会、残障联盟、老人福利联盟、智障者家长总会等组织亦立即组成‘社工震灾行动联盟’”①。该联盟整合台北地区各机构团体的专业社工人员,进驻中部灾区协助埔里及台中县民受灾状况的调查,为灾民提供情绪抚慰以及持续的心理支持。

(六)服务模式

纵观台湾九二一地震灾后生活重建的部署,结合台湾当局不同部门以及民间团体开展心理重建的具体实践,可以归纳为以下几种服务模式:

一是医疗卫生系统的社区医学服务模式。该模式主要是设立医疗卫生暨心理重建组,以精神科医师为主,结合公共卫生专家、临床心理专家、社会工作专家、以及台大医院家庭医学部及精神部等,一方面在紧急救援期开展诊疗和协助转介,针对急性压力症候群及其他精神医疗相关问题,研商治疗策略并讨论个案;另一方面组织工作团队,联络相关资源提供整合性医疗服务,包括结合精神科及其他科别的门诊、急诊、住院、长期照护、及巡回医疗服务,以期治疗青少年的PTSD症状及长期心理重建。

二是心理卫生系统的社区心理卫生服务模式。该模式以“灾后心理卫生服务中心”为主,强调灾区民众的实际需求,主张将心理重建纳入社区整体发展规划中,围绕灾害造成的社区心理问题,通过哀伤辅导与情绪支持营造安全、稳定、信任和支持的社区心理氛围,通过心理重建实现生活重建、社区重建与文化重建

① 冯燕:《台湾九二一灾后重建中的社会工作》,2013年4月12日,见http://to-night.blogbus.com/logs/20813310.Html。

的目标。一方面，该模式提供社区心理分层评估、心理危机个体的干预、精神医学治疗、心理健康教育、生活帮助、陪护性支持等多样性服务内容；另一方面，该模式也强调社区自我发展及其文化资源的作用，主张通过灾民的艺术复兴、文化传承、守望互助、以及产业资源构建康复性、支持性和发展性的社区。

三是教育系统的学校心理重建模式。该模式主要是协调全台湾教育系统的心理卫生资源，协助灾后学校的师生以及学生家长预防与治疗灾后心理创伤，以学校心理重建带动整个灾后重建。首先，该模式依托彰化师范大学设立了“教育部学生辅导支持中心”，调动台湾“张老师”基金会、专家学生、大专院校辅导资源以及精神医疗卫生专业人员等资源，针对受灾学校师生提供立即性与长期性的心理重建与辅导；其次，该模式在受灾县市也成立了学校辅导支持中心，负责到校协助师生开展班级辅导和小团体建设，指导教师进行个案辅导和家庭辅导，并统筹各级资源以支持学校心理重建服务的开展；再次，该模式在各受灾学校成立学生辅导工作小组，除了为全校师生就生命教育、死亡教育、卫生教育、悲伤辅导等主题开展一般性的心理教育与辅导外，还需要专门开展学生班级团体辅导、受灾学生的个案辅导、受灾学生的家庭辅导以及为特殊需要学生的小团体辅导和资源链接和服务转介；最后，该模式还十分重视协调各级学校、县市教育行政主管机关应就近选择和利用各民间机构的辅导资源，建立灾后青少年追踪辅导支持网络。

四是综合性的心理社会重建模式，该模式既强调心理因素的重建，也强调社会环境的影响及其重建的需求。首先，利用团队方式主动出击，契合灾区当地文化、风俗习惯、语言以及青少年的现实需求，选择合适的介入策略；其次，充分重视青少年外在家庭、学校和社区的作用，利用各种互助小组与专业团队拓展青少年的社会资源；再次，针对灾后青少年的心理需求，分别采取个案辅导、小组辅导、社区教育、课业辅导、朋辈互助等多种方式协助青少年挖掘自身潜能和复原力；最后，在实现灾后青少年心理疏导和复原力激发的基础上，拓展其社会支持系统和网络，实现心理重建的最终目的。诸如，台北县政府社会暨心理关怀站在三年的工作中，第一年主要以开展青少年的心理需求评为中心，采取不定期的家庭探访、电话访问、社区分析和个案诊断实现综合性评估；第二年则配合灾后青少年需求开展丧亲团体辅导、亲子互动活动、压力纾解辅导、情绪控制与调适、哀伤辅导、成长小组、艺术治疗等多种方式来实现灾后心理的疏导与重建；第三年则重在强化灾后青少年的家庭、社区以及学校等社会支持网络的建立，培养其家庭凝聚力、社区支持力以及学校辅导力，系统性地促进灾后青少年的心理成长、生活适应、学业提升、生涯规划以及资源整合[①]。

二、我国台湾地区莫拉克风灾后青少年的心理重建服务

莫拉克风灾，又称八八风灾，是2009年8月6日至8月10日间发生于台湾中南部及东南部的一起严重水灾，起因为台风莫拉克吹袭台湾所带来创纪录的雨势。水灾共造成681人死亡、18人失踪，其中以位于高雄县甲仙乡小林村小林部落灭村事件最为严重，造成474人活埋。[②] 莫拉克风灾发生后，台湾当局政府、军队、民间团体及社会各界团结合作投入救灾工作，展开了为期五年的灾后重建工作。鉴于九二一地震灾后重建的经验，莫拉克风灾灾后重建涵括了家园重建、设施重建、产业重建、生活重建、文化重建，其中家园重建、生活重建和文化重建都蕴含了心理重建的要素，并将之升华为更高文化层面的心灵重建。五年来的重建经验，形成了更为完善的灾后青少年心理重建的价值理念、政策法规、组织体系、人员配备、资源网络和内容体系。

（一）基本理念

莫拉克风灾后尤其重视对于老人、妇女、儿童、残疾人以及低收入家庭等特殊弱势群体的心理重建。尤其是对于灾后青少年这样一个独特群体，特别强调了尊重、接纳以及社会支持等一系列的基本理念，具体包括：

首先是以人为本的心理重建理念，具体表现为尊重、接纳和平等[③]。一方面，莫拉克风灾后心理重建非常强调尊重不同青少年的文化习俗和心理特征，以生活重建为基础和依托，满足灾后青少年的基本生存和安全的首要需求；另一方面，相关心理重建是面向全体受灾青少年，无论其是身体健康的还是肢体残疾

① 林万亿：《灾难救援与社会工作：以台北九二一地震社会服务为例》，2013年4月12日，见 http://www.docin.com/p-555705550.Html。

② 杨永年：《八八水灾救灾体系之研究》，《公共行政学报》2009年总第32期。

③ 刘国奋：《两岸需要相互学习借鉴：台湾“八八水灾”及其善后处理的启示》，《世界知识》2009年第20期。

的，无论是否是原住民，以实现其获得服务的平等性。

其次是强调灾后青少年在心理重建过程中的参与性。虽然所有灾区所有青少年都是服务对象，但是他们自身也有强烈的助人意愿和能力。莫拉克风灾后，心理重建过程中积极吸纳了受灾青少年的加入，让那些复原力比较强的受灾青少年加入到协助他人和开展心理辅导的过程中来，不仅激发了灾后青少年的潜能，更实现了该群体自身的自助和互助。

再次是强调最低伤害的理念。莫拉克风灾后，许多青少年由于自身伤残或者亲人去世，正处于 PSTD 中。相关的心理重建服务必须能够缓解青少年的悲痛和哀伤情绪，避免由于服务者自身技能的不够而产生二次心理伤害。所以，莫拉克风灾后的青少年心理重建是基于相关的专业培训和对当地文化的敏感度，并且主要是以团队方式进行，以便于所有的服务功都能够在合适的督导下进行。

最后，莫拉克风灾尤其重视在社区营造的过程中实现心理暨社会的重建目标，并强调通过社会支持网络来支撑和强化心理重建的成果。一方面，台湾当局颁布的《莫拉克台风灾后重建特别条例》特别强调建立社区共识、发掘社区需求、拓展社区资源，以社区整合的模式保障心理重建的可持续性；另一方面，灾后青少年心理重建注重建立多层次的心理支持辅导系统来满足不同青少年的需要，包括：正式的社会福利支持网络、社会工作专业福利服务网络以及社区与家庭支持网络，并通过发展一个心理健康以及心理社会支持的全面性协调小组。

（二）政策法规

正如九二一地震一样，完善的政策法规成为灾后重建顺利进行的指引。首先，台湾当局在九二一地震灾后制定的灾害防救法刚好适用于莫拉克风灾。根据该法规定各地方政府对辖区内之灾害有第一线的因应处理责任，但当地方政府对灾害无法因对的时候，可视情况逐级向上级政府报告，申请指派协调人员提供支持协助。其中第十三条规定："重大灾害发生或有发生之虞时，'中央'灾害防救业务主管机关首长应立即报告'中央'灾害防救会报召集人。召集人得视灾害之规模、性质，成立中央灾害应变中心，并指定指挥官"。同时，该法还规定"行政院"灾害防救委员会必须及时拟定整体性的灾害防救基本计划及其预防、紧急应对和灾后重建的重点事项。

据此，2009 年 8 月 27 日，台湾当局"立法院"三审通过了《莫拉克台风灾后重建特别条例》并于8月28日由台湾当局领导人公布，条例中明定灾后重建施行期为三年，后又延长至五年。该条例不仅规定了莫拉克台风受创地区、灾后重建推动委员会设置、灾害救助总预算、生活重建服务中心设立等，而且还规定了具体的重建计划包含家园、设施、产业、生活与文化重建并就相应的程序作了原则性规定[①]。

根据《莫拉克台风灾后重建特别条例》，台湾当局各级部门不仅相继颁布了《莫拉克台风灾后原住民族部落集体迁村安置民间兴建永久屋方案》《地方政府办理民间单位申请使用永久屋基地之公共设施及必要性之生活辅导、心灵重建及产业辅导等设施处理原则》《行政院莫拉克台风灾后重建推动委员会组织规程》《莫拉克台风灾后安家计划》《莫拉克台风灾后救助与赈助方案》《莫拉克台风灾区生活重建服务中心实施办法》《莫拉克台风灾后全民健康保险保险费补助及就医协助办法》等总体性的灾后重建的法规和办法，“教育部”和“卫生署”也先后各自颁布了相应的《莫拉克风灾灾后学生心理辅导计划》，以指导灾后心理重建的具体实施。

（三）组织体系

根据《莫拉克台风灾后重建特别条例》第四条规定，为推动灾后重建工作，由“行政院”于2009年8月15日设置了莫拉克台风灾后重建推动委员会，由行政部门、专家学者及民间团体、灾区县市首长、灾民代表、原住民代表等计37人担任委员，具体职责包括：一是灾后重建整体规划、地方重建推动委员会及国内、外民间支持之协调、推动及督导；二是灾区交通、道路、水利、水土保持、电信等公共工程、公用设备抢修与重建之规划、协调、推动及督导；三是灾区居民安置、就学、就业、环境、卫生、医疗、解困、融资、心理重建、社区与原住民聚落重建、住宅与迁村规划之协调、推动及督导；四是灾区农业、观光业、工商业与文化创意产业重建工作之协调、推动及督导。同时，各级地方政府也相应成立重建推动委员会，负责协调各层级的资源调配和具体重建实施事项。

另外，根据《莫拉克台风灾后重建特别条例》第九条规定以及“内政部”制订

---

① 《莫拉克台风灾后重建特别条例》，2013年5月12日，见 http://www.taiwan 九二一.lib.ntu.edu.tw/88L.html。

的《莫拉克台风灾区生活重建服务中心实施办法》,台湾当局政府于各灾区(乡、镇、市)委托民间团体设立生活重建服务中心,综合性地提供生活心理就学就业及各项福利服务,具体包括:卫生主管机关负责的心理服务、教育主管机关负责的就学服务、劳工主管机关负责的就业服务、社会福利主管机关负责的福利服务、相关目的事业主管机关负责的生活服务、原住民族事务主管机关协助办理的灾区原住民事项等。此外,于五十户以上的重建住屋聚集处,政府部门也设置了生活重建服务联络站。截至 2010 年 12 月底,共计成立 27 个生活重建服务中心,41 处联络站,并成为服务灾区民众的重要据点,提供心理服务 2662 人次,咨询服务 9741 人次,有效推动了灾后心理重建。

除此之外,民间社会福利机构作为参与灾后心理重建的重要力量,也通过各种形式形成了相应的组织和联盟。民间社会福利机构包括了介惠社会福利慈善基金会、台湾世界展望会、崇义文化教育基金会、中华基督教卫理公会、屏东县慈善团体联合协会、中华沟通分析协会、平安社会福利慈善事业基金会、台湾基督徒社会工作人员协会、台湾“张老师”基金会等;而相应的福利联盟则包括海棠文教基金会等 115 个非政府组织组成的“八八水灾服务联盟”、中华心理卫生协会八八心理重建小组等。

(四)资源配备

当任何重大灾情发生时,都需要在短时期内聚集庞大的人力物力和财力资源[①],九二一地震、汶川地震以及莫拉克风灾都是如此。

首先是资金筹措方面。台湾当局“行政院”除由年度预算紧急救助新台币 220 亿元外,又一次性地预算了灾后三年的特别预算 1165.08 亿元;此外,民间慈善捐赠的款项高达 254 亿元,其中,来自大陆的捐款将近新台币 40 亿元[②]。其中,“卫生署”办理的灾后一年的心理重建计划经费为新台币 1350 万元。灾区各县市虽然未有详细的统计数据,但都安排了专门的经费用于灾后心理重建。诸如,2013 年嘉义县政府用于生活和心理重建的费用是新台币 31037020 元,屏东县则是新台币 98070043 元。

---

① 颜丽君:《八八水灾后地方政府应急管理研究》,《企业研究》2012 年第 20 期。

② 陈顺源:《八八水灾救灾体验》,《仪科中心简讯》2009 年第 10 期。

其次是政府人力资源方面。作为政府办理灾后心理重建的主要依靠单位，各区县的生活重建服务中心需要配备有相应的专业人员开展心理重建服务。一是应设置专职主任1名(要求是社会工作或社会工作相关系所毕业,并具有2年以上的心理卫生、教育文化或社会服务的相关工作经验),负责中心业务;二是要设置专职行政人员、社会工作人员等办理各项服务;三是对于生活重建服务中心位于原住民族地区的,应优先雇用原住民或熟谙原住民族社会及文化的人员;四是所有社会工作者需要接受相关心理重建的培训,内容包括心理卫生基本知识、青少年灾后心理创伤及其特征、协助创伤青少年的方法与技巧[①]。而“教育部”负责的学生心理辅导计划则主要由其下属的训育委员会负责,具体工作人员包括了非灾区县市政府及大专院校的辅导咨询中心工作人员、灾区县市的辅导团、学生辅导谘商中心、民间心理辅导团体的专业人员组成。

再次是民间人力资源方面。在开展灾后心理重建的过程中,民间社会福利组织也十分强调专业人员的素质。诸如“张老师”基金会开展的“关怀八八水灾心理重建计划”就遴选了包括谘商心理师、社会工作师以及经由严谨训练的志愿者等专业人员开展心理重建服务,其中的志愿者遴选十分严格,要求有大专以上学历,通常录取率为10—15%,并需要接受200多个小时,延续七八个月的专业培训时间。

最后是相关的社会支持网络资源。对于重大灾难的救助与重建,充沛的资源固然十分重要,但是资源的拥挤容易造成各自为政、重复救助和灾民无所适从的困境,甚至无序的资源涌入会造成灾害救助和灾后重建的不公平和社会矛盾,也极易形成灾民的心理依赖。因此,红十字会以“512川震台湾服务联盟”为基础,邀集台湾当局政府、受灾县市政府、社会组织等组成“八八水灾服务联盟”,运用红十字会的捐款平台,把曾经参与过九二一社区生活重建以及大陆汶川灾后心理重建工作的实务工作者、社工人员以及学者专家整合起来,促进重建过程中政府部门与民间部门的协调、信息与资源的分享与整合,达成灾后生活及心理重建的有组织化、系统化和最优化。该联盟包括了社工与社区组、心理组、行政后勤组、医疗健康组、文化组、法律组、教育组、信息组、安置组、专家学者组等十

① 《莫拉克台风灾区生活重建服务中心实施办法》,2013年5月12日,见http://www.taiwan九二一.lib.ntu.edu.tw/88pdf/A8804-09.Pdf。

个组别①,通过该联盟的协调机制,各组织将共同分享彼此的资源、信息和专业力量,促进资源统整与服务协调,协助并输送重建地区居民安置与生活、社区、社工与心理辅导等专业服务,协助受灾区社区与生活重建,最终达成建立重大灾害因应与重建系统,提升灾后重建的效能的目的。

(五)服务内容

心理重建,作为莫拉克风灾灾后生活重建的一项内容,主要由台湾各受灾区县生活重建服务中心负责执行,具体负责的部门主要是"卫生署"和"教育部"等。另外,民间社会福利机构开展的心理重建则主要以"八八水灾服务联盟"、"张老师基金会"等为主,台湾社会工作界也在其中发挥了重要的作用。

首先,"卫生署"为了及时向受灾民众提供紧急心理救助和后续的心理重建服务,提供了以下服务内容②:一是心理卫生需求评估,包括评估灾区民众的心理创伤及服务需求、制定灾后心理重建计划;二是精神医疗服务,包括订定详细的灾区服务所需的人力、场地、服务项目和时间频率等,并由专业医疗人员向灾区民众提供心理辅导与精神医疗服务,预防自杀、物质滥用及相关精神疾病的发生;三是心理谘商及辅导,以个别或团体辅导方式,协助灾民恢复心理健康;四是高风险个案的追踪管理,包括针对收容所、安置中心和社区进行家庭评估和筛检,识别高风险的受灾群体及个体,并将其适当转介至相关福利机构,提供个案追踪关怀访视、精神医疗及心理卫生资源等协助,防范灾后自杀潮出现;五是社区(部落)心理健康营造,包括邀请相关利益人群参与心理健康推动规划,发展在地化的心理重建模式,组成心理健康促进推动委员会强化心理健康的参与执行及监督管理,恢复社区自身应变力量与社区原有支持网络;六是建立整合式资源服务平台,包括整合各项灾后重建资源及精神与心理卫生资源,建立资源服务地图并未灾民提供咨询和转介服务,设立便民咨询服务点,提供灾难心理卫生相关重建服务资源;七是志愿者培训,包括建立灾难心理重建志愿者的训练模式,开展志愿人员培训,并实际投入灾区提供相关心理重建服务;八是心理卫生教育与倡导,包括加强灾区民众面对灾难时的心理准备,减轻灾民创伤心理反应程

① 洪雅琴:《八八水灾冲击下的救灾行动》,《谘商与辅导》2014 年第 4 期。

② 《补助相关医事机构等办理莫拉克台风灾后心理重建计划说明书》,2013 年 5 月 12 日,见 http://www.taiwan 九二一.lib.ntu.edu.tw/88LIFE/L8814.Pdf。

度，设计有助于心理重建相关主题内容，吸引民众参与，以重建灾民心理健康；九是开展教育训练，包括针对医务人员、心理专业人员及学校教师等对象，办理灾后心理重建相关教育训练，以培训灾难心理重建的人力资源；十是灾后心理重建计划成效评估，并做后续的监督和推广服务。

其次，"教育部"为协助学校尽速恢复灾前的生活质量与学习状况，抚平师生灾后受创的心灵，引领学校学生、教师及家长能于最短的时间内走出阴霾，重建温馨友善的校园，主要开展了以下心理重建的内容①：一是开展班级辅导，主要是通过学校导师对学生进行以班级为单位的生命教育、灾害教育和心理教育的辅导；二是进行认辅，主要是确认受灾学生的情况，鼓励教师参与认定辅助学生对象，开展认辅教师的心理辅导能力培训，提升认辅的效果；三是团体辅导，主要是由专业心理谘商或辅导教师对受灾学生进行团体辅导；四是同辈辅导，主要是透过同辈相互关心与陪伴，提供社会与心理支持；五是家庭探访，主要是对受灾学生或教师，进行家庭访视，协助灾后心理相关问题；六是个案辅导，主要是对心理创伤严重的青少年特殊个案，聘请专业辅导人员参与辅导谘商工作；七是书信或电话关怀与谘商，主要是开放各级学校辅导室（中心）并协调相关专业心理辅导谘商团体共同提供电话谘商及咨询服务，并鼓励学校辅导室（中心）主动写信关怀家长，同时鼓励学生之间写信或发手机短信达致相互关怀与陪伴；八是转介服务，主要是协助学校评估并转介有精神医疗需求的特殊青少年学生到适当的精神医疗院所接受更为专业的服务，并结合医疗卫生、社会福利等机构向学生、教师及家长提供心理咨询服务；九是成立辅导工作团队，主要是鼓励大专校院辅导或心理相关系所师生、县市政府辅导工作辅导团团员，自愿整合成立辅导工作团队（3 至 5 人为一团队），由县市政府学生辅导谘商中心或相关支持单位，有效支持各校辅导及师生心理复健工作；十是持续追踪辅导服务，主要是针对受灾学校学生进行长期心理追踪辅导，以实现长期的心理重建效果。

再次，民间团体以单独或联盟的方式提供了相应的心理重建服务。"八八水灾服务联盟"专设了心理组负责灾后心理重建，其提供的服务内容包括心理健康教育、心理评量、心理谘商与辅导、心理治疗以及连结各个心理卫生专业团

① 《莫拉克风灾灾后学生心理辅导计划》，2013 年 5 月 12 日，见 http://www.taiwan 九二一.lib.ntu.edu.tw/88LIFE/L8821.Html。

体及过去参与灾后心理重建的专业人员。另外，中华心理卫生协会则通过该联盟的平台开展登录、转介、服务协调、信息分享与资源互助，以发挥整合性心理重建服务的加乘效果，提升灾后重建的效能。诸如，“八八水灾服务联盟”心理重建小组开展的心灵飧宴服务计划，就包括了铿铿锵锵玩音乐工作坊、笑与心理健康工作坊、网球经络按摩抒压工作坊、成长培力团体、心灵飧宴加油系列、青少年自我探索与复原等多元的服务方式，正向地引导灾后青少年体验提升自我复原力，促进其转化负向的情绪与创伤，并藉由团体的方式，让拥有共同经验的灾后青少年彼此相互支持，勇敢面对并克服灾后困境，实现心理复原力和潜能的激发①。台湾“张老师基金会”帮助灾区民众心灵重建的内容包括②：安心专线、灾区服务、救难人员心理辅导、安心校园、网络辅导、专业人员训练、心理谘商、心理卫生教材印制等工作，通过发挥辅导专长来协助灾区复建，并希望结合各界的力量募得八八水灾灾民心理重建经费，使受难民众得到更好的辅导与支持系统，并藉此机会提升社会大众对心理健康的重视。

最后，台湾社会工作界也积极通过自己的方式参与灾后心理重建。一方面，台湾各县市的社会工作员作为社会福利服务的主要提供者，直接在灾后生活重建服务中心提供需求评估、个案咨询、小组辅导、社区宣传及教育等综合性服务；另一方面，通过社会工作强化跨机构与跨专业的协同合作方式，有助于增强灾后心理重建的能量。为此，各高校社会工作系所师生、民间组织内的社会工作者也通过建立小组、组成联盟等多种方式参与灾后心理重建。台北大学社会工作学系八八水灾行动小组则着重为灾区儿童青少年提供身心关怀、创伤辅导等专业服务，在需求评估的基础上提供同理和支持，鼓励灾后儿童青少年述说自身经验，表达内心感受，发挥了身心评估、心理支持、个案倡导和资源联接等多种功能③。八八水灾服务联盟的社会工作组则强调“针对性、点对点”的服务方式，聚焦性地关怀及介入灾后民众形形色色的问题解决及服务提供。特别值得一提的是，联盟中那些具有宗教背景的福利机构，能够给原住民部落、信仰天主教和基

① 八八心理重建小组：《心灵飧宴：办理活动内容介绍》，2013 年 5 月 12 日，见 http://www.mhat.org.tw/index.php? option = com_content&task = view&id = 432&Itemid = 90。

② 张老师基金会：《关怀八八水灾心理重建计划》，2013 年 5 月 12 日，见 http://tpdonate.1980.org.tw/ac.Htm。

③ 陈怡洁：《莫拉克风灾中的儿童社会工作》，《社会福利》2009 年第 10 期。

督教的灾民带来意想不到的心理安定效果。总体来说,社会工作在灾后青少年的心理重建中发挥了情绪支持、物资救助、资源协调、能力促进、关系修复、提供咨询的重要作用[①]。

第三节　典型国家和地区灾后青少年心理重建的经验及其启示

世界各国和地区对于地震灾后重建十分重视,取得了一系列的心理重建经验,也存在某些方面的不足,这些都成为我国地震灾后青少年心理重建的有益借鉴。

一、典型国家和地区灾后青少年心理重建的经验

美国、日本以及我国台湾地区在青少年心理重建方面具有以下一些共同的经验:

(一)形成了普遍和科学的灾后心理重建文化

美国政府通过各种方式让公众相信灾难前的准备和灾难后的重建都是必须的过程,不仅需要为灾难和撤离制定详细和清晰的计划,更需要为灾后重建做好长期的准备。首先是"有备无患"的防灾理念。美国在联邦和州政府都主办有相应的社区心理卫生服务机构,而在县市和社区则交由社会组织负责。无论是政府主办还是民间主办,地方性的社区心理卫生机构都会发展出一套专门的灾难心理卫生计划,尤其对于老年人、儿童、青少年发展出专门的心理重建方案,以明确在何种情况下应该提供的具体服务内容。其次是"依靠社会"的理念。美国非常注重社会力量在灾后青少年心理重建中的作用,一方面非常强调社会组织在灾后心理重建中的资源提供、信息沟通、咨询辅导以及治疗的作用;另一方面则强调发挥不同专业、不同领域志愿者的作用,尤其是各精神医学会、心理师

① 张粉霞、张昱:《灾害社会工作的功能检视与专业能力提升》,《华东理工大学学报(社会科学版)》2013 年第 6 期。

学会、社会工作者协会、精神科护理人员协会、神职人员协会（牧师）、私人医疗机构负责人等，他们往往成为灾后心理重建的主要力量来源。再次是“预防重于救治”的理念。美国政府通过各种方式资助了上万个灾后心理服务方面的项目，以通过各种方式研究和宣传灾后重建的理念，以让青少年能够对于可能发生的灾难有心理准备。最后，美国开展了一系列较为有效的防灾减灾项目。

自 2003 年 2 月开始，美国 FEMA 发起了一项全国性的“未雨绸缪”项目，不仅帮助美国公众做好灾害应急准备，更让民众了解可能发生的紧急状况并知晓恰当的应急反应，包括灾后心理应激反应和心理重建工作等。自 2004 年开始，该项目结合每年 9 月份的“国家预备月”来开展活动，2006 年之后更开展了面向儿童青少年的专门项目①，参加的组织包括美国心理学会、美国红十字会、全美小学校长协会、美国学校心理学学会、美国家长与教师协会、美国儿童创伤后压力症候防治中心、美国教育部、美国卫生及公共服务部，通过这些活动来普及灾后青少年心理重建的知识。

在日本，不但防灾减灾的法律法规深入到青少年心中，其相应的应急和重建措施更作为青少年必备的生存技能。首先，日本相关防灾减灾法规中规定了对于老年人、儿童青少年、妇女以及残疾人的优先救助权；其次，日本在儿童青少年所生活和学习的社区、街道、学校和公共场所都有为其专设的道路、标识和紧急通道等，不允许车辆同行；再次，日本在学校教育中深入普及防灾减灾和心理救助方面的知识，并通过教育、训练和演习促进青少年学生适应地震灾后的生活；最后，日本政府自 1982 年起将每年的 9 月 1 日作为防灾日，并将 9 月 1 日在内的 1 个星期规定为防灾周，进行防灾知识的普及、宣传和训练，并通过学习、电影电视以及其他体验活动以促进青少年了解灾害知识，减轻灾害后发生的心理问题。

（二）制订了完备的灾后心理重建政策和法规

早在 1950 年，美国就颁布了《灾害救助和紧急援助法》，1976 年又通过了《全国紧急状态法》，对紧急状态的宣布程序、实施过程、终止方式、紧急状态期限等作出了详细规定。1988 年的《罗伯特·斯塔福灾难救援与紧急事态援助

① 李红梅等：《美国“未雨绸缪”项目及其对我国防震减灾宣传的启示》，《国际地震动态》2010 年第 11 期。

法》对灾害的决定、准备、援助、行政协调、援助程序、紧急状态准备等做了更为详细的说明和规定。这些法律也为美国灾后青少年心理重建提供了方向和原则,并在其中对相应的工作作了具体的规定。诸如,美国《灾害救助和紧急援助法》就规定委托美国红十字会在灾后建立灾难避护所,灾难庇护所的心理重建工作包括:评估灾后儿童青少年的心理需求、协助灾后青少年减轻压力并支持和分享统整灾后创伤经验、提供支持团体、减压活动、支持性咨商服务等。除此之外,1963 年,美国国会通过《社区精神健康法》,建立由政府提供经费支持的社区精神卫生服务中心,并规定其在灾后心理重建中的职责和义务。随着灾后心理救助工作的发展,美国政府于 1978 年出版了《灾难援助心理辅导手册》,对灾后心理援助与重建工作的机构、组织、程序、方法以及相关技术进行了详细说明,并给予相关人员以教育与培训。

为应对各类灾害,日本政府早在 1961 年就出台了《灾害对策基本法》对灾害的预防、救援以及灾后重建进行了规划,并通过制定《受灾者生活支持法》等相应配套的法律法规,建立了较完备的现代化防灾减灾及灾后心理重建体制。1995 年阪神大地震后,对《灾害对策基本法》做了修订①,更加重视心理援助,由政府建立心理创伤治疗中心,同时设置心理创伤治疗研究所,对心理创伤及创伤后应激障碍等进行调查研究。

2000 年,我国台湾地区颁布灾害防救法,就灾害防救组织、灾害防救计划、灾害预防、灾害应变措施、灾后复原重建以及其他相应内容进行了详细规定,随后又进行了修订,并颁布了《灾害防救法施行细则》。这些都标志着台湾地区开始有系统地建立灾害防救体系。灾害防救法明确规定:“各级政府及相关公共事业应实施灾害应变措施,包括:……受灾民众临时收容、社会救助及弱势族群特殊保护措施,受灾儿童、学生之应急照顾事项”等相关灾后心理重建的内容。每当灾难发生后,台湾当局均视灾情需要而颁布《紧急命令》、相应的灾后重建暂行条例以及相应的实施办法和作业规范等。其中,《九二一震灾重建暂行条例》《灾后重建计划工作纲领》《灾后社区重建计划内容及作业规范》《莫拉克台风灾后重建特别条例》《莫拉克台风灾区生活重建服务中心实施办法》等都对灾后青少年心理重建有所规定。

① 张侃、王日出:《灾后心理援助与心理重建》,《中国科学院院刊》2008 年第 4 期。

（三）构建了系统的灾后心理重建的组织体系

美国 2008 年通过的 NRF 确立了灾后重建的总体框架，其中对涉及心理重建的政府组织、非政府组织和相关部门的功能进行了规划与安排，从而确立了其灾后心理重建的组织体系。总体上看，美国重大灾难后的心理重建体系包括政府组织、非政府组织以及其他辅助系统三个部分，其中政府组织主要是联邦、州以及部分县市政府的心理卫生服务机构，提供灾后危机干预、短期心理咨询、哀伤辅导以及陪伴服务；非政府组织主要是大量的非营利性社会团体、学术机构、宗教慈善组织以及高等院校中的心理学及相关院系，包括了美国红十字会、美国心理学会、美国社会工作者协会、救世军、天主教慈善会、美国联合会、哈佛大学心理学系等。除此之外，美国还有一系列的灾后心理重建的辅助支持系统，包括联邦层级的国立创伤后应激障碍中心（National Center for Post-Traumatic Stress Disorder，NCPTSD）、重建咨询署（Readjustment Counseling Service，RCS）、国家灾难行动志愿组织（National Voluntary Organizations Active in Disaster）等研究、咨询和联盟性机构。这些辅助支持系统主要开展包括灾难心理重建项目的组织与培训、构建心理重建服务网络和联盟、通过资源与信息共享协调各组织之间的心理重建服务等。英国灾后青少年心理重建分为郡和国家两个水平，郡作为灾后的首要心理重建反应机构，并视情况需要启动国家内政部与卫生部的灾后心理重建机制。新加坡则由中央层级的应急行为管理委员会统筹①，协调卫生部、内政部、社会发展部、青年及体育部、教育部等 9 个部门联合开展灾后青少年心理重建服务。

阪神大地震后，日本政府也建立了全国性的灾后儿童青少年心理重建服务网络。首先，中央政府厚生省于 1995 年 2 月呼吁全国各地儿童协谈所实施“儿童青少年心理协谈工作”，由小儿科医生、心理学家、儿童指导员、保姆、保健员等专业人士组成 26 个团队，巡回于各个避难所，主要提供儿童青少年心理协谈，或开展游戏以安定儿童的精神。其次，日本教育心理学会还在受灾地区中小学设置“教育复兴负责教员”及“学校个人生活指导员”，并通过与家长及相关机构紧密合作，进行学生心理创伤救助。再次，灾区所在地的兵库县也“以政府所属的儿童协谈所为主体，提供受灾儿童青少年的心理服务，主要以儿童青少年心理

① 刘萍：《灾难心理服务研究》，硕士学位论文，北京林业大学经济管理学院，2007 年，第 34 页。

安慰以及紧急保护为主，实施 24 小时的‘受灾儿童青少年福利协谈’工作……”①。最后，兵库县实施了长达 10 年的重建工程“不死鸟计划”，分“紧急—应急对应期”“复旧期”“复兴前期”和“复兴后期”四大阶段。其中，“复兴前期”即固定住宅迁移期。这一阶段的主要任务包括灾害复兴公营住宅的大量供给、生活复兴资金借贷、心灵创伤医治等。

在我国台湾地区，灾害管理系统包括台湾当局、县市、乡镇三个层级，台湾当局的负责部门是 2010 年正式揭牌的“中央灾害防救会”，具体负责执行的部门则包括内政、消防、卫生、军队等不同系统。为了推动灾害防救工作，台湾当局“内政部”相应设置消防及灾害防救署，并且台湾当局的直辖市、县(市)政府、乡(镇、市)公所也设置了相应的灾害防救会，以负责各自层级的灾害救助与重建工作。另外，发达的民间社会组织也是灾后应急和灾后重建阶段的重要角色，包括各类基金会、社会服务组织以及服务联盟等。

(四)发挥了社会组织在灾后心理重建中的作用

自然灾害发生以后，虽然政府在紧急救援、设施重建和医疗救助等方面都发挥了重要作用，但更为持续的灾后重建工作，则需要更多地依靠社会组织的力量。21 世纪以来，日本地震应对最为重要的经验之一就是不能单纯依靠政府的力量，而是更多依靠民间团体的互助共救，尤其在灾后心理重建的长期历程中。首先，一些典型国家和地区培育出大量参与灾后青少年心理重建的社会组织。在美国卡特里娜飓风之后，美国红十字会、救世军、天主教慈善会、联合会等社会组织积极参与到为灾后青少年服务的慈善募捐、灾害救援、居民撤离、食品提供、生活救助、心理重建、社区重建等工作中。其次，一些典型国家和地区社会组织都能发展出具有针对性的青少年灾后心理重建服务。美国卡特里娜飓风之后，救世军和天主教慈善会及时响应灾民的生存与心理需求，着重提供心理咨询、心理治疗与危机干预，并持续地帮助受灾民众回归正常的生活。我国台湾地区九二一地震后，儿童福利联盟针对失依儿童提供了大量的生活重建、心理重建、安置服务和情绪安抚服务。阪神地震中有许多日本的民间团体和志愿者加入灾后的救助和重建工作，其中社会福利协议会作为全国最大的社区团体，具备从地方

① 刘斌志:《震后儿童社会工作的日本经验与本土思考》,《社会工作》2008 年第 15 期。

到中央各层次的组织架构;而日本长足育英会则是一个以单亲儿童青少年的协谈为主的机构,专注于关心有身心困扰或者经济困难的单亲子女①。再次,一些典型国家和地区社会组织能够以团队合作的形式参与灾后青少年心理重建。在美国,灾后重建往往依靠大量社会组织的参与,而为了协调社会组织力量会成立一些伞型组织(umbrella organization)或中介型组织,比如美国紧急响应小组(National Emergency Response Team, NERT)、美国自愿组织灾难行动联盟(National Voluntary Organizations Active in Disaster,NVOAD)、国家灾难行动志愿组织等。作为一个由大约40个在灾后提供服务的慈善组织组成的全国性的联盟组织,国家灾难行动志愿组织负责协调其他救灾志愿组织的救援计划。我国台湾地区九二一地震灾后,大量社会组织和力量涌入灾区,为了协调不同机构的人财物,切实满足灾后民众的需求,成立了不同的服务联盟,包括民间灾后重建协调监督联盟、儿童福利联盟和财团法人九二一震灾重建基金会等。在此基础上,汶川大地震后,台湾岛内经历过九二一地震灾后重建的社会工作者、心理工作者等为了进一步支持汶川震灾后的重建工作,成立了"512川震台湾服务联盟"(以下简称"川震联盟"),盟员包括海棠文教基金会、儿童福利联盟基金会等33个组织,主要工作是在灾区推展社会服务方案及专业人才培训,设立社区与生活重建中心,协助灾民早日重建正常生活。台湾地区莫拉克台风和八八水灾后,台湾红十字会又以"川震联盟"为班底,成立了"八八水灾服务联盟",并设有社区及社工组、文化组以及心理组等10个工作组。其中的心理组又称为"八八水灾心理健康行动联盟",协调社会组织参与灾后心理重建工作,并为一般民众提供关于莫拉克风灾的相关讯息及灾后心理重建的网络资源。最后,一些典型国家和地区灾后青少年心理重建的社会组织都能实现在地化和本土化。我国台湾地区九二一地震之后,当地的社会组织积极投入灾后心理与生活重建工作,持续性提供在地化服务的有南投县的23个社区家庭支持中心,以及台中市的3个服务中心。

(五)开展了丰富的灾后青少年心理重建的研究

自从1942年发生波士顿大火以来,美国就开展了灾后心理的研究。最早是

① 刘斌志:《震后儿童社会工作的日本经验与本土思考》,《社会工作》2008年第15期。

美国心理学家 Eric Lindezmann、Gerald Caplan 和 Howard Parad 通过对火灾后的幸存者及遇难者家属进行的研究,总结出了灾难后哀伤反应的共同特征及其影响因素。随后,美国国家心理卫生署根据这些研究尝试制定灾难后的心理服务方案,并在 20 世纪 70 年代通过 FEMA 资助了一批危机干预项目。诸如,退伍军人医院(Veterans Administration Hospital)针对越战后军人中的精神异常者或战后不适应者提供心理辅导和心理治疗。通过这些前期的研究总结,美国国家心理卫生署于 1978 年出版了世界上第一本《灾难救援心理辅导手册》,并于 1980 年将 PTSD 纳入美国精神疾病诊断标准手册①。1988 年斯比泰克(Spitak)地震后,美国为受灾的青少年提供了系统的心理干预和情绪解压服务②。美国灾后心理服务的发展带动了英国、澳大利亚、加拿大等国家先后设立国家级灾难心理援助或研究中心,着手研究灾难的社会心理影响、灾后心理服务的规划与开展、PTSD 的发生与防治以及更为有效的灾后心理重建的方法与模式。

(六)发展了灾后青少年心理重建多元方法技术

美国《国家应急框架》12 项紧急支持功能的第八项功能是"公众健康和医疗",其中就明确规定了灾难心理援助的内容,并特别强调对儿童青少年、老人等高危人群的心理辅导与重建工作。具体来说,有以下三个公共部门负责心理援助与重建工作:一是 FEMA 负责的及时危机心理干预和救助活动;二是公共健康服务系统负责的危机干预、哀伤辅导、精神慰藉、短期咨询、情绪陪伴服务等;三是退伍军人事务部负责的医疗护理服务、PTSD 服务以及重在心理复原的干预服务。英国在 1987 年翻船事件发生后安排专门的组织对灾难经历者进行演讲、家访、长期心理辅导或电话商谈等援助活动。

日本灾后心理重建的策略和方法是③:一是在警戒期(应激阶段),主要的工作是帮助受灾青少年恢复其生活和行动的基本能力,并识别其特别的心理需求加以治疗;二是在抵抗期(冲击阶段),主要的工作是面向灾后青少年开展个案

① 邹其嘉:《唐山地震灾区社会恢复与社会问题研究》,地震出版社,1997 年版,第 56 页。

② Young,B.H.,Ford,J.D.,Ruzek,J.I.,Friedman,M.J.& Gusman,F.F.,*Disaster Mental Health Services*,The National Center for Post-Traumatic Stress Disorder,1999,p.85.

③ 胡媛媛等:《日本灾后心理援助的经验与启示》,《电子科技大学学报(社会科学版)》2012 年第 5 期。

辅导以提供心理上的安全感和归属感,并为那些有类似经历的青少年提供小组辅导,促进其获得更适当的医疗及心理卫生支持;三是在衰竭期(重建阶段),主要工作是加强灾后青少年与社会的沟通与交流,在创伤经验的重述中帮助其重新燃起生活希望,最终实现长期的心理复原与重建。

近几十年来,一些典型国家和地区在灾难心理重建方面发展出了多元的服务方法和技术:一是面向灾后人群尤其是青少年的心理评估技术与方法,包括对灾后青少年家族史、生理、心理、社会状态、灾害暴露程度、心理应对方式、PTSD以及相关影响因素等进行的详细评估;二是面向灾后青少年需求的心理重建服务方案的制定;三是灾后心理重建的服务方法,包括分享报告、认知行为疗法、艺术疗法、游戏疗法、叙事疗法、哀伤辅导以及危机干预等;四是发展出了专门的灾后心理重建技术,包括暴露程序、认知重建程序、焦虑管理程序、眼动脱敏等。

当然,其他国家和地区在灾后青少年心理重建过程中也有不少的教训值得借鉴,其中美国卡特里娜飓风灾后对于儿童青少年心理重建的缺乏就值得我们反思。卡特里娜飓风给美国造成了近2000人死亡、65万人流离失所和近1500亿美元的损失,并且有超过100万儿童青少年的生活受到灾害的影响。飓风发生之后,社会各界对美国政府及相关部门的灾后应急和重建工作提出了诸多的批评,具体包括:一是作为美国灾难应急的主要管理部门,FEMA及其官员表现出严重的不负责任、混乱无序、组织瘫痪和缺乏职业应对经验①,尤其是对于灾后心理重建缺乏足够的敏感度和专业素养。二是相关救援机构专业性不够。飓风之后,美国有5000名儿童青少年被报道失踪,许多青少年与家人失联,使其心理受到灾害后的二次创伤。三是美国政府尚未形成成熟的灾难期间和灾难后儿童青少年心理健康服务的指导大纲,导致相关的医生、心理健康专家和监护人缺乏对儿童青少年灾后心理的足够关注,未能让灾后儿童青少年获得安全、支持、希望和复原的心理氛围②。四是社会组织虽然在飓风灾后发挥了异常优异的作用,但却具有较大的差异性。有些较大的社会组织能够系统地提供包括心理重建的服务,但也有许多社会组织缺乏心理重建的视野,并在参与救助与重建的过程中,缺乏与国家救援体系之间的有效沟通和协调,造成资源的浪费与重复救助。

① 郑琦:《灾难过后的反思:关于美国卡特里娜飓风的研究综述》,《中国非营利评论》2009年第3期。

② 孔令帅:《灾难与儿童:美国卡特里娜飓风的教训》,《中国青年研究》2008年第8期。

二、典型国家和地区灾后青少年心理重建经验的启示

唐山大地震后，我国还没有开展专业的心理重建工作，而幸存者其后一直存在的心理服务需求凸显了灾后心理重建的重要性。1994年克拉玛依大火后，我国才开始提供专业的灾后心理干预服务。2002年4月17日，国务院制订的《中国精神卫生工作规划（2002—2010年）》将受灾人群列为重点人群，提出到2010年，重大灾害后受灾人群中50%获得心理救助服务。2002年5月7日，大连海域发生空难，机上112人遇难，部分遇难者家属马上接受了心理专家的危机干预。2006年桑美台风灾后、2008年初南方雪灾、2008年4·28胶济铁路重特大事故后、2008年汶川大地震后，政府和民间都组织了数量不等的心理干预人员对受困和遇险人员进行了心理重建服务①。经过历次灾难的洗礼，我国灾难心理服务也得到不断的发展，但与发达国家和地区相比，依然存在灾后心理重建的理念不够普及、法规政策不够完备、专业机构缺乏、专业人才和训练不足以及灾后心理重建的研究基础薄弱等方面的限制。因此，域外灾后青少年心理重建的经验，可以给我们提供以下有益的借鉴和启示：

（一）宣传和普及灾后青少年心理重建的理念与知识

灾害防治与应对的出发点和着力点，都应该是防灾减灾，即通过有效的教育宣传和普及灾害及其应对的相关理念和知识。在灾后青少年心理重建方面，也需要面向全社会普及以下基本理念和知识：一是确立以人为本的心理重建宗旨。所谓以人为本，就是在灾后青少年心理重建过程中，要真正理解其心理状态，从其真实需求出发，而不是从服务提供者的专业要求甚至是专业霸权出发，充分尊重灾后青少年的求助意愿、平等人格和文化习俗等，反对为了专业需求而提供的心理干预服务。二是心理卫生工作者要对灾后青少年有充分的心理敏感，意识到心理干预和重建可能带来的“二次伤害”。三是充分意识到生活重建是灾后心理重建的基础，但心理重建是生活重建的必然内容，既认识到物质和生活救助在灾后重建中的基础作用，又要强调心理重建才是生活重建的最终目的和方向。

① 钱铭怡：《国内外重大灾难心理干预之比较》，《心理与健康》2005年第4期。

四是充分认识到灾后青少年心理重建是一个长期性、综合性和系统性的工程，既需要较长的时间，更需要多方面的力量参与，还需要社区重建、生活重建和文化重建的配合。五是通过多种方式广泛动员社会力量参与灾后青少年心理重建的宣传，并促使不同组织和人士能够在灾后积极参与到青少年心理服务中。六是要特别注重将以上理念推介给相关的政府部门，让灾后救援和重建的部门都能够意识到心理重建的重要性，并能在重建过程中实现彼此的协调与合作。七是做好灾后青少年的心理应急准备工作。通过各种方式在社区、学校、科普场所和网络面向青少年开展有针对性的心理危机和心理援助的教育活动，并在适当的时候在中小学心理健康教育课程中纳入灾后心理重建的内容，提升青少年对于灾后心理重建的认识和态度。通过以上综合的措施，加强青少年的防灾教育，提高青少年创伤心理承受能力，促进青少年群体的心理成熟。

（二）制定和颁布灾后青少年心理重建的政策与法规

灾害防治与应对作为灾害应急管理的重要组成部分，需要有相关法律法规、政策和制度的支撑与依据。在灾后青少年心理重建方面，要继续做好以下几方面的政策法规倡导工作：一是在我国《精神卫生法》颁布的基础上，进一步将灾后心理重建的内容纳入《国家自然灾害救助应急预案》《突发事件应对法》《防震减灾法》和《自然灾害救助条例》。虽然《精神卫生法》第十四条规定："各级人民政府和县级以上人民政府有关部门制定的突发事件应急预案，应当包括心理援助的内容。发生突发事件，履行统一领导职责或者组织处置突发事件的人民政府应当根据突发事件的具体情况，按照应急预案的规定，组织开展心理援助工作"。但这一原则性规定依然没有在具体的《突发事件应对法》《防震减灾法》和《自然灾害救助条例》中加以体现，需要相关的法律法规进行进一步的修订和解释，明确开展心理重建的机构和人员的组成、职责及其相互关系，使心理重建作为灾后重建的一项重要内容有法可依。二是灾害发生后所制定的相应恢复重建条例需要将心理重建纳入其中，并在灾后设立相应的心理重建的各级组织和机构。例如，在汶川地震、玉树地震以及鲁甸地震灾后，都需要在抗震救灾指挥系统中设立专门的"心理救助指挥中心"，以协调灾后心理重建工作的开展。三是在制定了相应的恢复重建条例之后，需要进一步制定相应的生活重建、社区重建以及心理重建的实施细则和办法，明确灾后心理重建工作开展的机构、人员、职责、内容、期限以及保障措施等。四是与青少年发展相关的教育部门、卫生部门以及民政部门等需要就其职责范围制定相应的心理重建服务方案，为不同领域、不同类型的青少年提供更加适切性的心理重建服务。五是需要将地震灾后散布谣言以及其他扰乱视听、破坏秩序等影响灾后社会心理的行为纳入法律管辖范围，为灾后心理重建提供较好的社会氛围。

（三）建立和健全灾后青少年心理重建的框架和体系

健全的框架和体系是灾害应对的有效保障和平台，结合灾后青少年心理重建的需要，应该由国家宏观规划，通过建立政府相应机构，依靠社会组织运作以及发动志愿者参与等方式，构建国家建立统一领导、综合协调、分类管理、分级负责、属地管理的灾后青少年心理重建体系。首先，国家层面可以在国家突发事件应急指挥机构下面设立心理救援指挥中心，由卫生部门牵头负责整个心理重建工作；其次，民政部门也应该在全国范围内推动成立心理服务的社会组织平台，通过服务联盟的方式来协调全国范围内的民间心理重建机构，避免服务的重叠和资源的浪费；再次，各省、自治区和直辖市应该依托相应的卫生部门，在本级突发事件应急指挥机构下设心理救助指挥中心，负责本政府层级的心理重建工作的规划、培训、组织和服务；最后，各县（县级市）应该依托相应的卫生部门，在本级政府层级成立心理救助指挥中心，负责组织、协调、指挥心理重建工作，尤其应该注重通过政府购买社会服务或者直接委托的方式，培育民间心理卫生服务机构，并推动其积极参与灾后心理的救助与重建。除此之外，各类学术性团体、高等院校相关专业院系所、私人心理卫生机构以及广大的志愿者，都是灾后青少年心理重建体系的一部分，需要通过社会动员机制加以统筹与利用①。

（四）培育和协调灾后青少年心理重建的民间社会组织

社会组织既是灾后青少年心理重建的重要力量，但也面临着良莠不齐、专业不一、缺乏协调和一拥而上的问题，尤其是在类似汶川地震的大灾难面前，社会组织参与灾后心理重建需要有组织的培育与协调。首先，灾后重建的规划中需

① 李小霞、王卫红：《美国灾难心理服务对我国灾后心理重建的启示》，《四川教育学院学报》2009年第5期。

要给社会组织的介入与服务提供通畅的渠道,各级政府和救灾协调机构要认识到社会组织的力量和作用。灾后应急指挥部应该设立相应的社会组织协调服务机构,以引导、协调和服务社会组织参与灾后救援与重建工作,促进社会组织之间的协同合作,实现信息分享、物资调度、人员协作等方面的有机通融。其次,各级政府要加大对心理服务类社会组织的培育和扶持力度,推动相关政府部门的心理服务职能向社会组织转移,积极通过项目招投标的方式购买社会组织的心理健康服务,孵化和培育民间心理服务机构,促进其积极参与灾后心理重建。再次,各级政府还需要积极发挥基层社区在灾后青少年心理重建中守望相助的独特作用,可以依托社区委员会和村民委员会建设相应的“社区重建中心”,通过该中心来实施具体的社区重建、生活重建、心理重建和文化重建,积极引导社区居民的参与,实现灾后重建的在地化和本土化。最后,各级政府还需要对社会组织的服务活动进行适当的监督和管理,增强社会组织的自律性、透明度和公信力,为灾后青少年心理重建提供可持续发展的组织环境。

除此之外,各社会组织在参与灾后青少年心理重建的过程中,不仅要遵循服务的价值和理念,具备对于文化、年龄、民族和性别的敏感外,更需要具备详细的调研、预案的制定和专业的知识。具体来说,应该注意以下四点:一是在开展灾后心理重建之前,尽可能地与灾害指挥协调中心联系以明确服务的可能性和可行性;二是充分认识到自身组织的优势和专长,选择力所能及的服务对象,并注重保持服务的持续性,避免服务中断和资源不足导致的“二次伤害”;三是在参与灾后青少年心理重建过程中,一方面要结合生活重建、社区重建而综合性地满足青少年的多方面需要,另一方面要积极与当地政府、社区、民众以及其他社会组织沟通协调,避免服务的厚此薄彼和不平衡;四是要充分认识到灾后重建工作的复杂性,与政府以及其他社会组织通力合作,协同服务,必要时可以以灾后社会服务的合作平台、服务联盟或者联合体的方式,实现信息共享、资源协调和服务整合的目的。

(五)培养和建设灾后青少年心理重建的人才和队伍

人才和队伍是开展灾后青少年心理重建的重要依靠,这一方面包括相关的专业队伍建设,另一方面也包括志愿者队伍的建设。虽然我国许多高校都设有心理学以及应用心理学专业,医学院校还设有精神卫生专业,但关于灾后心理危机干预以及心理重建的专业人员还非常缺乏，具有相关实务经验的专业人员就更少了。而自2008年南方冰雪灾害以来，我国灾后心理干预的实践越来越丰富。特别是汶川地震以后，国际心理救援力量以及台湾地区九二一地震之后心理重建的实践，极大地丰富和促进了汶川地震、玉树地震、鲁甸地震等重大灾害后的心理重建理论与实践的发展。在此基础上，可以从以下几方面培养和建设灾后青少年心理重建的人才队伍：一是在大陆地区高校心理学、精神医学以及社会工作系等院系所设立灾难心理学的课程，通过学历教育让心理学、精神医学以及社会工作的毕业生能够具备灾后心理重建的理念、知识与方法；二是邀请国外和我国港台地区高校具备灾后心理重建理论与实践经验的院系所以及专家，为大陆地区相关专业人士提供专业培训以及临床实务，促进现有人员的专业化；三是通过大陆高校与国外及我国港台地区高校的合作办学，开设灾后心理重建方面的专业，系统性地培养相关人才；四是建立灾后心理重建的专业人员储备库，国务院相关部门从全国物色灾后心理重建的专家、专业技术人员以及督导组成国家灾后心理重建的专家库①，指导灾后心理重建工作。

此外，面对灾后青少年心理重建的长期性和系统性，还需要建立一支志愿者队伍，不仅能够快速地为灾后青少年提供情绪支持与心理慰藉，更可以提供长期的灾后心理重建服务。志愿者队伍可以从心理咨询师、心理治疗师、社会工作者以及教育工作者中选取，并对他们进行专家面授、网络督导、观摩见习、小组成长、咨询实践等多种形式培训，使其能够满足灾后青少年心理重建的需要。志愿者队伍可以由官方或民间社会组织进行规划、组织、协调与激励。只有通过心理重建专家、专业技术人员以及志愿者的团结协作，才能全面做好灾后青少年的心理重建服务。

（六）探索和创新灾后青少年心理重建的模式和机制

要想有效地满足灾后青少年的心理重建需求，必须通过可行且有效的服务模式与机制。从灾后青少年所处的社会环境来看，家庭、学校、社区以及医院是其主要的活动场所。而心理咨询中心、心理治疗中心、心理康复中心等反而是青

---

① 刘经兰、王芳：《国外心理危机干预对我国儿童心理危机干预的启示》，《赣南师范学院学报》2009年第1期。

少年不愿意进入接受服务的地方,因为接受心理辅导可能就意味着被贴上了"心理有问题"的标签,甚至在传统的农村地区会将"心理咨询"与"精神病"划等号。因此,需要突破原有的心理救助机构为本的心理重建模式,根据实际需要,灵活采取家庭为本、学校为本、社区为本以及机构为本等心理重建的模式。所谓家庭为本就是通过改变灾后青少年所处的家庭关系、家庭氛围、家庭互动以及家庭成员的态度来促进其灾后心理问题的缓解与解决;所谓学校为本,即是通过改变青少年所处的学校教育、师生关系、朋辈关系以及心理和情绪辅导的方法,来促进青少年学生化解灾后心理的困扰,实现心理复原;所谓社区为本,即是通过社区组织、社区参与以及社区居民的守望相助,通过社区支持以及互助来实现灾后心理重建;所谓机构为本,则主要通过医院、社区心理中心以及心理诊所专业心理工作者的方法和技术,对灾后青少年提供心理咨询、心理治疗以及长期心理重建服务。

根据一些国家和地区灾后心理重建的相关经验分析,社区为本的灾后心理重建不仅能够弥补传统心理救助的不足,更能够最大限度地调动灾后青少年所处环境的人力、物力、财力以及文化等社会资源,实现可持续的灾后心理重建。结合汶川地震灾后的实际情况,"省—市—县—乡—村"五级社区心理重建模式,更能够适应我国本土政治经济以及文化脉络。该模式主要是指:以省市级心理(精神)卫生中心为主体,以县级精神病专科医院以及县级综合医院为基础,以乡镇卫生院以及社区卫生服务中心为依托,乡村卫生站为最终落脚点,形成省市统筹、县乡牵头、村委落实的五级社区心理卫生服务网络。其中,省市级心理(精神)卫生中心需要成立灾后心理卫生科、县级成立灾后心理咨询室、乡镇级成立心理卫生保健站、村级成立社区心理卫生服务点,每个服务点配备专兼职的人员,具体开展灾后青少年的心理重建服务①。

(七)丰富和发展灾后青少年心理重建的方法和技术

虽然灾后心理重建更强调心理学的专业介入,相应的方法主要来源于心理动力理论、认知行为疗法、理性情绪疗法以及危机介入理论等,具体包括了眼动脱敏和再加工技术、接受与现实疗法、暴露疗法、叙事治疗、读书治疗以及艺术治

① 李静、杨彦春:《灾后本土化心理干预指南》,人民卫生出版社 2012 年版,第 37 页。

疗等,美国更发展出了专门的减压、危机干预和分享报告三种常用方法。但台湾九二一地震以及莫拉克台风灾后的心理重建经验却发现,心理重建既需要注重青少年个体内在的因素,更需要关注到周围社会环境的支持因素。因此,灾后青少年心理重建可以结合社会工作等其他专业的方法与技术。首先,可以拓展灾后青少年心理重建的理论视角,借鉴社会工作的“人与环境互动理论”“社会支持理论”“增能和赋权理论”和“优势视角”;其次,可以拓展灾后青少年心理重建的方法,挖掘个案社会工作、个案管理、小组社会工作、社区社会工作、社会政策倡导等方法的运用;再次,可以积极借鉴宗教学的知识,充分认识到灾后本土宗教信仰、风俗习惯和语言文化在心理重建中的作用,发展适应本土文化的心理重建理论和方法;最后,可以积极借用文学、艺术学的理论和方法,拓展戏剧疗法、阅读疗法、音乐疗法、书法疗法、电影治疗等方法在灾后心理重建中的运用。

(八)推动和深化灾后青少年心理重建的理论与研究

科学的灾后心理重建需要科学的理论指导。在美国,高等院校心理学等相关院系所、学术团体都是灾后青少年心理重建的重要支持辅助系统,包括美国心理学会、美国精神病学学会、高等院校的心理学系、社会工作系等。在我国,最早是北京大学精神卫生研究所对克拉玛依大火后的幸存者进行了灾后心理服务,后来包头市第六医院精神卫生中心对包头空难后的遇难者家属提供了心理危机干预服务。因此,需要进一步推动我国灾后心理重建的理论研究。首先,需要系统梳理国内外灾后青少年心理重建的相关理论与实践经验,从中总结出适合我国实际情况的经验和模式;其次,需要对灾难后青少年的身心状况和需求进行调研与评估,不但要进行短期的研究,还应进行连续性的跟踪调查,以掌握青少年心理变化的历程;再次,要系统研究灾后青少年心理重建的基础理论、研究范式、程序和技术,以及常用的心理诊断和干预技术①;最后,还需要研究灾后青少年心理重建所涉及的社会政策议题,通过调查研究以及政策倡导,将心理重建真正纳入到相关的政策法律法规中并得到有效的落实。

(九)加强灾后青少年心理重建的国际交流与合作

无论是美国,还是东南亚的印度尼西亚,灾难后的恢复重建都能够看到国际

① 阚道远:《日本震后的社会心理重建与启示》,《理论学习》2011 年第 7 期。

组织的身影。早在 1992 年,联合国就成立了专门的人道援助协调厅,以应对各类重大的自然及人为灾难,并出版《紧急状态下精神卫生和心理援助方案》来响应各国灾难后人群的心理需求。除此之外,无论在 SARS 之后,还是汶川大地震后,世界卫生组织、联合国儿童基金会等国际组织都积极通过派遣心理专家、筹集资金和协调资源等方式融入到灾后心理重建中。世界卫生组织(WHO)发布《紧急事件精神健康工作指南》,对世界各国的灾难心理援助提出指导意见,并在 2004 年东南亚海啸后的心理重建中发挥了重要的作用。正如在东南亚海啸后对印度尼西亚和斯里兰卡的心理援助支持一样,联合国儿童基金会同样大规模地为汶川地震灾后的儿童青少年提供了多元的心理危机干预、心理重建以及生命教育等服务①。有鉴于此,我国灾后青少年心理重建也需要不断加强国际交流与合作。一方面,要通过各种途径参加国际灾难心理学的会议和研讨,吸收国际灾害心理重建的经验,引进国外相关专家和技术,提升我国灾后心理重建的专业水平和人才队伍素质;另一方面,要积极融入国际灾难救援的协作机制,不仅要在政策允许的范围内邀请国外合适救援机构参与灾后青少年心理重建,更要参与到其他国家的灾害心理重建工作中去,通过国际交流与合作提升我国灾后心理重建的水平。

① 张侃:《国外开展灾后心理援助工作的一些做法》,《求是》2008 年第 16 期。

第四章 社会工作介入灾后青少年心理重建的视角

第一节 优势视角介入灾后青少年心理重建的原则

针对灾后青少年提供的心理重建服务,往往是基于这样一种问题视角:“灾后青少年是心理问题的主体,也是遭受地震创伤的弱势群体,而且是需要被干预和服务的对象”。这种问题视角下的灾后心理服务可以快速地缓解地震灾害所带来的心理冲击和创伤,但也有可能进一步拉大服务提供者与灾后青少年的距离,强化社会大众和专业人士对灾后青少年心理问题的建构和社会标签,并导致灾后青少年的自我问题标签,产生自我的无力感和对未来的绝望感,阻碍灾后青少年心理重建目标的实现。

为了体现灾后青少年心理重建以人为本的特征,发掘灾后青少年在心理重建过程中的主体性、潜能以及优势,实现心理重建的实效性和长效性,有必要反思问题视角所存在的蚕食效应的弊端,从优势视角出发去发掘及重新肯定个人的能力、天赋、智慧、求生技能、希望、志向,以及社区的共同财产和资源,实现灾后青少年心理重建的创新。

一、社会工作的优势视角及其基本原理

在面向个体和家庭服务的临床社会工作领域,问题视角一直是主导的模式。自慈善组织会社强调改变穷人的道德缺陷的问题矫正说开始,玛丽·里士满

(Mary Richmond)于1917年所著《社会诊断》一书，强调社会工作者要像内科医生一样，通过“研究—诊断—治疗”的方法去解决个人和家庭所遇到的问题。20世纪30年代，心理动力理论强调对个人问题的分析和解决。强调临床诊断和问题解决类型化的问题视角成为当时社会工作服务的主要范式。当前，欧美国家社会工作发展均发生了由问题模式向优势观点、由单一方法向整合通用模式、由注重临床治疗向社会支持的转向。社会工作更加强调服务对象的参与、自主以及自我发展，具体表现为如何发现和发掘服务对象的优势与潜能。北美地区最早在心理卫生领域开展优势视角的尝试，以通过优势潜能的挖掘挑战传统个人病理学的弊端，最后于20世纪80年代晚期被纳入社会工作的实务取向，相应的代表人物包括Dennis Saleebey、Charles Rapp以及Anne Weick等。经过多年的实践和总结，Dennis Saleebey将优势视角定义为：“作为社会工作者所应该做的一切，在某种程度上要立足于发现和寻求、探索和利用服务对象的优势与资源，协助他们达到自己的目标，实现他们的梦想，并面对他们生命中的挫折和不幸、抗拒社会主流的控制。”①

（一）理论基础

优势视角是自睦邻组织运动所强调的社区发展精神以来，诸多社会工作理论和实务经验融合发展的结果，包括自我心理学、人本心理学、焦点解决学派以及充权理论等。

首先，早期社会工作专家以及社会学家的思想中就具有优势观点的萌芽。宏观社会工作的鼻祖亚当斯(Jane Addams)在组织社会民众促进发展的过程中，就十分强调作为社会工作服务对象的社区民众参与的力量和重要性。此后，Reynolds于20世纪40年代就开始强调社会工作在增进服务对象的政治经济以及社会的合法权益的过程中，要聚焦服务对象可能存在的优势和能力，避免病理模式的弊端。戈夫曼(Erving Goffman)作为社会学中符号互动论的代表人物，在其对于社会标签(social labelling)、烙印(stigma)以及边缘化(marginalization)②的研究中发现：一方面，对于服务对象问题的类型化标签，会给服务对象形成一

① Saleebey，D：《优势视角：社会工作实践的新模式》，华东理工大学出版社2004年版，第4页。

② 戈夫曼：《日常生活中的自我呈现》，冯钢译，北京大学出版社2008年版，第138页。

种社会烙印和自我烙印，最终无助于甚至恶化了服务对象的境况；另一方面，人类服务过程中所使用的语言具有权力和力量，尤其是作为服务提供者的心理学家和社会工作者等专业人士，对于服务对象问题和缺陷的强化可能会造成二次伤害。

其次，自我心理学、人本心理学以及复原心理学等心理学理论也蕴含了丰富的优势观点。自我心理学认为："人们生而具有发挥适应性的固有能力，并具有动态和积极地应对、适应和改变外在环境的动力，通过对自我功能、防卫机制以及自我控制感的评估可以了解自我的优势所在，并借此促进问题的解决。"①人本主义心理学在理论上强调个体成长能力的普遍存在，注重自我选择和自我负责等个人能量的挖掘，在实务中强调祛除对于当事人的负面标签，使社会工作由"问题化"转向"正常化"，认为当事人完全有能力改变现状和发展自身，其问题只是暂时未能发挥出自我的积极潜能②。复原心理学也是优势观点的重要理论知识来源，许多关于复原力的实证研究都发现，人类天生具有在逆境中求得生存和发展的倾向和能力，个体遭受到逆境以及心理创伤之后，并不一定就会产生出对自我以及他人的负面伤害，也有可能会激发其先天的潜能而实现生命的重构，反而促进心理的成熟与发展。另外，也不是所有的人都会复制其在儿童时期所遭遇到的问题。

再次，社会工作生态系统理论以及焦点解决学派也为优势视角的发展奠定了基础。一方面，在生态系统观点看来，每个人都在一定的生命周期、时间与空间基础上，通过人际关系和角色扮演与社会互动，并在互动过程中不断调适以形成胜任能力。服务对象的问题并非行为病态或道德瑕疵的问题，更多是来源于互动过程的偏差以及环境支持的缺乏。无论是个体内在的胜任能力还是外在的环境支持，都会是个体解决问题有益的资源。另一方面，焦点解决学派在反对传统心理治疗冗长过程的基础上，强调将人与问题分开的个体去问题化，聚焦在服务对象当前的需要、优势和能力。另外，社会工作的充权理论也十分强调服务对象内外天生的潜能和优势，强调通过适当的外在关注与支持发掘这种内在的潜能。

① 何雪松：《社会工作理论》，上海人民出版社 2007 年版，第 35—37 页。

② 文军：《社会工作模式：理论与应用》，高等教育出版社 2010 年版，第 40—41 页。

（二）哲学观

对于处于逆境甚至地震创伤这样巨大灾难的青少年而言，优势视角之所以能够发挥重要的作用和意义，乃基于优势视角坚信人类都具有对未来美好的希望和愿景，在适当的支持下并愿意付诸行动去实现这些美好的愿景。Saleebey认为优势视角基于以下两组哲学论述：

一是解放和充权：英雄主义和希望。优势视角认为每一个人都具有对于生活的美好热望，一般情况下并不会因为生活的暂时挫折而失去未来生活的信心。这些热望以及由此而产生的英雄主义气概将是个人克服生命旅途中重重困境的强大力量和无尽动力。这些对于美好的热望有可能在我们克服困境的过程中得以闪闪发亮并提供后续的动力，也有可能在现实的人际关系、政策制度、不幸遭遇、风俗习惯和社会变迁中被破坏和弱化。优势视角强调通过解放促进个体自决的行动去宣泄被压抑的情感和意志，以一种对生命肯定的表达方法去释放个体自由和梦想的能量，让他们面对不幸勇敢地站起来，在困境中求得突破，在绝望中求得新生。总体而言，解放释放了人类的精力和精神、批判思维、挑战权威的态度、质疑传统的思想和智慧，协助人类找到新的生存与行为方式[①]。因此，优势视角十分强调通过解放促进个体的觉醒，激发个体以英雄主义的气概去实现其关于个人、家庭、社区以及社会的美好愿望。这种被释放出的英雄主义的特质，对于克服个体所遭遇的困境和创伤具有十分重要的意义。比如，汶川大地震之后，面对余震频发的危险以及高难度的救援条件，无论是救援人员还是逃生的民众，都愿意冒着生命危险，毫无畏惧地勇往直前。这既是在当时救援条件异常艰苦的情况下，民众自我力量和英雄主义的一种释放，也是一种人类情怀和互助情谊的释放，更是对于“战胜灾害、重建家园”的一种热望。

二是异化与压制：焦虑与不幸。正如歌中所唱：“不经历风雨，怎么见彩虹”。这预示着人类毕生发展的一个基本原理，那就是“我们一生的发展都是在冲突和斗争中得以实现的”。埃里克森的人类发展阶段论则清晰地展示了人类正是在信任和不信任、自主和羞怯、主动和内疚、勤奋和自卑、同一和混乱、亲密和孤独、繁殖和停滞、整合和绝望的斗争中实现毕生的发展。同样，我们对于生

① Saleebey，D：《优势视角：社会工作实践的新模式》，华东理工大学出版社2004年版，第11页。

活的热望与英雄主义情怀,既伴随着我们毕生所存在的焦虑和不幸,更是在克服这些焦虑和不幸的过程中实现的。由此可见,焦虑与不幸作为人类被异化与压制的结果,既是个体在社会环境影响下必然具备的一个人格结构和特征,更是个体激发生命斗志和追求美好希望所必需的基础与前提。一方面,我们周遭的社会环境仍然存在着专制的制度、竞争的经济、低俗的文化、脆弱的生态以及复杂的人际关系等,怀疑、憎恨、战争、屠杀、压制以及灾害,往往造成了人的异化和压制。焦虑和不幸仍处于与人类发展并存的一种状态,人类只有在接纳这种状态的前提下才能通过发展和解放去不断消解,而不是否认或者厌恶。因此,人类需要的不是否认、厌恶焦虑和不幸,而是承认人类之于宇宙的有限性和不确定性,并在接纳这些有限性和不确定性的基础上,通过解放的力量去克服这些焦虑和不幸。另一方面,人类既会因为支持性的环境和美好的品德而得以成长,同样逆境也会成为人类培养坚韧品质和坚定美好希望的重要条件和基础。虽然人类的目标是迈向美好,但这一过程中必然需要面对不美好的事物。美好与不幸作为事物矛盾的两个方面是辩证统一的。个体英雄主义和希望正是在克服焦虑和不幸的过程中得以完成的。如此看来,焦虑与不幸在现实情况下可能成为个体实现解放的重要基础和条件。

(三)核心要素

1. 复原

作为优势视角的核心观点和终极目标,复原并非没有困难、创伤或者生命的负担,而是个体在经历逆境时间之后,通过重新整合自我态度、感受、价值、目标、技巧以及角色等,最终发现自我和提升自我的过程。从过程看,复原是个体各方面曲线发展、动态持续的过程;从结构看,复原建立在希望、意愿与责任的三大行动基石上;从意义看,复原会让个体体会到成长所带来的自我超越、生活满足、富有希望、社会价值。优势视角相信每个人都有复原的基因和力量,但是需要被激发,具体来说需要经历“深受事件和困境打击、开始行动与障碍对抗、与障碍共存并努力去应对障碍、解决并超越障碍”[①]四个阶段。

① 童敏:《从问题视角到问题解决:社会工作优势视角再审视》,《厦门大学学报(哲学社会科学版)》2013 年第 6 期。

2. 复原力

优势视角认为每个人都是一根弹簧，都具有天生的弹性，都有在遇到障碍和创伤后的自我疗愈、修复与再生的能力。Garmezy 认为，“复原力是在初期退缩或无法面对压力事件之后，得以恢复并维持调适行为的能力”①。一方面，复原力是人维持与环境平衡的根本性特质，保护个体在危险和障碍情况下能够维持正常发展，而不是某种具体情境下的具体能力；另一方面，复原力也是动态发展和可塑的，即复原力在不同的情境下表现出不同的能力特征，并表现出高低动态发展的态势，甚至在某些情况下体现为“遇强则强”的特征。一般认为洞察力、独立性、关系、主动性、创造力、幽默感和道德感是有助于个人复原力发挥的重要因素②。

3. 增强权能

权能指的是可以掌控自己的生活空间与发展各种有利的能力，而凡是会阻碍个人在自己生活空间上行使决策或自我控制的机会就是缺乏权能。增强权能理论认为个体之所以处于无力、绝望与压迫境地，主要是由于其合法权益遭到侵害，深藏的潜能未得到发挥。为此，需要从服务对象的心理层面、人际层面、社区以及政治层面，通过促进个体的自信心、行动力以及胜任能力，最终增强个体的自我掌控和自我发展能力。因此，Rapp 指出增权的过程与目的就是协助个人、团体、家庭或社区去发现与运用在他们生活周围的资源与工具③。这里的增不仅仅是增加，更多的是促进服务对象意识到自身的能力，从内部给自己充权。Gutierrez、Parsons 与 Cox 进一步指出权能体现为个人、人际与环境三层次上④。其中，个人层次指个人感觉到自己是有能力去影响或者解决问题，人际层次指个人与他人合作促使问题解决的经验，环境层次指能促进或者降低阻碍个体努力的社会制度和环境。

4. 生态系统观点

生态系统观点认为人的发展与生存是处于一定的社会系统环境之中，个人

① 宋丽玉、施教裕：《优势观点：社会工作理论与实务》，社会科学文献出版社 2010 年版，第 47 页。

② 宋丽玉、施教裕：《优势观点：社会工作理论与实务》，社会科学文献出版社 2010 年版，第 48 页。

③ 宋丽玉等：《优点个案管理模式之介绍与运用于受暴妇女之评估结果》，《社区发展季刊》2006 年总第 113 期。

④ 宋丽玉等：《社会工作理论：处遇模式与案例分析》，洪叶文化出版公司 2002 年版，第 416 页。

的行动目标取向是为了更好地生存，人不但具有与生俱来的与环境互动的能力，并会在与社会互动的调适过程中形成一种互惠性关系。因此，生态系统观点对于人的生存与发展抱持脉络观与交流观，并强调人自身具有的积极生活经验以及社会环境的支持作用，强调个人与环境的良性互动与相互依赖、共生共存的组织系统，并旨在维持个人与环境的正向交流关系以协助个人的发展。这些外在社会系统包括个人所处的生态环境、家庭系统、社区、朋辈关系以及社会经济制度等。优势视角强调发掘这些社会系统中所具有的资源与能量，通过善用社区资源，祛除个体的孤立与隔离，协助服务对象运用资源并与环境中其他个体或组织发展正向的成员关系。

5. 社会支持网络

优势视角非常强调对于个体内外资源的整合与优化，因此强调发掘个体内外具有支持意义的关系与网络。而根据 Walker（1977）的观点，社会支持网络是指通过个人接触而维持其社会认同，并获得情绪支持、物质援助和服务、信息与新的社会接触。而这些支持资源又可以根据不同的标准进行分类，常用的分类方法将其分为来自亲友、邻居、同事、社区等的非正式支持和来自专业人员以及政府制度性的正式支持，也有按照支持形式分为有形的、物质性的工具性支持和心理、情绪的情感性支持。综合而言，优势观点强调挖掘个体亲密知己、亲友、邻里、同事朋友以及社会制度等方面的资源，从而更好地发挥自我正向经验和外在社会功能。

6. 全人疗愈观

正如上述，个体在与环境的互动中，不但具有内在的希望和潜能，而且具有外在的社会支持网络，这些资源可以有效地保护个体免受创伤和打击。但是，这些内外资源都是静态的，需要一个动力激发其发挥作用，这个动力就来源于社会工作者具有全人观，将个体当作一个自然的、全面的和独特性的个体，相信其有自我疗愈和发展的能力并激发其对未来的信心和希望。因此，信心就成为优势视角十分重要的动力。正如台湾地区优势视角倡导者宋丽玉所强调的“希望的萌生”[①]。其他国外学者则将这种对未来的信心描述为“意志力量与方法能力的总合”，表现为居心、投入度、方向感、意愿、开放度和主动性等心智能量，也表现

① 宋丽玉、施教裕：《优势观点：社会工作理论与实务》，社会科学文献出版社 2010 年版，第 49 页。

为个体计划、决策、质性和行动的具体方法能力。全人疗愈意味着个体在与社会环境的互动中,通过身心的整合与调适,去面对打击、障碍和创伤,最终达成对个体心灵与身体的修复。正如复原力研究文献所呈现的,尽管个体常有妥协,但通过自我纠正和调适的倾向,个体始终在迈向个体的完整和自我的疗愈。

7. 对话、合作与信任

个体具有内外的各种能量和资源,但为什么在与社会互动的过程中,依然会有失败和挫折,依然会受到各种创伤呢?社会工作如何达成个体的疗愈和完整呢?其主要的途径和方法则是对话、合作与信任。所谓对话,即是在不同个体之间,透过谦虚而有爱的交流互动展现出具有治疗性和支持性的同理心、认同、包容和理解,由此弥补人与人之间、人与社会环境之间的误解和裂痕。反压迫教育学倡导者 Paulo Freier 确信只有真诚和有爱的对话,才可以超越以往家长式的作风和对受压迫人群知识与智能的严厉压制所导致的障碍。因此,对话需立足于爱、谦虚、人性,才能达致互相信任平等的关系。所谓合作,则是指社会工作者与服务对象一起工作时,需要用真诚去接纳、尊重、欣赏、倾听服务对象的声音,尽量克服自身作为专家所带来的压迫性,通过共同行动和协商去制定服务计划和行动。所谓信任,指的是社会工作者避免专家诊断的问题假设和疾病分类,摒弃怀疑和自我保护的心态,从内心相信服务对象的希望和行动力,相信通过努力能够让服务对象的生活变得更加美好。

二、优势视角在灾后青少年心理重建中的意义

(一)有利于迅速克服灾后青少年的消极情绪和自我评价,积极应对灾后心理创伤及其危机事件

许多青少年在巨灾面前,深刻地感觉到人类的渺小,在父母兄弟以及同学老师遇难的同时,也会感觉自己的无能为力和无依无靠。特别是对于那些目睹亲人死亡和自身受到肢体伤害的青少年而言,自我的身体概念、家庭印象以及价值感都较低,对自我以及未来生活产生绝望心理。一方面,针对灾后青少年身心混乱和白我价值感下降的状况,优势视角首先帮助青少年了解对自己的看法,通过亲身陪伴、积极倾听和悉心关怀,与灾后青少年建立信任和合作的伙伴关系;另

一方面,在引导青少年承认自我情绪和现实处境的基础上,促使青少年认识到幸存所具有的积极意义,由此给青少年输入新的希望,激发其寻求改变和对未来生活的向往。更进一步地,优势视角充分利用灾后救援以及重建过程中的各种政策优势、行动优势和资源优势,引导青少年参与到救援与重建行动中去,通过行动所产生的自我价值感和自我效能感,有效地克服青少年灾后的自我消极和负面印象,克服灾后各种危机事件的发生。

(二)有利于发掘灾后青少年潜藏的能量和希望,提升其自我价值和生存意义感,促进其积极的社会参与和心理康复

首先,在自我觉醒层面,优势视角重在引导灾后青少年接纳自我、肯定自我。一是要强调引导灾后青少年发现自我存在的价值,尤其是要引导青少年认识到在重大人员伤亡情况下,其自身得以幸存,必然有上天美好的安排,更承载着逝去亲人家属和朋友的美好祝愿。二是要引导灾后青少年面对亲人朋友的逝去不要自我怪罪,认识到在重大自然灾害面前自己已经做出了最大的努力,唯有好好生活、重建家园才是对逝去亲人朋友的最好交代。三是促进灾后青少年的自我接纳,接纳目前的家庭状况,接纳既成事实的生活现状,尤其要接纳自我目前的身体、心理和情绪状态,使灾后青少年能够重获新生。

其次,在自我确认层面,优势视角重在协助灾后青少年关心自我、表达自我、照顾自我,并提升自我的各项能力。一是协助灾后青少年承认自我存在的情绪,并通过积极乐观的词语和大声开放的语气释放自我的情绪和需要,通过乐观表达彰显自我的能量和需要;二是引导灾后青少年认识到自身的需要,并学会照顾自己,积极获取各项灾后救援物资和心理支持;三是协助青少年认识自身所存在的潜力和能耐,尤其是要帮助青少年认识到自己在过往与逆境抗争的过程中所呈现出的积极乐观品质、有效应对技巧以及成功的经验,增强其对自我潜在能力的挖掘和重复运用;四是协助灾后青少年正确认识并妥善处理自我与灾难的关系,将地震灾难及其所造成的伤害从自身剥离出去,学习放下灾难的记忆、放下伤害的包袱、放下可能遇到的各类问题,至少学会与地震灾难、创伤和问题共存,而不要被这些问题所左右和控制,认识“问题是死的,人是活的”;五是在将地震灾害及其创伤与自我剥离的基础上,专心致志地提升自我的价值感、幸福感、使命感和应对环境的能力;六是适当协助灾后青少年控制消极情绪和行为的发生,

尤其是要随时协助青少年控制反复的焦虑、抑郁以及自伤行为。

再次，在自我实现的层面，优势视角在协助灾后青少年对自我能力和潜力确认的基础上，通过参与紧急救援和灾后重建来调动自身的社会资源，重建自我的生活世界和人际关系，在自助、互助与他助的过程中，超越地震灾难的创伤，增强自我掌控感和自我效能感。具体来说，一是通过各种仪式和榜样的力量引导灾后青少年树立对未来的希望和信心，并立志实现这些梦想；二是协助灾后青少年规划未来生活的具体目标和实施行动；三是帮助灾后青少年挖掘和搜寻适当的资源途径；四是引导青少年重建个人的生活、学习、工作以及人际关系网络；五是在社会互动过程中进一步强化灾后青少年积极进取的人生态度；六是鼓励灾后青少年在自助的基础上成为积极的助人者，达成更好的自我实现的目标。

（三）有利于灾后青少年积极与社会环境互动，发掘社会环境中存在的各种资源，将灾难的危险变成发展的转机

优势视角强调“在创伤、痛苦和困难的荆棘之中，你能看到希望和转变的种子”①。一方面，地震灾后的自然和社会环境对于青少年而言已然成为一个巨大的心理阴影来源，因此灾后青少年会更多地退缩在自我的内心世界，而避免与外界的接触与互动。优势视角的一个重要任务就是以生态系统观为分析框架，引导灾后青少年作为独立的个体去认识外在环境。尤其要引导灾后青少年认识到虽然大地的震动给人类造成了重大的伤害，但同时地球也是我们赖以生存和发展的前提和基础，更是我们人类的母亲和家园。而地震只不过是地球自然活动的一部分，地震灾害也有可能是人类破坏自然环境的结果。另一方面，优势视角强调协助灾后青少年认识到地震灾后的自然环境虽然恶劣，但举国关注和支持、“一方有难八方支持”的外来援助以及灾区民众齐心协力抗震救灾的团结互助精神，更是地震之前所没有的。由此，引导灾后青少年认识到地震灾害这一不幸事件之后举国支持的大幸，可以帮助青少年以优势的观点看待外在社会环境，从而以积极乐观的态度与社会环境之间达成良性互动。在此基础上，优势视角才可以帮助青少年挖掘外在社会环境中存在的各类社会资源，并协助灾后青少年将现实的困境变为发展的转机。

① Saleebey，D.：《优势视角：社会工作实践的新模式》，华东理工大学出版社 2004 年版，第 4 页。

（四）有利于参与灾后青少年心理重建的社会工作者克服职业倦怠，增强服务的动机和成就感

优势视角取向的社会工作服务不但有利于提升灾后青少年的自我价值、自信心以及对未来的期望，也有利于提升社会工作者在服务过程中的助人动机以及工作效能感，克服职业倦怠。社会工作服务是一个双向建构的过程，倘若采取问题视角聚焦于灾后青少年心理创伤及其问题，那么受到影响的不仅仅是青少年本身，社会工作者也会因为问题而产生困扰，并会因为问题得不到缓解而产生焦虑。而采取优势视角的社会工作服务，不仅为灾后青少年预示了复原的希望和丰富的资源，同时也提升了社会工作者对灾后青少年自我复原以及提供服务的动机，并在寻找资源和激发复原力的过程中体会工作的成效感。优势视角的服务过程可以有效地避免社会工作者由于对问题的聚焦和关注而导致的担忧与焦虑。因为，社会工作者的关注与焦虑不仅会导致自身的筋疲力尽和职业倦怠，更会让灾后青少年感到来自专家治疗的压力，还会剥夺灾后青少年个人增权和复原的机会。而优势视角取向的灾后青少年心理重建过程不仅可以有效地挖掘内外的社会资源，更可以形成社会工作者与灾后青少年充满信任合作、信心热情与勃勃生机的专业关系。在这样的专业关系中，看着灾后青少年在不断地改变与发展，社会工作者会变得更加欣喜和骄傲，欣喜的是青少年复原过程中的感动和成长，骄傲的是因为服务而让青少年更加自信和充满希望。

三、灾后青少年心理重建中优势视角的基本原则

面对地震灾后青少年所客观存在的心理状态和需求，优势视角社会工作不是去否认和歪曲这些状态和需要，而是从一个全新的观点和视角去引导青少年认识自身、认识环境、认识人与环境的互动关系，同时领悟生命的无限性、人生的多变性以及生命的无价性。优势视角既包括了诸多旨在挖掘潜能和启发勇气的方法技巧，同时更是一种启迪智慧和激发人性的服务哲学和理念。无论是Saleebey（1997）所提出的优势观点的五原则论，还是Rapp（1998）提出的优势观点六原则论，同样都是基于对人有其能力、潜能和想望的相信，并且同样认同来自个体或栖息环境资源的重要性。本书以Rapp（1998）提出的六项优点原则为

基础，同时结合宋丽玉、施教裕（2010）对优点工作原则的实践和做法，具体阐述优势视角介入灾后青少年心理重建的基本精神，具体如下：

（一）相信灾后青少年有能力去学习、成长和改变

尊重每一个人与生俱来的价值和尊严，相信每一个人都拥有能力、成就、想望，强调个人成长、改变的能力与潜力，是社会工作的基本价值和理念。优势视角将之放到更为重要的位置，强调这种尊重不仅仅是一种被动的尊重，而是一种主动的相信和接纳；强调尊重的客体不仅仅是与生俱来的价值和尊严，更包括由此而衍生出的发展潜能、行动力量等。借鉴宋丽玉、施教裕等在我国台湾地区对家庭暴力受虐妇女、高风险家庭关怀等领域的优势视角的干预经验，社会工作者可以通过以下具体的实务操作技巧促成灾后青少年学习、成长和改变的潜能[①]：一是相信灾后青少年的能力，发现、肯定和称赞他们参与紧急救援和灾后重建的意愿和能力。社会工作者可以在同理和肯定灾后青少年心理和情绪困惑的基础上，用心发现他们在地震发生前在家庭互动中的角色以及地震发生后在紧急救援和灾后重建中的参与行为，当面肯定他们对于家庭、他人以及社区的重要性和贡献。即使在灾后青少年没有参与救援行动的时候，也要肯定他们存在这样的意愿和动机，并给予鼓励相信他们一定能够做好。二是启发和引导灾后青少年的改变动机和希望。梦想和希望对于灾后青少年具有十分重要的精神引领意义。社会工作者一方面需要通过各种形式与青少年一起描绘重建完成后灾区的景象，并需要越具体越好，以激发他们对未来生活目标的向往，从而增强心理重建的动机；另一方面对于未来的目标要采取客观化策略，不做不切实际的幻想，并与青少年一起思考完成梦想可能需要的条件和资源。三是增强灾后青少年的主动性和权能，而不是代替青少年做出决定。此时，社会工作者一方面要敏感自己的角色，要让青少年成为灾后心理重建的主角，由他们自己去构思梦想与制定计划，而不是帮助甚至代替他们做出决定；另一方面，社会工作者也要学会把握时机，在青少年尚未能实现良好复原的时候，适当地为他们引荐相应的资源，促成他们获得更恰当的社会支持。四是通过适当的方式示范和教导灾后青少年学

① 宋丽玉、施教裕：《优势观点：社会工作理论与实务》，社会科学文献出版社2010年版，第238—242页。

习自我照顾和自我保护、维持生活和卫生整洁、有效人际沟通和互动等方面的技巧，以帮助他们能够有效地与社会环境达成良好关系。尤其是对于那些家庭有特别需要的灾后青少年而言，如何协助他们学会自我照顾、帮助家务、恰当的亲子沟通和参与社区服务是十分重要的主题。五是维持改变和青少年的持续成长。心理重建是一个持续的过程，社会工作者既要帮助青少年排除成长过程中的障碍，引荐相关资源，还要鼓励青少年持续改变的努力，促成复原的可持续进行。六是重视改变的涟漪效应和成果扩散。在促成青少年及其家庭的优势挖掘和复原过程之后，社会工作者要进一步促成青少年与家庭、家庭与社区以及社区与青少年之间的互动关系，在青少年能够自信并积极投入家庭关系协调和社区服务的过程中，反过来也要促成家庭和社区对青少年的肯定和认可，并为灾后青少年提供更多的服务和成长机会。

（二）介入的焦点在于优点而不是问题和病理

优势视角总是在引导服务对象看到生活的多面性，看到人性的光辉总是比缺点要多，看到生活的馈赠总是比问题要多，每个人都有许多选择的余地。因此，聚焦于优点而不是问题，会带来一个全新的自我概念和世界景象。正所谓“一念之间，沧海桑田”。在优势视角看来，灾后青少年同样也有诸多的优点，既包括个人个性特质、兴趣偏好、抱负理想和社会关系等静态的优点，也包括个人成长、生活经验、社会互动以及成就经历等方面的动态优点，还包括个人在遭遇危难和克服困境中所体现的积极心态、为人处世方法和意义解读等超常态的优点①。如何发挥这些优点，优势视角下的社会工作有以下六个方面的技巧：

一是对于灾后青少年目前日常生活的观察与肯定，主要是通过家访或外展方法，了解青少年目前生活的家庭、社区以及社会互动状况，了解青少年生活的公共设施、家庭生态环境、家庭关系、家庭经济和生活状况、个人成长历程、学业成绩、休闲娱乐嗜好以及日常行为事项等内容。通过挖掘这些静态和动态系统中所具有的优点，让青少年恢复其在地震前的日常生活功能，从而淡化地震所带来的变迁和影响。二是通过回忆和分享灾后青少年生命历程中成功应对和骄傲得意的经历，在回顾生命历程中唤回过往正向处事经验，重温原有人生优点，提

① 宋丽玉、施教裕：《优势观点：社会工作理论与实务》，社会科学文献出版社 2010 年版，第 249 页。

炼未来问题应对策略。三是协助灾后青少年检查自身及社会中大量负面语言所存在的影响，分析负面语言背后的社会文化脉络，同时也可以分析家庭中其他成员负面语言的真正背后动机，消除灾后青少年对灾难、救援、家庭、重建以及其他相关事项的误解，促进家庭之间的沟通与和解，引导青少年更多关注所具有的关系、资源以及实现未来梦想的行动。四是充分重视灾后青少年所具有的各种人际关系的优势。对于灾后青少年而言，或许对逝去亲人的哀思会带来心理的消沉，那么可以更多引导其与同辈群体、救援官兵、社会服务人员的互动；或许对于外来人员的干预心存戒备，那么可以更多地协助其与家庭成员、亲戚朋友的互动；对于那些家庭亲子关系不好的青少年而言，促进其学校师生关系、同学关系的发展也是一个恰当的策略。因此，利用关键人物和有重要影响力的人际关系，也可以转移灾后青少年对问题的关注。五是通过与青少年一起制作家庭系统图、社会生态系统图，可以帮助灾后青少年疏通已存的社会关系网络，发现具有支持性资源的服务网络，并重建新的社会支持网络。在了解了社会支持网络的基础上，可以通过其他专业人士的言语激励促成青少年的动机激发。六是将发掘出来的优点具体化、增强化和可持续化。所谓具体化，是通过文字、图画、故事、艺术以及语言等方式确认灾后青少年具有的优点和资源；所谓增强化，是指通过行动倡导和鼓励方法让灾后青少年由心动变成行动，将潜在优点和资源变现；所谓可持续化，是指社会工作者与灾后青少年不断回顾过往的改变成绩，看到成长和进步，从而增强持续发展的自信心和效能感。

（三）强调灾后青少年也是心理重建的专家

社会工作一直非常重视服务对象的自决能力，也强调其参与服务的重要意义。优势视角将这一特征进一步强化，强调虽然社会工作者是改变的媒介，但服务对象依然是行动的目标和主体。具体来说，只有服务对象才是优点和目标的最终决定者，也只有通过服务对象的自我决定和潜能发挥才能得以实现，并最终需要自我负责。服务对象作为助人关系中的指导者，具体表现为自主性的自我重建和自主性的社区重建。前者包括自由或隐私、自觉或选择、自在或似家、自依或尊严、自主或独立，后者则包括安全的生命紧急救援系统及装备、便利的生活起居环境及照料、网络的多功能服务系统及输送、互助的非正式社会关系网络、自立的心理福祉及圆满人生、有意义的生活内涵及乡土认同、价值认同及信仰归依①。

面对灾后青少年,优势视角的社会工作需要通过以下方法促使其成为心理重建的指导者:一是鼓励和激发青少年分享当前的心理感受,并引导其敢于梦想并说出自己对未来的期许。对于灾后青少年而言,未来的学业、家庭、职业、婚姻和家园重建都是非常重要的主题,社会工作者可以引导他们就这些主题展开想象并分享,引导其树立积极乐观的态度。二是通过提供相关的信息和资源,帮助青少年把这些灾后重建的梦想变为具体的行动目标,让他们讨论目标的得失、利弊、优劣、先后以及可能发生的情况,并对目标实现的可行性进行分析和讨论,提升这些目标对于青少年的可及性。三是通过信息提供、行为示范、言语鼓励以及行动倡导促进灾后青少年自我思考,最终自我选择对自己最为有利和可能实现的目标。虽然很多时候灾后青少年由于心理困境和悲观失望,对于这些梦想构建和目标选择非常被动,甚至采取退缩和敷衍了事的态度。社会工作者需要认识到复原力是一个循环往复和螺旋上升的过程,从优点评量和挖掘开始,寻找到那些最能让灾后青少年感兴趣和动心的主题,比如亲密的同伴关系、游戏特长、体育运动以及某科成绩等。无论如何,社会工作者需要意识到,要想协助青少年走出灾难创伤实现心理重建,必须依赖其自我的决定和自我负责,哪怕未来是一种失败的场景,也需要让青少年体会自我决定的过程。四是通过信息分享、沟通讨论以及专家咨询等方法,为青少年提供力所能及的资源链接和信息支持,藉由开放的讨论和分析促成青少年的自我决策,并通过一定的仪式加以确认和巩固。在做这些活动的时候,灾后心理重建小组是非常不错的选择,更有利于青少年的彼此见证。五是社会工作者需要通过资源链接和协同陪伴,积极鼓励和倡导青少年将目标和决策付诸行动。比如,为青少年组织小组活动、板房区环境清洁活动、课业辅导活动、亲子互动小组、特长展示以及就业联系介绍会等。

(四)专业的助人关系是基本且必需的

优势视角社会工作强调的专业关系是藉由相互亲近和友善,促进彼此的同理和接纳,进而真诚信任和相互期许,形成平等互惠的相互支持与成长关系,最

① 宋丽玉、施教裕:《优势观点:社会工作理论与实务》,社会科学文献出版社 2010 年版,第 262—263 页。

终形成服务对象内在的自主性和外在的社区支持性整合。在灾后青少年心理重建的过程中，专业助人关系表现为个体的主动性和环境的支持性，具体可由以下路径达成：一是通过亲密坦诚的人际互动激发正向的人生经验。社会工作者可以通过外展、小组工作以及会谈等多种方式，自然地融入灾后青少年的日常生活、朋辈关系以及学校生活中，从不同层面探索他们所存在的优势，并通过梦想的激发促使他们找到自己的长处和骄傲。比如，对于家庭关系不好的灾后青少年而言，其独立自主的学校生活和社会适应能力就成为优点的基础。二是因人、因时、因事而异地为灾后青少年示范人际沟通、日常生活的技巧。充分认识到青少年强调自尊、独立意识增强的特征，通过示范而非强迫让青少年认识到实现梦想需要掌握的能力和技巧。比如，可以通过小组游戏和社区技能大比拼的方式示范各种逃生、饮食、情绪宣泄、求职的技巧。三是要采取具体化的技巧，面向不同青少年采取不同的互动方式和内容。对于那些较为内向的青少年，可以采取个别访谈和家访的方式；对于那些比较时尚的青少年则可以通过竞赛和娱乐的方式进行；而对于那些年龄较小的儿童而言，一起玩乐和游戏的方式开展较好。四是需要针对不同场域的青少年开展不同的沟通和服务方式，既可以通过家访来了解家庭关系和氛围，也可以通过电话和网络来接触一些较为隐秘的青少年或谈论一些较为隐私的话题，还可以通过书信、日记、贺卡等方式来强化服务的正式性或巩固服务的成果。五是社会工作者可以适当运用坦诚的自我披露方式，以过来人的经验促进同感和达到鼓励的目的。这既可以通过自己负面的经验疏导和释放灾后青少年的负面情绪和压力，增进其自我应对问题的信心，还可以增进服务双方的坦诚、信任、同理心的建立，解除灾后青少年对社工的防备、抗拒或依赖。六是通过适当的亲身陪伴和心理支持强化“我们、一起、共同”的观念，分享灾后青少年的喜怒哀乐和每一步的成长，可以让青少年在安全、支持的氛围中勇敢地前行。

（五）外展是较佳的服务和处遇方式

从优势视角的生态系统观出发，外展不仅仅是社区工作的形式之一，更是个案工作必需的方式。究其原因，生态系统观作为社会工作的基本分析视角，强调个体并非独立于外在，而是在与具体的社会环境互动的个体。

因此，在开展灾后青少年心理重建的过程中，青少年的主动性、能动性、价值感等复原力要素是主要目标，但通过外展去了解、分析、介入和评估是主要方式和方法，具体可以做如下考虑：一是外展的地点不能仅限于社会工作服务中心或者办公室内，而要深入灾后青少年活跃的板房、学校、游戏厅、公园、体育馆、街边田头、救助站、各类服务中心以及休闲场所等；二是外展的时间不要固定，要有弹性工作的时间安排，配合灾后青少年的作息制度，在晚饭后开展家庭访问、在课间或者午休时间开展学校社会工作、在工作时间面对游荡青少年提供服务、利用非主课时间开展知识教育、在周末时间开展青少年小组活动或社区活动等；三是外展的服务对象不能仅仅围绕青少年，而是要包括父母双亲、兄弟姊妹、学校师生、邻里亲友、朋友同辈、社区工作者以及各类志愿者等，从不同方面去了解、挖掘、激发灾后青少年的优势；四是外展的单位要包括家庭、社区、学校等微观、中观系统，还要包括社会救助单位、相关电视媒体、政府管理部门等宏观系统；五是外展的话题要适合青少年的生活和娱乐主题，从青少年喜闻乐见和当前流行的一些话题自然亲近地切入沟通；六是外展所观察的事项要全面而具体，比如对灾后青少年的家访活动，除了要了解其家庭成员、家庭结构、家庭关系、家庭互动和家庭氛围外，还需要了解家庭的摆设、衣食住行状况以及家庭所处的地理环境等。

（六）社区是一个资源的绿洲

就生态系统观点而言，非正式的社区支持就是个体最基本、最直接和最可及的资源。优势视角相信“弱势族群的社区固然大多像沙漠，不过沙漠生态中依然有绿洲的存在”[①]。一方面，优势视角强调社区虽然存在各样的限制因素，但是其蕴藏的资源十分巨大。只有看到社区资源的多样性、潜在性、可利用性以及正向支持性，才能够有效地挖掘。另一方面，优势视角强调社区资源的挖掘有赖于社区居民具备主动性、能动性并在社区参与和互动。其中，社会工作者扮演着重要的使能者、催化剂和联结者的角色。Rapp 认为即使个体处于社会孤立状态，其支持性、潜藏的和未被激发的社区资源也需要被特别关注。

在我国，社区是一个非常独特的单位，这既可以说是传统的社区居委会所代表的非正式社会支持的来源，也可以说是当前社区建设中街道办事处等正式社

---

① 宋丽玉、施教裕：《优势观点：社会工作理论与实务》，社会科学文献出版社 2010 年版，第 284 页。

会支持的载体。另外，从我国社会管理体制的“条”和“块”角度来看，社区既是国务院不同部门的最终末梢和落脚点，如卫生部、公安部、民政部等都在街道办事处或社区层面设立了派出和办事机构；社区也是区域性社会管理“块”的基本形式，街道办事处和社区委员会都对自身地域范围内的事务具有管理和服务权限。可见，社区内既包括了正式的体制资源，也包括了非正式的民间资源。

第二节　优势视角介入灾后青少年心理重建的策略

一、社会工作服务中优势视角的实证依据

（一）国外优势视角在青少年心理辅导方面的运用研究

国外对于优势视角的运用研究领域十分广泛，除了探讨优势视角的基本理念、哲学基础、原则要素和具体操作实务外，主要集中于对精神疾病患者、同性恋者、流浪乞讨人员、受虐妇女、遭受性虐待儿童、少数族裔人群、老年人群等的干预研究。

James 与 Martha 专门针对性犯罪青少年的斯塔尔团体方案（Starr Commonwealth）所做的研究发现：该方案建立在优势为本的基础上，强调了青少年自身所存在的优势，不将问题看作阻碍青少年成长发展的困境，反而看作是青少年参与社区以及促成改变的重要契机。同时，该方案认为需要改变和干预的不只是青少年及其犯罪行为，更多的是要改变他们对自己的看法和价值观，提升他们自我价值的认可和肯定。因此，该方案除了用优势观点去启发青少年以外，同时更强调促成青少年所在的家庭、社区以及法院用优势视角去看待青少年及其犯罪事实。研究还发现，当参与完成该项目的 108 名性犯罪青少年被当作人看待时，他们的问题就不再作为其固有的一部分，反而促使问题有获得解决的机会和动力①。这显示在被信任以及被赋予环境的支持以后，青少年更有动力和能力去

① Marquoit, J. & Dobbins, M., “Strength-based Treatment for Juvenile Sexual Offenders”, *Reclaiming Children and Youth*, Vol.7, No.1, 1998, pp.40-43.

尝试改变并对自我负责。

一项对一名13岁有多动、抑郁以及轻度注意力缺乏症的欧裔美国女孩的研究发现，优势视角的介入不但改善了该女孩的亲子关系，还增进了其正向的自我意向、积极互动的人际关系和有效解决问题的技巧，更促使其以优势的观点来看待种族、性别和阶层问题①。

Yip从优势视角出发，发现忧郁症青少年同样拥有其自身的优势、资源与能力②。在与他们一同工作的过程中，不该将焦点放在其心理疾病的标签上，更不要过分关注其疾病的症状和追根究底的诊断，而要基于与青少年的合作信任关系，着重关注如何发展服务对象的天赋、能力与资源。因此，在具体的服务和介入的过程中，社会工作者必须先去辨识在青少年发展阶段里，服务对象的需求、能力、资源与潜能为何，另外也要协助他们滋养正向的心情、对于痊愈的希望，并进一步发展良好的正向因应技巧。在此基础上，那些从未积极参加活动、睡眠质量也不好的青少年在被优势视角服务后，不仅参加了篮球队，也有了较正常的休息品质和社区活动。

其后，Yip又采用优势视角发现自伤行为青少年与一般青少年同样需要被尊重、关怀以及给予适当的教育③。对自伤行为的青少年提供服务，首先需要学会辨识他们本身所具有的需求、能力和资源，了解自伤行为对青少年的意义所在。通过研究发现，通常有自伤行为的青少年因自我情绪的管控能力不佳，无法适当处理他们所感受到的压力与紧张，因此常有人际上的冲突与困境，实务工作者在这方面能协助的，就是加强他们的情绪管理，让他们学会表达情绪，并且进一步处理他们在人际上所遭遇的冲突。实务工作者还应该协助建立友善的社会环境，预防这些青少年再有任何的自伤行为。

（二）港台地区优势视角在青少年心理辅导方面的运用研究

港台地区对于优势视角的研究主要集中于青少年、妇女以及高危险家庭领

① Norine, G.J., "On Theating Adolescent Girls: Focus on Strengths and Resiliency in Psychotherapy", *JCLP/In Session*, Vol.59, No.11, 2003, pp.193-203.

② Yip, K.S., "A Strengths Perspective in Working with an Adolescent with Depression", *Psychiatric Rehabilitation Journal*, Vol.28, No.4, 2003, pp.362-369.

③ Yip, K.S., "A Strengths Perspective in Working with an Adolescent with Self-cutting Behaviors", *Child & Adolescent Social Work Journal*, Vol.23, No.2, 2006, pp.134-146.

域。其中宋丽玉、施教裕等倡导的优势视角研究大量介入了台湾地区不同的社会领域和群体。同时，这些研究也体现在关于复原力和创伤后成长的研究中。关于台湾九二一集集大地震后灾民复原与成长的研究也用到了优势视角。

陈若乔以优势观点探讨十一位经历父母离异事件的青少年，通过对他们生活历程与经验的研究发现，这些青少年具有内外两方面的潜能和优势，以帮助他们突破逆境考上大学。其内在优势包括自我反省与评价、自我内控能力、独立和健康幸福感等；外在优势包括家庭内的支持力量与家庭外的资源等①。

针对地震灾后的受创伤者，萧珺予通过对十位在台湾九二一大地震中受创伤的灾民进行个案研究发现，虽然地震灾后受创伤的灾民经历了恐慌、担心、辛酸、无助和绝望等心理过程，并在后续的生活过程中持续经历了无法安居、家人受伤、经济困境以及自我怀疑等负向经验，但依然存在复原的优势和资源，诸如家庭支持、社会支持以及参与救援和助人的经验等。通过这些复原力量的激发和社会支持，受创伤的灾民在满足基本生活所需的基础上，在社会关怀和救助的基础上体会到被陪伴的温暖感觉，并在灾后参与救援的过程中体会到自我的价值和自我效能感，从而提升了其自其存在的意义感。在此基础上，受创伤灾民逐步树立了正向信念，试着接受灾难并思考自己的家庭责任和未来生活，主动争取各项补助，不断自我调节和自助，积极面对灾后重建的任务。从灾民应对地震灾害的过程，研究发现创伤事件经历者的复原是一个复杂和动态的过程，受创者的情感、信念、情绪和行为都在变与不变之间变动和摇摆，最终达成动态的平衡②。因此，社会工作者在为地震灾后受创伤者服务的过程中，既要做好传统的情绪管理、情绪支持以及心理辅导，更需要采取优势为本的视角，促进受创者的心理复原。一方面要通过信任和陪伴，协助受创伤者发现自我的优势与正向经验，通过引导受创伤者帮助他人和参与力所能及的灾后救援与重建工作，提升其自我价值感和对生命的意义感；另一方面要协助受创伤者寻求各种非正式和正式的资源，包括家庭、民间团体、政府体制内的资源，综合性地促进地震受创伤者的复原与发展。

---

① 陈若乔：《单亲小孩上大学：优势观点探讨青少年时期经历父母离异事件的生活历程》，硕士毕业论文，台湾大学社会学研究所，2001 年，第 45—49 页。

② 萧珺予：《创伤事件经历者复原历程之探讨：以九二一受创者为例》，硕士学位论文，彰化师范大学辅导与谘商学系，2001 年，第 14—15 页。

胡欣怡针对九二一地震后复原情况相对良好的五位受创者进行开放式焦点访谈，并以扎根理论研究法进行叙述资料的命名/标定、比较与归整。研究结果发现："创伤后成长的内涵可以'自我''人我'与'世界'三个方面，交错于'信念''情绪''行为'与'人格'等不同方面的分层描述。"①其中，"自我"层面，有"自我感重建"等六大成长类别；"人我"层面，有"同理心增加"与"重要关系转变"等五大成长类别；"世界"层面，则有"基本幻觉破灭""存在意义：事件意义与存活意义的建构""把握当下，积极行动"等八大成长类别。其中，具本土文化意涵的部分，特别呈显于某些成长类别的细节内涵中。最后，该研究尝试性地认为"发掘或创造自我存活价值""肯定事件受苦价值"与"建构事件理由"等可能是成长关键机制的概念。

林冠馨采用优势观点对两名来自高风险家庭青少年的情绪和行为进行分析发现，家庭带给青少年的影响，比如家庭资源的多少将影响青少年选择的多样性，家庭亲子冲突也会影响青少年的生活适应；而青少年本身的发展特性上则面临自我认同危机、自我寻求因应情绪与行为异常等②。另外，高风险家庭中的青少年也具有其优势，例如他们会体谅家中情况、社会学习能力较好等。

台湾师范大学林文婷以七位贫穷青少年为研究对象，采用优势视角的观点，聚焦于青少年自我看法、同辈群体以及家人与亲子关系三个系统层面的分析，探讨其在贫穷生活经验中，个人所具备的内外在优势。研究发现受访青少年所拥有的内在个人优势可分为：正向思考（包括：对于"贫穷"的认知、对于"自我"的选择与改变、对于"未来"的梦想）、正向人格特质（包括：知足、早熟独立、高度自我要求、自信、乐观、体贴、积极规划，彻底执行、踏实）、良好自控力与问题解决能力（包括：同辈互动、家庭经济危机）以及重视自我为生命主角四大方面；而外在环境优势方面，则有家人与亲友、朋友、邻里、学校与各级教育体系、社会福利机构、政府单位与宗教信仰支持七大方面③。最后，研究者认为青少年期所独有的特质可与优势观点相互结合，社会工作者可利用其加以发展，作为青少年内外

---

① 胡欣怡：《创伤后成长的内涵与机制初探：以九二一震灾为例》，硕士学位论文，台湾大学心理学系，2005 年，第 6—9 页。

② 林冠馨：《优势观点运用于高风险家庭青少年情绪及行为问题》，硕士学位论文，国立暨南国际大学社会政策与社会工作学系，2007 年，第 17—18 页。

③ 林文婷：《运用优势观点探讨青少年之贫穷生活经验》，硕士学位论文，台湾师范大学社会工作研究所，2008 年，第 23—25 页。

在优势的发掘与创造者。

（三）大陆地区优势视角在青少年心理辅导方面的运用研究

大陆地区关于优势视角的理论研究主要集中在概念引荐和理论初探，还没有形成较为系统的理论研究与实证研究。相关的优势视角的初步运用研究包括了针对残疾未成年犯、流浪未成年人、地震残疾人员、学校社会工作、青年志愿服务者、新生代农民工、社区矫正对象、福利院孤儿、网络成瘾青少年、地震灾后青少年、艾滋孤儿以及单亲家庭等。其中集中于地震灾后青少年服务的优势视角运用研究有：

郑思明以优势为本的评估和实践框架探讨地震灾后的社会支持，一方面发现和提升幸存者及其环境系统认识、探求并扩展其个人及周围环境的优势资源，由此扭转灾难不幸并消除痛苦，从而满足幸存者的需要并实现他们的期望和目标；另一方面强调优势为本的评估，与幸存者及其环境系统一起积极探索并尝试建立一个灾后支持的优势动力系统①。

管雷则认为只有灾区青少年能够开始自己探寻、发现、运用自己的才能和天赋，社会工作才能有真正发挥自己作用的空间。因此，青少年社会工作者可以根据地震灾区青少年所具有的优势、兴趣、能力、知识与技能，通过赋权挖掘灾区青少年探求生存和发展的资源，通过抗逆力培养提高灾区青少年面对灾难、抵御灾难、不怕困难的能力，通过整合逐渐使灾区青少年恢复到正常的生活秩序②。

吴丽月通过对地震灾后一例被截肢青年的研究，以及通过优势视角的社会工作服务介入，发现服务对象的心理和社会功能得以一定程度的恢复，自我价值和生活信心不断增强。具体表现为情绪方面由刚介入时悲观失落、脾气暴躁、情绪不稳定逐步发展到情绪稳定，露出笑容；疾病认知方面由最开始的不能接收、绝望，到后来的可以正确的认识到自己自身状况，逐步接纳自己的身体变化；家庭关系方面由刚开始时的封闭沉默、乱发脾气，到后来的家庭成员间相互理解，有效沟通交流；就业方面由刚开始时对未来感到渺茫，不知所措，到有了明确的目标和方向，找到了自身可以胜任的方面，并愿意克服困难，着手准备开始实现

---

① 民政部社会工作司：《灾害社会工作理论与实务》，中国社会出版社2012年版，第90—98页。

② 管雷：《论优势视角下汶川地震灾区青少年的社会工作介入》，《四川行政学院学报》2008年第4期。

自身创业[①]。

沈黎和彭善民以都江堰幸福家园安置点为行动研究的场域，采取赋能视角来回应社区人群的需求，以社区活动为载体实现对青少年个体的赋能，以支持性互助小组为载体对青少年群体赋能，以改善社区的动力促进社区的赋能。在整个服务过程中促进"互助、赋能"的理念实施，最终达到灾后青少年与社会环境的良性互动[②]。

蔡山彤以北川儿童友好家园小组活动为例，认为地震灾后面向儿童青少年亲子关系的小组工作，一方面需要了解个体成长过程的阶段特征，明确亲子关系处于家庭中，也处于整个社会系统中；个体的发展不仅受到家庭成员的影响，也受到整个社会发展变迁的影响；既可以从个案的角度来帮助案主，也可以从构建理念的角度来扩大宣传，同时也可以从小组的范围来开展活动。另一方面，优势视角下的亲子关系从澄清面对的问题和矛盾到逐渐改善关系，建构适应亲子关系发展的理念和传递优势理论，不仅从意识层面影响案主，更从行动上改变案主[③]。

俞鑫荣和朱凯基于 2008 年 9 月到 2011 年年初在德阳某学校开展灾后社会工作服务和督导，采取优势视角的观点，对灾后学校社会工作进行了优势分析，发现地震灾后的学校具备内部能量、能力储备、外部支持三个方面的优势和资源。其中，内部能量包括学校文化、教育制度、学校动力和危机应对能力；能力储备包括人文关怀、工作力和领导力；外部支持则包括正式资源、非正式资源和财政支持等[④]。在此评估分析的基础上，研究者以"社区公益行"活动为载体，通过需求识别、优势识别、确立目标、具体介入等过程将赋权的行动融合进学校现有的活动内容中，并推动其制度化和机制化，为老师和学校发挥潜能提供了一个良好的平台。

二、灾后青少年心理重建中优势视角的实务策略

具体来说，灾后青少年心理重建的优势视角社会工作有以下几个服务过程

① 吴丽月：《浅议优势视角下的汶川地震致残人员个案服务》，《企业家天地》2011 年第 5 期。

② 民政部社会工作司：《灾害社会工作理论与实务》，中国社会出版社 2012 年版，第 420—424 页。

③ 蔡山彤：《优势视角下的亲子小组研究：以北川儿童友好家园小组活动为例》，硕士学位论文，华中科技大学，2012 年，第 8—10 页。

④ 民政部社会工作司：《灾害社会工作理论与实务》，中国社会出版社 2012 年版，第 467—483 页。

及策略：

（一）建立关系

与服务对象建立专业关系是社会工作服务的第一步，更是激发服务对象改变的关键要素，甚至比具体的介入方法更为重要。黄维宪、曾华源、王慧君（1985）综合多位学者对此的定义指出：专业关系乃指社会工作员与服务对象之间的一种态度与情绪交互反应的动态过程，藉以有效协助服务对象解决问题，使其恢复环境适应能力①。优势视角强调关系的二重性，既包括理想的专业关系，也包括现实的多重关系。在 Goscha 和 Huff（2002）所编制的《基础优点个案管理训练手册》中特别强调，优势视角下建立的关系既像朋友关系又像医患关系，既不同于专业的助人关系也不同于纯友谊的关系②。透过这种多重伙伴关系的建立，可以更有效地促进专业关系的建立，通过共同表述和分享服务对象的存在意义和生命体验，才能进入彼此的内心，实现激发复原力的最终目标。

1. 专业关系建立的过程和阶段

首先是初期。在建立关系的初期，灾后青少年处于相对较为孤单和脆弱的心理时刻，相关的资源也比较缺乏，对社会工作的介入比较冷漠甚至是反感。此时，优势视角的社会工作服务具有以下几个特征：一是目标应该是以多元的支持、协助和照顾为主，通过言语、情绪、情感、信息、才能和物质的资助和照顾，帮助青少年克服当前的生活困难；二是核心精神应该围绕自然亲善的接触，通过物资、爱心、抚慰和心理关怀拉近人际距离和关系；三是关注的焦点围绕在亲近和支持青少年灾后的情绪和感觉，通过倾听、陪伴、支持和回应表达无条件的接纳和关爱。

其次是前期。在服务的前期，社会工作者已经获得灾后青少年的心理接纳和认同，但也只是朋友之间的亲密关系，仍然不具有治疗性。此时，社会工作的服务目标应该是协助青少年获得资源渠道以增强其心理安全感和生活保障，为激发希望提供物质基础。核心精神则是无条件的关注接纳、对青少年成长发展的确信。相应的关注焦点则应该是激发和鼓舞青少年的心理动力，通过资源激

---

① 黄维宪等：《社会个案工作》，五南图书出版公司 1985 年版，第 113 页。

② 曾月娥：《优势观点团体工作运用于暴力循环中妇女复元之研究》，硕士学位论文，国立暨南国际大学社会政策与社会工作学系，2007 年，第 41 页。

发其对未来的希望和动力。

再次是中期。此时,灾后青少年已经准备好去挖掘和利用自身内外的资源,并愿意继续获得成长和支持。社会工作的目标则相应地调整为回顾正面经验和发现当前资源,并通过青少年的具体行动来增进其自我价值和效能感。社会工作的核心精神是相互的信任和分享在信息、情感和物资方面的经验。相应的关注焦点则是通过肯定、欣赏和积极反馈来提升青少年对未来的信心和理性行为,同时告诫青少年今后可能面对的挫折。

第四是后期。此时,通过社会工作的协助和努力,青少年已经能够接纳地震灾害的事实,并在资源共享的过程中实现了较好的人际互动和社区参与。社会工作的目标则应该调整为进一步引导青少年与周围不同系统之间的互动,达成良好的社会适应和融入。社会工作的核心精神表现为青少年的自我觉察和分享,在彼此期待过程中达成相应的服务规范。关注的焦点则是灾后青少年所形成的独特的个人价值感和人生意义,从而真正实现自我的价值独立。

最后是终期。在服务的终期,灾后青少年已经能够有限度地实现自我的梦想和希望,并在社会融入和互动过程中得到正面的人生经验。此时,社会工作的目标则是引导青少年总结自身的改变并不断地进步和超越。其核心精神主要表现为复原力的整合和超越。关注的焦点则是如何回顾服务经验,整理服务心得,巩固服务改变,确保复原效果。

2. 专业关系建立的态度和价值

优势视角在建立关系的过程中,一是要树立正向的态度和希望,即社会工作者要淡化地震及其创伤所带来的影响,将关注点聚焦于目前个人与环境所存在的优势以及未来灾后重建的目标和希望,同时真诚地相信青少年作为自己的主人,具备不断自我决定、自我行动和自我成长的潜能。二是确立与灾后青少年合作、分享和平等的态度,不认为自己是问题解决的专家和外来者,而是在尊重青少年自我现实处境和需求的基础上,相信他们是自己问题和需求的解决者。三是尊重灾后青少年的身心特征、生活经验以及风俗习惯等,倾听和理解他们灾后的各种消极情绪、抱怨心理甚至是极端心理特征,以关怀而不是控制去引导青少年表达自身的看法和需求。四是真实坦诚地表达自己的观点和态度,避免阳奉阴违、矫揉造作和表里不一等特征,相信青少年在判断人际关系时的敏锐性,坦诚地促进双方的沟通。五是以非评判的态度接纳青少年灾害后的生理特征、个人样貌、心理状态、错误认知和生活环境等，尤其要理解而非指责，要乐观而非埋怨，要耐心而非急躁，真正了解青少年灾后生活的社会脉络。

3. 专业关系建立的实务技巧

一是接纳，表现为非评判、非指责、非埋怨的言行举止，并真诚地愿意花时间去倾听和了解地震中每一个青少年的故事、心情和经历。二是安全，即是要第一时间通过身心保护和财产保全降低灾后青少年心理上的恐惧、担忧、害怕和自责情绪，促进其对自我情绪的接纳以及对外在环境的控制等。三是协助，即是要通过提供充分的信息咨询、知识教育、专业咨询以及行动倡导协助灾后青少年能及时获得外来资源协助。四是关怀，即是要无条件地给予支持和照顾，让灾后青少年感觉到他人陪伴和关心的温暖。五是正向引导，即是要树立美好的未来愿景并使之成为大家接受的目标。六是激励，即是要通过非理性信念的检查和辩论，增强青少年的正面情绪和动力。七是平等地与青少年沟通，避免专家身份。八是尊重青少年自我决定的能力。九是从内心里真正相信青少年能够从过往经历中学习面对今后生活的能力，并愿意为他们的选择提供更多机会。十是分享，即是指社会工作者愿意与青少年共同分享自我的成功和失败，并促进情绪的双向互动。十一是陪伴，即是要与灾后青少年共同经历、共同体会、共同发现、共同行动和共同成长。十二是成长，即是指所有的行为目的旨在促进青少年的身心成长，而不是其问题解决，归根到底是复原力的激发和实现。十三是增强，即是要扩大并延伸灾后青少年内外的各种优势，而不仅仅限于维持和利用这些资源。十四是一致，即是要做到彼此言行一致、表里如一。十五是感谢，即社会工作者也需要感谢灾后青少年给予其信任、分享和共同行动的机会。

（二）优点评量

1. 优点评量的内容

对于优势视角而言，如何发现服务对象自身所具有的优势，是最为关键的一步。如何系统地发现优点所在，并能够引导服务对象意识到这些存在优势的系统，对于后续的工作十分重要。这也正如社会工作在预估阶段所使用的 SWOT 分析一样，既要看到个体的问题和优点，也要看到其社会环境所存在的机会和限制。因此，许多优势视角的研究者从不同的角度去界定优点评估的面向。Rapp

和 Goscha(2006)指出以下四个方面的优点类型是需要特别关注的[①]:一是个人特质和特征方面,主要指服务对象本身所具有的身体、需求、态度、动机、情绪、气质以及道德等,具有优势的个人特质包括:诚实的、关心他人的、怀抱希望的、努力工作、慈善的、有耐心、敏感的、健谈的、友善的、乐于助人的、具有侠义精神的,等等。对于灾后青少年而言,虽然有些人肢体有障碍但也有许多人是身体健康的,虽然有些人家境贫寒但家庭关系非常融洽,虽然有些人比较内向而孤僻但却做事很有耐心且敏感,如此等等。二是个人技巧和才能方面,主要是指服务对象本身所具有的知识、能力、方法和技巧等,具有优势的个人技巧和才能包括:厨艺、打猎、编织、开车、园艺、计算机能力、数学能力、语言能力、懂音乐、懂舞蹈、有各种资格证书、擅长跑步、擅长幽默笑话,等等。对于灾后青少年而言,虽然经历了地震,但是由于其独立自主的生存适应能力和自我照顾能力,会让其在地震之后能够更好地面对人生。三是社会环境方面,主要是指服务对象外在拥有的东西、所处的环境特质、拥有的正式与非正式的支持网络等。这包括正向的连接关系、坚定清晰的规范、关怀支持的环境、积极合理的期望、有意义的参与机会等。对于灾后青少年而言,温馨和支持的家庭关系、年龄相似的兄弟姊妹和伙伴支持、守望互助的乡土支持、亲戚朋友以及救援人员的支持、志愿者的关心甚至是一个忠心相伴的宠物,都是非常具有意义的社会环境的优点。四是个人的兴趣和抱负,这主要是指服务对象个人对生活的信心、热情和盼望,以及对自己未来的打算和准备。对于灾后青少年而言,如何看待自己、如何看待自己的未来以及如何为未来做好准备,都将成为其积极面对地震灾害的优点。这些方面,都可以成为优点评量过程中的主要焦点和参考。

2. 优点评量的过程和方法

有效评量灾后青少年的优点,需要经历以下几个步骤:一是通过社会工作的氛围营造技巧,在感同身受的基础上倾听灾后青少年的心声并给予适当的支持和反馈,通过治疗性沟通提供心理支持,为青少年提供适当的情绪舒缓和宣泄。在此基础上营造一个安全、放松和支持的工作氛围。二是要以轻松愉快的方式适当地引导灾后青少年了解优势视角的理念,并愿意参与优点的评量。三是要

① 宋丽玉、施教裕:《优势观点:社会工作理论与实务》,社会科学文献出版社 2010 年版,第 371—373 页。

选择适当的优点评量表。社会工作师自己需要有一个较为规范和标准的优点评量指标体系,同时也要给青少年一份简单明了的优点评估量表,以鼓励青少年对优点评量产生兴趣。四是通过邀请、鼓励和倡导等方式引导灾后青少年由“现在”或“未来”开始,激发青少年对未来的念想和兴趣,尤其是要引导青少年展望对重建后的希望和梦想,可以通过“我的梦想”活动来加以引导。这主要是帮助青少年超越当前所存在的困境,树立克服困难和超越心理创伤的信心。五是积极培养青少年梳理自我和社会关系的技能,提升其自我建立和表达高期望的能力,协助青少年掌握适当的优点评量的方法,并在社会工作者引导下罗列自身存在的优势。六是社会工作者与青少年共同就罗列出的优点进行讨论与商量,确定优点后录入电脑并以一定的形式加以强化。七是完善评量出的优点,并使优点更加明确和具体,最好是以具体的时间、地点、频率、事件以及形式来加以明确。八是社会工作者与灾后青少年选择一个具体的领域将优点有效地贯彻,并将优点细化为一个具体的工作目标和事件。

在社会工作者与灾后青少年一起进行优点评量的过程中,可以使用多种方式和方法。一方面,社会工作者可以使用定量的方法,提供一个关于优点评量的表格或者量表,以让灾后青少年在适当的位置选择划勾,并由此拓展青少年看待自身优点的视野和框架;另一方面,社会工作者可以采取定性的方法,通过观察和问话来引导青少年认识自身在灾后存在的各种优势①。

3. 优点评量的工具

对于服务对象优点的评量,诸多社会工作专家发展出不同的工具。Anderson 等人提出一个以“优势—阻碍”和“个人—环境”两个轴线构成的四象限架构来开展优点评量,我们可以将之看作为优势视角的 SWOT 分析法,该方法又称态势分析法。对于灾后青少年而言,SWOT 分析是把青少年个体内外环境所形成的机会(Opportunities)、风险(Threats)、优势(Strengths)、劣势(Weaknesses)四个方面的情况,结合起来进行分析,以寻找灾后青少年个人康复与发展的优势和资源,其中 S 表示个人内在的素质和效能,O 表示外在社会环境给予灾后青少年的机会与资源。这两个方面是优势评量的主要来源。

① 宋丽玉、施教裕:《优势观点:社会工作理论与实务》,社会科学文献出版社 2010 年版,第 374—375 页。

另外,堪萨斯大学社会福利学院的优点团队在推定以优势观点为基础的个案管理基础上,发展出一项优点评量工具,台湾的宋丽玉等将之表述为“希望花田”。其具体的表现为横纵几个方面的评量坐标,从横向上看主要是关注灾后青少年在日常生活、财务/保险、职业/教育、社会支持、身心健康、休闲/娱乐、法律制度以及灵性信仰等方面的优势,从纵向上看表述为当前的状态、个人的想望和抱负、个人与社会的资源三个方面①。在针对以上各方面的优势进行梳理的基础上,排列各项优势的先后顺序。最后,由社会工作者与服务对象共同签字加以确认。

(三)制定计划

1.优势视角下计划的内涵

在社会工作看来,改变是计划的主要目标。而优势视角将之表述为“复元”,这具体表现为目的和目标。一方面,优势视角下社会工作服务的终极目的是促进服务对象对此有所体会和确认,重新找到“自己”,并且觉察其自身作为一个主体的感觉、观点和意义赋予,也觉知自己的所思和所想,积极投入生活,面对生命内在自发想望和外在生命任务,不断向上提升和永无止境地自我超越,并且能够享受生命的自在和生活品质的满足。另一方面,服务的目的又可以表现为一些具体的目标。对于灾后青少年而言,这些具体目标需要与具体的生活、学习以及职业发展密切相关,主要表现为灾后生活改善状况、青少年灾后行为表现、家庭经济以及关系的改变、青少年自我参与以及实践能力的提升等。具体来说,需要符合以下几个方面的标准:一是要将目标表现为明确的、具体的、可观察的灾后青少年的行动,如让灾后青少年每周参加几次服务活动、灾后青少年参与灾后救援以及社区重建的次数等。二是要多用正向词汇引导灾后青少年,要多使用“我相信未来……”“我期望未来……”“我愿意……”“我能够……”等词语,而少用消极负面的词汇,通过词汇引导增强青少年对优势的关注,减少对于障碍和困境的惧怕。三是要将服务目标细化为灾后青少年可以完成且成功率较高的小任务,以增强灾后青少年对自我的掌控感和效能感,从而增强其进一步行动的动机和意愿。四是强调服务目标的时间限制,增强灾后青少年服务计划的具体性和及时性,通过小任务的及时完成增强青少年的互动性和积极性。最后,

① 宋丽玉、施教裕:《优势观点:社会工作理论与实务》,社会科学文献出版社 2010 年版,第 376 页。

要将服务的目标与灾后重建的现实活动紧密结合，将青少年的心理成长纳入灾后生计重建、社会重建以及经济重建的进程中。

2. 制定个人计划的要素

结合 White、Rapp、宋丽玉、施教裕、张锦丽等学者的观点，制定个人计划的要素归纳如下①：一是问题的外在化（externalization）。要强调将问题归为外在事物，非个人的一部份，可增强服务对象的能力对抗他们的问题。对于灾后青少年而言，如何将其问题外化为环境的因素显得十分重要，可以帮助那些丧亲的灾后青少年有效地避免自我归因、自我归责所造成的二次心理创伤。二是由想望出发（aspiration）。即是在目标的设定上尽量以正向思考的脉络来设定，由灾后青少年想要的东西或事物来订定，如此将能使社会工作者与青少年对未来产生希望，避免陷入问题的漩涡，从而增强前进的动力。三是量力而为（competencies）。即是在与服务对象讨论个人计划目标的设定之时，应当考虑服务对象的能力与才能，并且在可达成的范围之内设定目标，同时也应该适当的引进资源给予服务对象支持协助，例如各类职前训练方案。四是服务对象参与（involvement）。个人计划的拟定，服务对象的参与是极其重要的，包括了目标的拟定、执行步骤、策略运用、责任归属等，都需要有服务对象的投入，初期服务对象可能会缺乏动力、意愿与信心，此时社会工作者必须多给予支持与鼓励，其核心目的乃是在于促进服务对象对于自己的生活负责与做决策，达到增权的效果。

3. 制定计划的策略

一是服务计划要由优点评量衍生而出，强调社会工作服务计划的制定要聚焦于如何肯定、挖掘和提升灾后青少年所具有的优势和能量，通过优势的激发来促进问题的解决。二是要以青少年自身的语言陈述来表达计划的内容，将灾后青少年的思维由“要我改变”改为“我要改变”，从而达到社会工作“助人自助”的宗旨。三是强调制定计划过程中的接纳、不批判、探索和同感，从而最大限度地看到灾后青少年所存在的可能优势和服务发展方向。四是为灾后青少年提供多样性选择以增强其权能激发。这既可以通过重新标签（重新建构策略）的方式来消除大规模的地震恐慌对青少年的压力，也可以通过自我披露、信息提供等

① 曾月娥：《优势观点团体工作运用于暴力循环中妇女复元之研究》，硕士学位论文，国立暨南国际大学社会政策与社会工作学系，2007 年，第 34—36 页。

方式增强灾后青少年独立思考，促进其多样性的思维和行为产生。

灾后青少年服务计划的制定，可以采取多样性的促进目标形成的对话方法。首先是焦点解决会谈法，即社会工作者可以透过一些问话技巧促进灾后青少年发掘自身优势并形成目标。一方面，当灾后青少年纠结于地震所造成的心理创伤的时候，社会工作者除了表达真诚的关心和同理心之外，还可以通过询问如果没有地震的“例外状况”来引导其思维向积极的方向发展，以协助青少年思考自己的生命、理想以及希望并没有因为地震而丧失和受到影响；另一方面，社会工作者可以在确定灾后青少年没有处于紧急危机的情况下，引导其想象灾后恢复重建的生活和心理状态，通过对未来美好事物的向往和强调来增强其克服当前心理困境的信心。

除了焦点解决会谈法外，社会工作者还可以通过叙事疗法的外部化技巧来将地震以及心理创伤从灾后青少年的生活中隔离，从而尽量淡化和减轻地震所带来的心理创伤。这可以通过以下几个技巧来加以达成：一是促使灾后青少年找出自己的优势，发展出一个“具有优势”的自己，并且认识到自己的内部存在感以及地震所带来创伤的外在感。二是在地震心理创伤外化之后，强化灾后青少年的抗逆力，从而积极主动地与地震及其所带来的负面影响作斗争。三是协助灾后青少年强化利用自身优势克服困境的能力，并将之变为计划的重要部分。

（四）资源链接

1.社区资源的类型

从社区资源的物质形态看，可以将之分为有形的物质资源和无形的智力资源。一方面，灾后青少年具备一些有形的物质和金钱资源，这主要包括地震灾后所收到的大量衣物、食品、药品等物质来源以及诸如慈善捐赠、政府拨款、灾害补助等经济资源；另一方面，他们还具备一些来自地震灾后其他专家团队、政府机构以及志愿者所提供的无形的信息、时间、知识、智能、文化和价值资源。其中，提供有形的资源，对于地震灾后的青少年而言如天降甘霖之效应，有助于解除生存危机或维持生存的基本条件。无形资源则可根本且长久地影响灾区社会经济以及文化发展的进程，促进地震灾后青少年的责任心增强、潜能开发与展现、价值升华等。

从社区资源的来源看，社区资源又可以分为正式资源和非正式资源。正式资源，一般是指政府组织（公共部门）和民间福利服务组织所提供的服务。以地震灾害为例，前者如国务院、省市以及区县等所提供的服务和各项福利服务补助，民政、医疗、财政、残联、共青团以及其他部门的服务提供等。民间的正式资源所提供的服务，如爱德基金会、壹基金会等民间组织所提供的经济补助以及接受公共部门委托的福利服务。非正式资源，乃指存在于服务对象生态的可用资源，具有其地方性和独特性，其来源又可区分为个人网络成员和社区组织。前者包括服务对象的亲密伴侣、家庭成员、朋友、工作场域的同事、学校的同学、邻居，亦可能是在一些社区交易场所结交的类似友谊关系，如灾区各类企业、各类专业人士、较为集中的大型安置点等。社区组织则为存在于服务对象生态中的组织，如教会、庙宇、便利商店、快餐店等，都可能成为资源提供者。

2. 资源链接的策略

一是运用优点评量（希望花田）协助灾后青少年回顾与整理自己成功运用非正式资源的正面经验。特别是在“花田”中，分成许多不同的领域，诸如日常生活、财务/保险、社会支持、健康、法律等面向，提醒灾后青少年是如何运用资源，努力走到今天的。如此一来，某些网络关系，资源以及运用资源的方法，就会一一浮现，对灾后青少年而言，将是一重要的激励。二是建立自助团体或是互助团体（协助某些灾后青少年互助，让灾后青少年彼此支持、鼓励，形成另一非正式资源网络）。通过互助团体的发展，可以让灾后青少年认识到自己并不是悲苦不幸的人，仍然有一群与自己一起战斗的人存在，并在彼此鼓励中不断增强其自我功能。三是协助灾后青少年修补与周边不同群体的关系。社会工作者可先评估这些关系对灾后青少年的重要性，以及恢复的可能性。若是两者均为正面，社会工作者就可考虑运用某些方式，切入此种关系，以及作部分的修补。四是与灾后青少年的非正式支持网络（家人或朋友）建立联系并一起开展各项服务工作。针对灾后青少年缺乏安全感的特征，社会工作者可以通过陪伴与灾后青少年建立关系，并与其各种非正式社会资源一起找出协助青少年的优势或资源，使其获得更多突破困境的力量。五是运用社区中关键事件和人物的支持。地震灾区是一个文化和传统相对较为丰富的社区，灾后青少年所在村寨中诸如爷爷奶奶、叔叔伯伯等亲属邻居、村委会干部、社区协会理事长以及各类救灾人员等等，都可以成为可以利用的资源和优势。

3. 资源链接的方法

一是善于正面思考法。网络间涉及不同的组织与个人，要合作顺畅并不容易,因此在进行网络连结的同时,需要连结的人多以正向思考,强化合作中的优点、避免将缺点或限制放在心上,如此才能进一步使用资源。二是建立多元的沟通与协商管道。善用便捷的科技网络设备与工具,将有助于信息的链接与资源的获取。此外,一些正式的会议与非正式的聚会,或是电话的联系、书信的往返,均为沟通的重要管道。三是建立静态的网络资源簿与动态的联系机制。静态的网络资源簿内容包括组织或机构的名称、联络人电话与地址、可提供的支持与服务内容。而为使静态的资源簿发挥功能,必须建立动态的联系机制,而此机制包括:资源簿必须由社会工作者时时更新,且重要的网络,必须有定期与非定期的聚会、拜访或相关电话、网络联系等。虽然正式的会议有解决问题以及形成决策的功能,不过,为使正式的会议更有效能,平时非正式的联系或聚会,就愈显必要,因为非正式的聚会,不会给与会的人员有批判、指责的疑虑。相对地,因无防卫或攻击性的心态与言语,对于建立共识常有莫大的帮助。只有网络的共识形成了,后续的合作与资源运用才能实现,并形成解决之道。此外,网络间是否能有效形成相互支持并共同使用重要资源,取决于网络间是否经常性表达精神(如感谢、赞美、支持、鼓励等)与些许物质上(重要节日的卡片寄送、小礼物等)的回馈。如此,才能使资源的运用,生生不息。四是善于创造更大的平台。组织或个人要能链接或合作愉快,常常需要有共同的利益,虽然共同为灾后青少年服务,分担彼此的责任,已经是一个重要的机会,不过若能在合作的过程中,开发出一些其他的方案或努力的事项,甚至共同申请一些经费,也许可以创造更紧密的合作关系,对于资源的创造与获取也会有帮助。五是举办各式活动,诸如记者会、研讨会、发表会、联谊活动、网络茶会等,强化连结外部的网络资源,并加速凝聚网络内部的向心力,同时创造正面的形象,如此才能汇聚更多的资源。六是建立开放的环境与创造分享的伙伴关系。特别是建立一个非批判与指责的环境,包含环境的成员可以接纳别人的建议,也可以承认自己的不足。

第三节　复原力研究对灾后青少年心理重建的启示

通过 CBCL 量表对灾区 400 名 10—13 岁儿童的调查发现:汶川地震灾区儿

童行为问题的检出率高达 38. 2%[1]。其他研究还发现 44. 3%的学生存在精神失调问题,28. 6%的学生达到中等和重度抑郁水平[2]。虽然我们发现部分青少年最终可能形成为 PTSD,但还有许多青少年会随着时间推移无需治疗而逐渐恢复,甚至因为与灾难对抗的勇气和智能而更加快速成长,形成"废墟里盛开的奇葩"。我们希望通过对复原力研究的简单综述,分析复原力在灾后青少年心理重建中的意义和影响因素,及其对我们的启示。

一、复原力的相关研究

随着后现代思维的发展,医学和心理治疗模式逐渐突破了对个体进行病理分析的传统,而更强调发现个体正向的、积极的能力和特质因素,发掘个体与环境互动的能量。20 世纪 70 年代中期,心理学家 Anthony 在对 24 名父母患有精神疾病的孩子进行追踪研究的过程中,发现三分之二的孩子都得以健康成长。因此,他把这些儿童称之为"适应良好的儿童"(invulnerable child)[3]。随后又有许多研究开始探讨为什么有的儿童和青少年暴露在高危(at risk)环境中却能有良好的适应,并将影响个体心理健康的压力情景称为危机状态(risk status),称其影响因素为危机因子(risk factors)。研究的主题逐渐聚焦于应对危机因子的个体差异性特质和条件,包括抗压能力(stress resistant)、保护因子(protective factor)以及保护机制(protective mechanism)等。后来,研究者们用复原力来表示个体面临压力事件时恢复的过程和能力,并将之看作是一个动态的、交互的过程[4]。

复原力的含义经历过以良好适应(invulnerability)、应对(coping)和抗压力(stress resistance)表示的早期研究阶段[5],后来则以"特质论"和"过程论"来进

① 陈彩琦等:《汶川地震灾区儿童行为问题的状况及影响因素研究》,《华南师范大学学报(社会科学版)》2009 年第 4 期。

② 时勘等:《震后都江堰市高三学生的心理健康状况及抗逆力研究》,《管理评论》2008 年第 12 期。

③ Anthony,E.J.,"The Syndrome of the Psychologically Invulnerable Child",in *The Child in his Family: Children at Psychiatric Risk*,E.J.Anthony & C.Koupernik(eds.),New York:Wiley,1976,pp.201-230.

④ 阳毅、欧阳娜:《国外关于复原力的研究综述》,《中国临床心理学杂志》2006 年第 5 期。

⑤ Jew,C.L.,Green,K.E.& Kroger,J.,"Development and Validation of a Measure of Resiliency",*Measurement & Evaluation in Counseling & Development*,Vol.32,1999,pp.75-90.

行归纳。其中,特质论强调个体心理特征在对抗危机状态中的意义,将复原力视为相对静止稳定的调适能力和健康心态;而过程论则更强调个体在与环境互动过程中的关系,认为复原力是一种动力过程①。虽然 Masten 等提出复原力是调节压力、高危情境与消极结果之间关系的保护因子或保护过程,但目前还是倾向于用自我复原力(ego-resiliency)一词表示个体所拥有的个体特质,包括自我、人格和认知因素;用复原力(resiliency)表示个体所拥有的个人资源,包括自我复原力以及社会资源;而复原(resilience)则用于描述成功克服灾难的过程。如今,学界将复原力的本质认定为一种保护因子,即那些与危险因素相互作用以降低消极结果可能性的要素,这些要素就包括了个人特质、家庭资源以及社会支持系统②。Barbara 则通过"概念结构太极图"强调复原力的个体生理和心理因素、家庭内外部因素等和谐流动的结构,及其不同要素之间的互动和相对平衡关系③。Polk 总结确认了 16 个与复原力相关的要素,将之分为四类:"一是性格类型,包括身体和心理特征,如智力、自尊、自信和自我效能;二是关系类型,包括获得社会支持的社交技巧、自觉服从社会规范等;三是哲学类型,包括有意义的人生体验和目标感等;四是环境类型,包括应对策略、认知策略、问题解决策略和目标管理策略等。"④

对于不同的复原力因子如何共同发生作用,Gamezy 等提出复原力的三种机制模型⑤:免疫模型(Immunity Model)将复原力视为一种类似注射的预防疫苗,个体通过这种过去正向的学习经验来对高危状态产生抗体;挑战模型(Challenge Model)强调个体在高危状态中所产生的挑战意识提高了其应对困难的能力;补偿模型(Compensation Model)认为危机状态在带给个体一定危险的同时,也孕育另外发展的机会,保证个体对困难的成功应对。J.Patterson 于 1988 年提出家庭调整和适应反应模型(FAAR Model)来描述家庭复原力的作用机制,认为家庭复

① Masten, A.S., Best, K.M. & Gameny, N., "Resilience and Development Contribution from the Study of Children Who Overcome Adversity", *Development and Psychopathology*, Vol.2, 1990, pp.425–444.

② 徐慷、郑日昌:《国外复原力研究进展》,《中国心理卫生杂志》2007 年第 6 期。

③ Mandelco, B. L., Peery, J. C., "An Organizational Framework for Conceptualizing Resilience in Children", *Journal of Child and Adolescent Psychiatric Nursing*, Vol.12, 2000, pp.99–111.

④ Springer, J.F.& Philip, J.T., *Individual Protective Factors Index: A Measure of Adolescent Resiliency*, Folsom, CA: EMT Associates, 1995, p.89.

⑤ Gamezy, N., Masten, A.S.& Tellegen, C., "The Study of Stress and Competence in Children: A Building Block for Developmental Psychology", *Child Development*, Vol.55, 1984, pp.97–111.

原是基于家庭信念，在家庭面临的压力和家庭能力之间不断平衡以保持家庭功能的良好发挥，并对家庭信念和家庭能力进行了具体操作化①。台湾学者萧文对“九二一”地震中受创家庭在灾后两年的复原力变化的研究也对此进行了验证。P.C.James在研究高危情境下非裔美国青少年学业表现的个体差异时提出综合模型，强调人际环境、自我信念系统、行为模式和结果呈现之间的互动和循环关系，认为环境虽然影响了个体，但是必须通过个体的自我信念系统发生作用②。相反地，个体也会通过自我信念系统来反作用于环境，由此形成一个个体与环境互动的过程。

综上所述，当青少年面临各种危机事件的时候，除了会遭受身心创伤外，同时也会激发内外的复原力因素，以成功地应对环境的变迁。可见，复原力是一种动态的学习循环，让个体所遭遇的问题和灾难不仅仅是一种考验，更是一种学习和成长的机会。

二、复原力在灾后青少年心理重建中的角色与功能

有研究表明，那些遭遇非常贫穷、酗酒、药物滥用、虐待、问题家庭的青少年，由于自身的复原力作用，大约有50%—70%在成年后不仅在社会上获得成就，并且表现得较为自信、较为有能力与爱心③。张姝玥等的研究也发现复原力中的积极认知和信任两个维度对降低学生创伤后应激反应有比较大的作用，其中的社会支持维度能够缓冲亲人遇难带来的负向影响④。萧文的研究也指出，就九二一地震的个案而言，所谓心理重建不只是提供必要的心理咨商，更需要在现有的个体心理空间中协助建构健康的复原力，才能使个体再度出现自尊与自我效

① Patterson, J., “Families Experiencing Stress: The Family Adjustment and Adaptation Response Model”, *Family Systems Medicine*, Vol.5, No.2, 1988, pp.202-237.

② Connell, J.P., Specer, M.B.& Aber, J.L., “Educational Risk and Resilience in African-American Youth Context Self Action and Outcomes in School”, *Child Development* Vol.65, No.2, 1994, pp.493-506.

③ Werner, E.& Smith, R.S., *Overcoming the Odds: High Risk Children from Birth to Adulthood*, Ithaca: Cornell University Press, 1992, p.111.

④ 张姝玥等：《受灾情况和复原力对地震灾区中小学生创伤后应激反应的影响》，《心理科学进展》2009年第3期。

能[1]。可见,复原力在地震灾后青少年心理重建中发挥着重要意义。

首先,复原力能够直接降低灾后青少年的 PTSD。Tugade 和 Fredrickson 通过实验证明高复原力青少年能够在应激情境中发现积极的意义,并且善于运用积极情感使自己从消极经历中恢复[2]。张姝玥等的研究也发现积极认知能够降低闯入和警觉的症状,说明如果个体能够看到地震的正面意义,在困境中仍然怀着对未来的美好期待,认为困境终会过去,那么在脑海中就不会经常闪现那些可怕的场景,做噩梦的频率也会降低,同时个体能够较容易入睡和集中注意力,也不会过度戒备和警觉。其他相关的研究也证明,高复原力的个体知觉到更少的压力和痛苦,并表现出更高的心理健康水平[3]。其次,复原力能够积极提升灾后青少年的自尊。高复原力的青少年在面对灾难的过程中,容易激发自我觉知和自我掌控力,相信自己有能力面对环境而不被压制,并能培育出积极抵抗压力的能力,形成一种高自尊的状态。而高自尊以及高自我掌控的人能够以积极的眼光面对问题,清楚地认知自己的优势与限制,并发展出乐观的性格、与他人建立良好关系的能力以及积极的应对问题的方式,从而避免了以逃避的方式来加剧忧虑、焦虑和较低的自我满意度[4]。再次,复原力能够有效发展灾后青少年的应对技巧和能力。具有复原力的青少年在面对外来压力事件时,会倾向忍受或最小化外在客观事件所造成的负面影响,在低焦虑的情境中发展出觉察与表现的能力,开展正向意义和价值的追寻。其中,最为重要的就是能够以有希望、正向的思考模式去看待事情,采取寻找信息或忠告、积极行动以及接受社会支持等有效的问题解决策略去面对危机事件。这可以有效避免青少年在遭遇重大灾难后一味期待奇迹出现的宿命论、逃避心理以及内在压抑等现象的发生,而促使他们能够借助美好的希望重新开始,继续向前。最后,复原力能够促进灾后青少年社交互动并获得更多的社会支持。复原力所带来的自尊及对自我的掌控力,能够

---

① 萧文:《灾变事件的前置因素与复原力在创伤后压力症候反应心理复建上的影响》,九二一震灾心理复建学术研讨会论文,2002 年。

② Tugade, M.M.& Fredrickson, B.L., "Resilient Individuals Use Positive Emotions to Bounce back from Negative Emotional Experiences", *Journal of Personality and Social Psychology*, Vol.86, 2004, pp.320-333.

③ 张姝玥等:《受灾情况和复原力对地震灾区中小学生创伤后应激反应的影响》。

④ Domont, M.& Provost, M.A., "Resilience in Adolescent: Protective Role of Social Support, Coping Strategies, Self-esteem, and Social Activities on Experience of Stress and Depression", *Journal of Youth and Adolescence* Vol.28, No.3, 1999, pp.343-363.

促进灾后青少年更多地投入社会交往，满足其在同辈中的归属感需求，降低暴露在焦虑、忧虑的几率。社会交往范围的扩大和频繁，可以让灾后青少年获得更多的来自家人、朋友、救助机构以及社会福利体系的物质支持与精神陪伴，并让他们在社会互动中更多体味到自身的重要性与使命感，从而促进更大范围内社会支持网络的建设。

可见，拥有复原力的青少年，哪怕在面对诸如地震的灾难性压力情境时，也会偏向采取适当的应对策略，调整自己的认知、情绪、行为，达成自我的成功调适。在灾难事件中越挫越勇，并通过不断地尝试与突破，发展出新的生命动力①。在这一过程中，他们也培养出更高的觉察力，更加肯定自己，赋予灾难事件以积极正向的意义，从中孕育出生存的使命和智慧。

三、灾后青少年复原力的影响因素分析

虽然高复原力对于地震灾后青少年的心理重建具有重要的意义，但是复原力的发展是人与环境交互影响的过程，是在危险因子、压力事件与保护因子之间平衡互动的结果②。关于青少年复原力保护因子的研究非常丰富，但大体上将之归类为个体的内外两个层面。内在保护因子主要是个人在环境中的特质与态度，以及应对问题的能力和模式；而外在保护因子则是个人的外在三种社会支持：家庭支持系统、正式支持系统以及非正式支持系统。结合地震灾后青少年的具体情况，将之分为个人、家庭、学校以及社会四个层面进行论述。

（一）个人层面的复原力保护因子

经历过汶川大地震后，许多青少年直接面对灾难和死亡，身心都受到了不同程度的创伤。但仍有不少青少年正因为经历过这样的大灾难，变得更加成熟和有爱心，更能体会到生命的重要意义。其间所体现出的复原力保护因子包含了个体的人格特质、应对能力和对未来的希望等。首先，灾后青少年在人格特质上，对周遭的人和事物都表现出较高的敏感性和洞察力，更愿意去关心个体身心

① 陈佩珏、林杏足：《高危险群青少年复原力之探讨》，《辅导季刊》2004 年第 3 期。

② Werner, E.& Smith, R.S., *Overcoming the Odds: High Risk Children from Birth to Adulthood*, Ithaca: Cornell University Press, 1992, p.118.

健康和外在公共事物的发展,并从中培养出积极主动的性格。面对大地震后亲人的伤亡,他们不是一味地悲伤、逃避和退缩,而是更为积极地投入到对其他亲友和同伴的搜救之中;即使在房屋倒塌、亲人丧失、同学不在的情况下,他们也更加珍惜生命的宝贵,更为善感、同理和积极主动地关怀他人,主动承担起本不属于他们的生产和生活重建的重任,表现出极强的责任感和使命感。其次,由于地震损害需要及时快速高效地实施现场救援和灾后重建,青少年作为灾区的重要力量,一方面以他们成熟的处事方式和方法,积极配合当地政府、企事业单位以及人民解放军、医护人员、志愿者队伍开展救援工作;另一方面,他们作为当地社会的中坚力量,积极参与灾后生活、生计以及房屋重建计划,在心理重建中也成为各类专业人员的支持力量。在这过程中,灾区青少年培养了观察和学习的能力,提升了应对突发事件的策略和技巧,并在参与灾后重建和以工代赈的行动中,走出了哀伤的阴影,勇敢地开始了家园重建。最后,参与灾后重建的行动及其所带来的生活改变,不仅促使青少年克服了丧亲的哀伤和对现实的抱怨,而且增强了他们对灾区美好未来的向往和人生发展的规划,增强了他们发展的动机和强韧的毅力,强化了他们的使命感和责任感。这些都是促成灾后青少年走出心理困境,参与灾后重建的重要保护因子。

(二)家庭层面的复原力保护因子

萧文通过对台湾九二一地震后受创家庭复原力的研究,发现家庭复原力的保护因子包括:正向积极的思考与行动、稳定的家庭经济、增强家人间的情感连结、改善沟通、稳定家庭秩序、分工合作地担负新的角色和责任,以及重建家庭信念等。在汶川地震灾区,羌藏以及西部地区特有的家庭文化也为灾后青少年提供了丰富的保护因子。首先,灾区青少年的成长历程成为他们复原力的首要保护因子。一方面,汶川地区生存条件较为艰苦,许多青少年从小就开始承担生产活动以维持家庭生计,特别是那些父母外出打工的青少年更早早地承担了成人的责任,培养了顽强坚毅的生存能力;另一方面,羌藏民族的青少年往往在较为和睦的家族中得以成长,其和睦的家族情感和亲子关系让他们能够更多地获得情感支持,形成积极进取的品格,有效应对震灾所带来的打击和创伤。其次,家族式的教养方式和氛围,可以让灾后青少年更容易以彼此关怀和团结合作的方式应对灾难,增强情感归属和家族支持,也有利于青少年排解心理的忧伤和失落，找寻到心理的慰藉。最后，地震灾后，许多青少年被家族以及亲人期许成为家庭的主力，承担家庭维系和重建的职责。这种对于家庭维系的责任和价值，使得他们相信自己能为他人付出，在承担的过程中体会到生命存在的意义，进而提升他们的自我效能和成人意识，使他们能够突破既有的限制，发挥自身的潜能，克服心理创伤的影响[①]。因此，成长背景与家庭教养方式、家庭氛围和家族情感、家庭责任以及使命也成为灾后青少年复原力的重要保护因子。

（三）学校层面的复原力保护因子

Rutter 认为："在学校环境中提供成功或快乐的积极经验，良好的师生关系以及同学关系，都能成为积极的保护因子，其中老师提供动机性支持和信息性支持的角色尤为关键。"[②]而地震灾后学校层面的复原力保护因子，一方面表现为大量灾后学校的重建及其后续的照顾服务。地震灾后，虽然许多校舍倒塌，但大量的学校被快速重建起来；虽然许多老师已经见不到了，但更多的老师用自己的身躯保护了学生；虽然许多同伴都不在了，但剩下的同伴更加彼此珍惜；虽然异地就学的学校很陌生，但同学都非常热情和友爱。关怀和支持的学校环境、高度期待和积极投入的校园文化，都让灾后青少年学生体会到社会的关怀和温暖，他们被支持、被关爱、被期望在废墟中站立起来。这成为灾后青少年学生克服悲伤情绪的重要支持和动力。另一方面表现为良好的师生互动、积极的同伴支持和持续的心理救助。地震后，许多灾区的教师和学生接受到了心理辅导和咨询，同时许多教师也接受了更先进的教学思想和方法的训练，并且越来越多外来的教师资源加入到灾区的教育事业中。这些都有效地促进了灾后教学过程中师生关系的和谐，教学理念和教学方法的更新，让青少年学生得到更多来自学校和教师的身心关照和情绪支持，帮助他们克服消极情绪的困扰。

（四）社会和文化层面的复原力保护因子

社会层面的支持虽然不直接作用于灾后青少年的心理重建，但其最终的受益对象都指向青少年，并且为青少年复原力提供最为广泛的支持。社会和文化

---

① 陈佩珏、林杏足：《高危险群青少年复原力之探讨》，《辅导季刊》2004 年第 3 期。

② Rutter，M.，"Resilient Children"，*Psychology Today*，Vol.45，No.2，1984，pp.57-65.

层面的复原力保护因子主要包括以下几个方面：一是政府快速的救援措施和持续不断的灾后重建，加之社会各界源源不断的支持，让灾后青少年更能够体会祖国大家庭的温暖，体会“一方有难，八方支援”的大爱，也让他们在这种社会关爱中看到未来的希望，坚定了克服困难的信心。二是大众传播媒体不断宣传党和国家、人民解放军、医护人员以及社会各界人士积极参与灾后救援与重建工作的英雄事迹，宣传“众志成城，抗震救灾”的精神，极大地鼓舞了灾区青少年的斗志，让他们从心理上不会感到孤单。三是广大心理工作者、医护人员、社会工作者以及志愿者深入灾区开展生活救助、生计重建、心理辅导以及教育支持等活动，让灾区青少年及时获得物质、心理和情绪上的支持，从而提高了抵抗困境的能力。同时，灾区青少年可以和许多志愿服务人员沟通和合作，获得鼓励和关心，并学习更多社交技巧和专业技能，通过榜样学习的过程形成积极的行为表现和处事风格，增强危机状态下的复原力。四是来自民族文化和宗教信仰的心理支持。汶川地区的各族人民在漫长的抗震历史中形成和造就的坚忍不拔的民族性格、积累的丰富抗震经验和智慧①、在宗教信仰中对生命的体悟以及对人与自然和谐的追求，都潜移默化地传承到灾后青少年的思想意识中，成为他们复原力的重要保护因子，促使他们能够更乐观地面对灾难，更积极地参与重建。

四、复原力视角下灾后青少年心理重建的反思

（一）强调“优势为本”以及赋权的价值理念

相关研究发现地震灾后青少年或多或少地都遭受到身心的创伤，甚至有一部分人出现 PTSD 症状。但是我们也看到许多悲壮勇敢，甚至激动人心的感人故事发生在他们身上，他们在地震后学会了以更加成熟、理性和积极的方式去面对家园重建，这就是他们所展示的生命优势。诚如时勘教授在灾区青少年心理健康调研后所写下的：“到最后都能听到他们坚强的理性思考，看到他们再次发射出有神的目光和迈出振作的步伐”，从中我们看到了灾后青少年所蕴藏的优势和潜能。一方面，优势为本突破了传统心理重建关注逆境和个人问题的窠臼，

① 耿少将：《地震带上的羌族与震后羌文化重建》，《阿坝师范高等专科学校学报》2008 年第 3 期。

强调工作重心从回避问题和逆境转向挖掘潜能和勇敢面对挑战，在地震的创伤中唤醒青少年的责任感、使命感和旺盛的战斗力，在推动青少年调动内在潜能、挖掘外在资源的过程中改写他们负面的自我形象，重新树立挑战、奋斗和成功的形象，从而最终让他们体会到个体能力的增长。另一方面，相比传统心理治疗把灾后青少年当作心理健康产生问题的主体，与优势为本一脉相承的赋权理念强调要与灾区青少年一起开展工作，通过激励他们参与心理重建工作的所有进程，来避免由于被烙印化而遭受心理的二次伤害，反而让青少年明白自己才是灾后重生的主体和力量，从而更大程度地对外在社会环境的改造施加影响，从个体内在和社会环境两方面强化保护因子，真正实现青少年复原力的提升。

（二）坚持人与环境互动的运作框架

复原力的保护因子需要进行系统性分析，既有来自内在的个性方面，也有来自外在的环境和社会支持方面。因此，在灾后青少年心理重建的过程中要坚持人与环境互动的分析框架，一方面强调个体内在对生命、灾难以及他人观念的更新，注重对灾区青少年自我意识、责任感以及意义感的引导，培养他们自我控制、社会交往等方面的技巧；另一方面也要注重从外在环境构建青少年的社会支持系统，提供温暖的亲子关系、求助网络、关心和问候，以及适当的社会激励和榜样示范。尤其要注重来自教师和学校的支持和信任关系的提供，营造青少年同辈之间的融洽氛围和安全的社区环境。更进一步地讲，灾后青少年的心理重建需要坚持生态系统的介入框架，从青少年所处的微观系统、中观系统、外部系统以及宏观系统四个层面剖析灾后心理形成的起因、过程、需求、优劣势以及干预的重点和方向。在心理重建的过程中，需要从灾后青少年的身心发展、生活经历、家庭和社会关系网、社会服务、政府救助、宗教文化以及生态地理等方面入手，通过这些不同系统之间的合作与协调来激发和提升复原力，实现心理重建效果的可持续性。

（三）灵活运用多学科的工作方法

复原力视角认为灾后青少年的心理问题涉及身心、文化、社会和政治等多元层面，因此心理重建的策略也需要突破医学治疗的范式，采取心理—社会—文化—政治等多学科的干预模式①,围绕心理潜能发挥和人格完善来优化家庭、学校、社区、政府以及社会的资源配置,达到青少年适应性、恢复性、抗压性和胜任能力的综合发展。其中,社会工作综合的、系统的介入方法具有重要意义。首先,可以利用个案工作给予灾后青少年以适当的心理关怀和实质性的物质援助,这包括倾听和疏解消极情绪、信息咨询和提供、亲子关系和应对技巧训练、捐助钱物、医疗救助以及帮助恢复生产等形式。其中,提供给家庭适当的经济和情感支持,让父母更多地关心青少年并给予其成长的空间,能够有效地增强青少年的自信和独立感,促进复原力的发挥。其次,可以利用小组工作联合教育活动,开展青少年心理互助和团队建设。一方面,小组辅导当中的"鼓励利他性""团体外的接触"以及"希望灌注"可以充分舒缓灾后青少年的不良情绪,并通过团体疗效因子中的小组凝聚力、人际学习、普遍感、利他主义以及发展社交技巧等因素来促进潜能的发挥,引导青少年建立积极的信念;另一方面,教师可以为青少年提供积极、安全的环境和师生关系,灌注关怀和希望,创造使青少年学生感到安全、快乐的成长氛围,促进心理复原力的发挥。再次,社区发展的方法为青少年心理重建提供了更为宏观的平台,引导青少年积极参与"邻里守望队""文化守护者""大哥哥计划"以及各类灾后恢复重建的志愿服务活动或者以工代赈活动,不但促进了社区环境的变迁,更促进了青少年的社区参与和责任意识,也是复原力发挥和心理重建的重要载体。最后,社会福利行政也成为灾后青少年心理重建的重要支撑。社会福利行政一方面促进更加有利于灾后青少年发展的政策制定,另一方面在实施政策的过程中更加切合青少年的特点和福利需求,让他们能够得到适当的来自心理、物质和劳务的支持。这必然带来一种"一方有难,八方支援""众志成城,重建家园"以及"夺取灾后恢复重建最后胜利"的社会心理,给处于其中的青少年的心理重建带来积极的效果。

(四)实施在地化和文化敏感性的心理重建策略

虽然青少年复原力提升的重要依据是增强保护因子,但这依赖于不同的社会文化脉络,在不同的社会文化和民族宗教背景中有不同的表现形式。地震灾

① 田国秀:《关注抗逆力:社会工作理论与实务领域的新走向》,《中国青年政治学院学报》2007 年第 1 期。

后青少年心理重建必须注重在地化和文化敏感性的策略，尤其要发挥羌藏文化以及宗教文化在引领青少年成长中的积极作用。一方面要从民族文化和宗教信仰的差异出发，将青少年危险和保护因子的概念作为界定问题、制定干预计划和策略、实施方案以及其他相关资源链接的框架，同时在实证的基础上发展出适合当地的心理重建项目和策略；另一方面要敏感于青少年作为独特生命发展阶段的群体，在青少年的社会生活和个人经历中了解他们地震灾后共同的危险和保护机制，发展青少年心理重建的个人、家庭以及社区行动方案，规划不同层次的服务模式，建立评估服务成效的检测模式，最终促进青少年复原力的提升，达成心理重建的目标。

第五章　社会工作介入灾后青少年心理重建的模式

第一节　灾后青少年心理重建的家庭社会工作

家庭作为青少年生活的基本社会单元和最重要的社会环境之一，对于青少年的心理及行为发展具有十分重要的意义。灾后青少年心理重建的服务对象不仅仅是青少年本身，其服务的方法与技术也不仅限于心理辅导，而是要更多地关注其家庭因素以及家庭成员的辅导。

一、灾后青少年心理重建中家庭社会工作的含义

（一）家庭社会工作的基本含义

家庭社会工作是指："以家庭为服务对象，将家庭作为一个整体并顾及家庭中每一位成员的需求，运用社会工作的基本原则与专业方法，解决和处理家庭问题，提高家庭生活质量，促进家庭功能正常发挥，帮助家庭适应社会的社会工作分支领域。"①家庭社会工作服务的对象主要是有困难的家庭，其最初的问题发现和评估往往是从个体的家庭成员开始，但是评量的框架则是将个人放在整体的家庭结构和互动中去观察和理解。对于地震灾后的青少年心理重建而言，家庭社会工作的介入一方面强调通过家庭的整体协调和平衡来达成对青少年的心

① 张宇莲等：《社会工作实务》下册，上海社会科学院出版社 2005 年版，第 123 页。

理辅导,促进青少年对家庭的经济、情感和关系的建立,保证青少年所依赖的家庭环境的功能发挥;另一方面则是强调促进灾后青少年所处家庭其他成员的心理及社会功能,从而最终达成家庭功能对青少年心理的支持作用。

(二)家庭社会工作的核心假设

要有效地发挥家庭社会工作的作用和功能,必须十分重视以下家庭社会工作的核心假设:一是居家式的家庭支持。这主要是指家庭社会工作的起点、评估、介入以及框架都应该在家庭当中。这不仅要求社会工作者要亲身进入服务对象的家庭情境当中去发现家庭所呈现出的家庭经济、生计、环境、结构、互动、关系以及氛围。同样地,社会工作服务也必须在家庭的环境中才能够发挥真正的作用。许多家长以及子女在办公室所演练的技巧并不一定能够延伸到家庭当中。比如,社会工作者在为灾后青少年提供家庭辅导的过程中,就必须亲身进入青少年的家庭环境中去,才能真切地了解其所生活的物理环境和心理环境。二是以家庭为中心的哲学。这就要求社会工作者在服务过程中必须以家庭作为服务的起点和终点,以家庭整体功能的发挥作为服务焦点。尤其是对于灾后青少年的服务,必须要坚持每一个儿童青少年都有权利在滋养性的家庭环境中成长,并在与父母及其他家庭成员的互动中得到成长。三是危机干预的原则。这就要求社会工作者在面对遭受地震创伤的家庭时,能够及时出场并有效缓解脆弱家庭成员的压力,并通过适当的服务策略和技巧培养家庭应对危机的技巧,协助家庭成员超越集体的苦痛而达致重新成长,最好能够使其达到危机解决和功能恢复。四是教导家庭和子女的技能原则。社会工作者在协助灾后青少年的过程中,要积极协助家庭成员掌握相应的行为和情绪控制技巧,这不仅包括教导父母如何记录和改变子女的行为技巧,还包括家庭成员如何实现情绪管理、行为控制以及时间管理等方面的技巧。五是生态系统观的原则。社会工作者在为灾后青少年提供家庭服务的过程中,不但要注重家庭内部亲子关系、夫妻关系以及代际之间关系的影响,更要注重青少年所处的社区环境、学校师生关系以及更大的社会系统之间的关系,只有将青少年的心理重建放在更大的社会系统中考虑,才能实现心理重建的可持续性。

(三)家庭社会工作的基本原则

积极的信念是家庭社会工作的起始点,引导着社会工作服务的方向和策略。

社会工作者对于家庭有以下一些基本的信念[①]：一是相信家庭都渴望健康成长，只要他们有适当的知识、技能或信念；二是家庭成员都希望能够求同存异；三是为了维持满意关系和养育子女，家长需要获得了解和支持以面对挑战；四是如果父母有机会获得支持、知识和技能，就能够学会正向且积极的回应子女的方式；五是父母基本需求必须先获得满足，才能有效且正向回应其子女的需求；六是每个家庭成员都需要滋养；七是不论性别或年龄，家庭成员都应该彼此尊重；八是家庭子女的情绪和行为困难都应该放到家庭和更大的社会环境脉络中去看待；九是所有人都需要家庭；十是大多数家庭困难不是一夜之间出现的，而是日积月累形成的；十一是教养子女的想法和行动是两回事；十二是当个"完美"的父母不同于当个"称职"的父母；十三是家庭需要环境系统的公正和公平对待。

（四）家庭社会工作的服务原则

家庭社会工作具有以下一些基本服务原则[②]：一是协助家庭最适合的地点就是他们的家里，即是在协助灾后青少年心理重建的过程中，要求社会工作者亲自深入其所生活的家庭环境中，精确了解其家庭互动和家庭关系。二是家庭社会工作让家庭充权以解决他们自己的问题，即是要求社会工作者充分相信不同家庭各有其面对当前问题的能力，关键是考虑具体家庭的处境和压力事件的大小，以决定是否需要额外的社会支持。三是处遇必须个别化，并且以家庭的社会、心理、文化、教育、经济以及物质特质评估为基础。在灾后青少年心理重建过程中，对于青少年所处的不同文化、民族、地域背景的考虑就显得十分重要。四是社会工作者必须及时回应家庭的需求，然后才能处理家庭成长的长期目标。这要求社会工作者遇到有心理重建需要的青少年，必须以协助青少年解决基本的生存需求、安全需要以及依附关系的需要为前提。

（五）灾后青少年心理重建中家庭社会工作的服务内容

根据上述家庭社会工作的基本理念、原则以及信念，面向灾后青少年心理重建，家庭社会工作服务的内容应该不仅限于心理重建与辅导，更多地要考虑家庭

---

① Donald Collins 等：《家庭社会工作》，魏希圣译，洪叶文化事业有限公司 2009 年版，第 23—26 页。

② Donald Collins 等：《家庭社会工作》，魏希圣译，洪叶文化事业有限公司 2009 年版，第 26—27 页。

内外社会环境的其他需求。因此，灾后青少年心理重建中的家庭社会工作至少应该包括以下服务内容：一是灾后家庭的生活救助与经济扶助。许多研究都发现，地震所带来的生活经济压力是家庭首先需要面对的最大问题。吴聪能和赖辛癸就认为台湾集集大地震一年后灾区自杀率的初步统计原因是以社会经济因素为主。吴淑贞对 272 位中部灾区组合屋居民的身心状况研究也发现，灾后居民的主要需求是经济生活、环境生活以及就业生活[①]。因此，社会工作首先要对遭遇地震灾害的家庭提供直接的实物或现金补助，以帮助其渡过困难期。二是灾后家庭的生活教育服务。赵鑫的研究认为，地震使得家庭原本已有的经济问题、婚姻关系问题、教育子女问题、赡养老人问题、人际冲突问题等更加严重[②]。因此，社会工作需要为家庭提供包括青少年照顾和辅导、家庭生活改善以及家庭生活教育等方面的服务，具体包括家庭疾病帮扶、婚姻关系调适、家庭生活管理和资源利用、家庭发展规划等内容。三是家庭心理辅导。大部分研究都能够证明，地震给家庭成员均会造成巨大的心理创伤，更会引起家庭关系的变迁和恶化，因此需要更为全面的心理支持与辅导。社会工作者需要通过热线电话、个案辅导、小组治疗以及家庭治疗等方法，促进家庭成员舒缓消极情绪、克服创伤心理，同时有效地促进家庭及其成员复原力的发展。四是婚姻调解服务。许多研究都发现地震灾害会让许多家庭成员更加珍惜彼此和团结一致。但是，由于地震对家庭造成冲击，同时影响了家庭成员功能的发挥，会导致家庭中夫妻双方不能互相谅解和支持，因此造成紧张的夫妻关系和婆媳关系等。因此，社会工作需要协助灾后的家庭协调夫妻关系，维护家庭积极互动的关系和氛围。五是家庭主题活动。地震灾后的一个月、半年、一年以及地震中家庭成员遇难的周年祭等，都是家庭压力产生、情绪更新和发展的重要时机。此时，社会工作者需要面对震后家庭的不同生活主题而设置相应的活动，帮助家庭成员寄托哀思、获得心理抚慰，并从过往的哀伤中走出，树立重新生活的信心。六是家庭的能力建设。地震虽然给家庭带来极大的危险和挑战，但在一定程度上也会更有效地促进家庭的调整和适应，成为家庭发展的机遇。因此，社会工作需要一直关注家庭可能

---

① 吴淑贞：《集集大地震对中部灾区组合屋居民身心状况及三县市死因变化之影响》，硕士学位论文，中国医药学院环境医学研究所，2001 年，第 89—91 页。

② 陈华：《地震灾区学校心理援助体系构建研究》，《西南交通大学学报（社会科学版）》2009 年第 2 期。

面对的压力事件和危机，但同时更要通过赋权和潜能开发来提升家庭中夫妻双方、亲子双方处理问题的能力，促进家庭内部的凝聚力。

二、家庭社会工作介入灾后青少年心理重建的意义

（一）通过危机干预有效协助家庭渡过难关，为灾后青少年提供基本的家庭生活环境

对于灾后青少年而言，其心理问题既深受家庭的影响，其心理重建也依赖家庭的支持与帮助。可见，青少年受到地震心理创伤对于家庭而言也是一种情境危机，会影响家庭整体的氛围和互动关系，特别是当家庭中有成员遇难的时候。此时，家庭社会工作通过危机介入方法迅速判断家庭所处于的危机状态，判断家庭所处于的危险状态，快速了解家庭成员的生活状态和需要，并通过简洁易懂的语言、专心的聆听、情感支持和心理辅导来稳定家庭成员的情绪，最终协助家庭暂时度过地震创伤以及家庭成员伤残所带来的危机。一方面，通过及时的物资帮助和服务提供，可以有效地提升家庭的生活保障功能，为灾后青少年提供基本的生活环境；另一方面，通过及时的心理辅导和输入希望，可以有效地提升家庭面对地震创伤的信心和希望，为青少年心理重建提供较为积极的家庭氛围。

（二）通过心理咨询与家庭治疗改善家庭互动，促进家庭作为一个整体来应对灾难

对于那些具有良好家庭互动关系和氛围的灾后青少年而言，地震所造成的心理创伤虽然具有很大的冲击性，但是其在灾后的心理康复过程比较顺利。究其原因，在于原有支持性的家庭关系能够成为灾后青少年应对灾害危机和激发复原力的重要外部支持因素。而灾后难以实现心理康复和心理复原的青少年，其家庭的支持性和开放性也较低。一方面，家庭社会工作通过心理咨询和心理辅导促进家庭中的成员度过地震灾后的心理危机，接受灾后困境的现实，能够协助灾后青少年获得较为积极的家庭支持；另一方面，家庭社会工作还可以通过家庭治疗的方法，分析和揭示家庭中已经存在的消极的互动关系和家庭氛围，促进家庭成员之间的积极互动和支持性沟通，这可以为灾后青少年提供较为积极和

支持性的家庭互动模式和家庭成员之间的互助，以促进家庭作为一个整体来应对地震灾害所带来的创伤。

（三）通过亲职教育以及亲子互动技巧，协助父母掌握有效应对灾后青少年心理问题的方法

家庭及其成员尤其是父母的认知、情绪以及行为技能是灾后青少年心理重建能否顺利的重要影响因素。一方面，父母是否具备积极的家庭观念、是否愿意主动关心子女的心理需求、是否能够掌握适当的与子女沟通的技巧，以及是否具备积极地心理支持和情绪管理的技巧，这些都会影响灾后青少年的心理重建。另一方面，家庭成员之间的夫妻关系、亲子关系以及手足关系的状态，也会影响灾后青少年的心理重建。因此，家庭社会工作一方面可以通过亲职教育，帮助灾后青少年的家长掌握如何与受灾青少年有效沟通和交流、如何改善家庭的生活环境、如何通过适当技巧改变青少年子女的行为、如何了解、尊重和倾听青少年子女的问题和需要。通过这些工作来有效协助受灾的青少年子女，促进其心理康复。另一方面，家庭社会工作还可以通过亲子沟通平行小组的方法，促进灾后青少年与家长形成合作团队共同面对地震灾害。这些工作都能够为灾后青少年的心理重建提供强大的心理支持和动力源泉。

（四）通过增能和赋权，挖掘家庭所存在的优势和复原力，有效支持青少年心理重建

家庭是青少年最直接和最基本的生活保障、心理情感以及社会关系的支持网络。而在真实的地震灾后家庭，其成员之间尽量避免讨论死者的问题，也难以认识到自身所存在的优势，因此地震灾后的许多家庭对于如何教育和协助子女时就显得力不从心，也不相信自身家庭能够克服地震创伤所带来的青少年心理和情绪问题。因此，家庭社会工作一方面需要积极为家庭争取各类物资支持以保障家庭的生活；另一方面更需要通过增能和赋权来挖掘家庭本身所具有的潜能和优势。这集中表现为家庭复原力的发挥，具体表现为激发家庭本身所具有的家庭信仰系统、家庭组织方式以及家庭沟通过程。家庭复原力的激发，根据激发的内容和方向可以包括家庭成员本身所具有的潜能和具体应对事务的能力，同样还包括地震灾后家庭本身所应该享有的相关社会权益保障措施和权利等。

（五）通过资源链接促进家庭的社会支持和社会功能，持续开展灾后青少年心理重建

灾后青少年心理重建过程中，虽然主要的目的是心理和社会功能的恢复，但是仍然希望在生活技能、职业就学以及个人成长方面有所保障。这也是灾后青少年遇到的突出问题。一方面，家庭社会工作可以通过链接家庭的正式和非正式社会支持来促进青少年的心理成长，这不但包括来自政府、社区服务中心以及其他正式社会服务的支持，而且还包括来自慈善机构、民间组织以及亲戚朋友的支持。通过社会支持网络可以为灾后青少年提供较为全面的帮助，可以持续有效地提供灾后重建的服务。另一方面，家庭社会工作还需要促进灾后青少年家庭内部的相互交流沟通和互动，促进亲子关系、手足关系之间的相互支持。可以说，社会支持是灾后青少年实现心理重建最重要也是最可持续的资源和动力。

三、家庭社会工作介入灾后青少年心理重建的理论

（一）家庭系统理论

1. 基本含义

家庭系统理论源于一般系统理论，强调把有机体当作一个整体或系统来考虑，在解释家庭现象时，主要是以个人与家庭成员间的互动来讨论家庭动态、组织及过程。系统理论由系统、整体性、次系统、关系、规则、边界等核心概念组成，具体运用在家庭社会工作领域有以下几个要素和含义：

一是认为家庭是有生命的，其中的家庭成员作为生命体的组成部分相互互动和影响。二是认为家庭作为一个整体并不等于家庭成员的总和，而是表现为家庭成员及其之间沟通和互动所产生的关系和氛围，家庭的成员与个体相互依赖而不可分割，无论是哪一方出现问题，都会影响到彼此，必须从家庭的整体视野来审视。三是家庭中既有作为整体的家庭系统，其中还包括夫妻关系、亲子关系和手足关系三个次系统，次系统往往会因为角色的不同而发生交叉和重叠。同时，家庭中的次系统内部和之间也会发生沟通与互动，并且会影响到其他次系统和家庭整体。四是家庭中不同成员、次系统以及整体之间都由关系所联结和

影响,家庭中关系互动的方式、强弱、方向、频率以及性质对整个家庭及其成员的生活质量都有重大影响。五是家庭在长期的沟通和互动过程中,形成了一些彼此认同和遵守的规范和守则,家庭成员通过规则来学习什么是被允许的、被期待的、被禁止或者被控制的。规则是家庭关系和互动的前提和基础。六是家庭与周围社会环境之间、家庭内部次系统之间、家庭成员之间都会有一定的界限。界限决定了家庭成员的权力关系、参与程度、家庭规则、私人空间以及沟通互动等。家庭界限的主要功能在于维护家庭的相对稳定性、成员之间的凝聚力以及家庭的应变弹性,使家庭系统免于外在压力的侵扰,同时也具有调节系统内外平衡的功能。

2. 家庭系统理论在灾后青少年心理重建的运用

面向具体的家庭及其问题,家庭系统理论有以下几个基本假设:一是认为人们心理健康与个人问题主要的影响因素是家庭及其关系的状况;二是认为家庭中的互动模式对其成员有较大影响,并会在家族中世代相传;三是认为家庭的健康建立在保持家庭凝聚力、向心力和个人家庭成员是否被尊重之间的平衡;四是家庭的弹性和可塑性成为协助家庭渡过难关和达成成功的关键要素;五是家庭互动模式的分析依赖于家庭中三角关系的探讨;六是个体所存在的问题经常与其他不同的家庭互动模式有关;七是社会工作相信通过家庭成员各种具体的努力都能够达成家庭的改变,并相信家庭一定能够渡过难关;八是强调社会工作者通过具体的服务介入到家庭中,从而促进家庭系统的整合和发展①。将这些家庭系统理论的核心要素运用于那些遭受地震创伤的灾后青少年的心理重建,我们可以得出以下一些基本结论:

首先,灾后青少年心理创伤问题既与地震对生命财产的巨大损毁有关,但也和青少年所处家庭的氛围、关系及其不良的沟通交流方式有关。因为,在家庭社会工作看来,家庭成员之间是相互支持与影响的,虽然地震会造成心理的创伤,但是这种心理的创伤更多的表现在灾后应急和救援阶段。在进入灾后重建阶段后,那些具有支持性家庭关系和社区网络的青少年的创伤心理会得到缓解,甚至会恢复到地震前的心理功能;而那些一直处于心理创伤状态的青少年,其家庭成员、家庭互动以及家庭关系往往存在一些缺陷。因此,积极、沟通、支持的家庭关

① 周月清:《家庭社会工作:理论与方法》,五南图书出版公司 2001 年版,第 76—77 页。

系和家庭互动,对于灾后青少年心理重建具有十分重要的意义。

其次,地震作为一种突发性情境危机,对于灾后青少年及其家庭而言,既是一种生理、心理和环境的伤害,同时也是促进青少年心理成熟和改善家庭关系的机遇。当遇到青少年出现灾后心理创伤的时候,不仅青少年本身需要调整自己的心理和行为方式,并积极寻求家庭其他成员和社会的支持;同时,心理创伤也会影响到家庭中的其他成员,并要求其他成员在言语和行为方面做出调整。其中,如果家庭成员能够积极响应灾后青少年的需要,通过积极、支持的家庭关系建立和治疗型的家庭沟通互动,就能够支持青少年实现心理重建的目标,并且能够进一步促进家庭其他成员的成长。反之,如果家庭成员忽视灾后青少年的需要,依旧保持原有的家庭互动和沟通方式,则青少年的心理问题得不到解决,家庭也会面临新的问题。

最后,灾后青少年心理重建最重要的支持因素是家庭成员相信能够通过共同的努力渡过难关。如果青少年出现灾后心理问题,而其他家庭成员对此毫不理解、漠不关心甚至加以责备,整个家庭的氛围和沟通方式就会陷入相互指责和抱怨的不良循环中。而社会工作者的重要职责就是通过家庭的协调和沟通技巧,让整个家庭成员看到青少年心理创伤与家庭成员之间缺乏心理互动和支持有关,并促进家庭成员间相互合作,以树立克服问题的信心和希望。

(二)生态系统理论

1. 基本含义

在生态系统理论看来,家庭外在的社区环境、相关的人际网络及社会文化背景脉络等都影响着家庭内部的关系。可见,家庭对于灾后青少年心理重建的意义,不但依赖家庭内部的结构、互动及其关系的协调,还要依赖家庭外部的社区、学校以及相应专业机构的支持。生态系统理论的创始者布朗芬布伦纳(Brenfenbrenner)认为影响儿童青少年发展的因素包括初观系统、中观系统、外部系统以及宏观大系统。在地震灾后心理重建方面,台湾地区学者许文耀、吴英璋认为:“人与其生活环境具有相当紧密的关联性,灾后心理重建应同时从个人生活的家庭环境、社会网络、物理环境、文化背景,以及生态环境等整体结构介入。”①

① 许文耀、吴英璋:《灾后的心理反应及复原历程》,《学生辅导》2000年第66期。

因此,对于灾后青少年的心理重建,应同时以该家庭系统的内外生态环境为基本分析框架,认识到家庭外部社会环境的变化会引发家庭内部的压力与创伤,而家庭内部压力的增大也会间接地影响整个灾后重建工作的顺利实施。

对于灾后青少年的心理重建,生态系统理论有以下基本假设:一是认为每个人生来就有与环境和他人互动的能力,只要社会环境具有支持性,人与社会环境之间就会形成互惠互利的关系,从而达成个体社会功能的积极发挥。因此,灾后青少年并不一定会因为地震创伤成为失败者,只要青少年周边的家庭和社区等社会支持网络有足够的能量和支持性,灾后青少年也能够发挥自身的潜能以实现心理的重建和强大。二是认为每个人的行动都是有目的的,都受到一定社会环境的制约。因此,要理解灾后青少年的具体心理需求以及心理重建内涵,就必须将他们放到更广大的家庭、社区和社会的体系中,只有为他们联络到足够的社会支持网络,心理重建工作才能够持续的开展。三是个人的问题是生活过程中的问题,更是人与社会环境之间互动缺失的问题。因此,对于灾后青少年心理创伤问题的理解和判定也必须在所处的更大的社会环境中去理解、解释和解决。

生态系统理论强调灾后青少年所处的生态环境由微观系统、中观系统、外部系统和宏观系统交互组成。首先,最里层是微观系统,指个体在环境中直接体验着的环境。对于灾后青少年而言,家庭作为其最亲密的微观系统,为他们提供了依附关系、生活照顾以及经济支持。家庭良好的经济状况、家庭关系以及成员结构能够支持灾后青少年的心理重建。而那些来自具有高风险家庭的灾后青少年,往往面临较差的家庭关系和家庭经济状况,导致青少年有躲避父母以及与家庭保持距离的倾向。此时,灾后青少年可能反而积极发展与学校同辈、同学以及教师之间的关系,尤其是对寄宿学校的高度认同。因此,家庭或者学校都是灾后青少年最直接的微观系统,也更能为青少年的心理重建提供直接的支持。其次,灾后青少年直接参与的微观系统之间的联系和互动构成了其发展的中观系统,主要包括家庭、学校以及同伴群体之间的联系和互动。根据布朗芬布伦纳的观点,中观系统是微观系统之间的联结,但是其作用却远大于各微观系统独立发生作用。因此,强化灾后青少年所处的家庭、学校、同辈之间的联结和关系,往往能够发挥较大的支持作用。比如,与父母建立安全、和谐关系的幼儿在童年和青少年时期也易于被同伴接纳和建立亲密、支持性的友谊关系。那些家庭与学校沟通频繁和相互支持的青少年更能够发展出积极地应对压力的态度和行为。再次，外部系统是指灾后青少年没有直接接触但却深受其影响的社会系统，包括父母的工作环境以及社区环境等。最后，宏观系统是指灾后青少年所处的政治经济、社会文化以及亚文化系统。地震灾后抗震救灾的国家动员，大规模的救援官兵、社会爱心人士、专业人士以及其他志愿者的进入，为灾后青少年的心理重建提供了广阔的支持性环境。

2. 生态系统理论在灾后青少年心理重建的运用

20 世纪 20 年代，杰曼（Germain）和吉特曼（Gitterman）等人综合生态系统理论的观点，提出了社会工作的“生态模型”，强调社会工作实务的干预焦点应将个人置于其生活的场域中，重视人的生活经验、发展时期、生活空间与生态资源分布等有关个人与环境的交流活动，并从生活变迁、环境特征与调和度三个层面的互动中来考虑社会工作的实施①。

在具体的灾后青少年心理重建中，家庭将面对外在地震及其对青少年心理创伤的压力，同时家庭也会在与社会环境的互动中达致平衡。根据外在环境对家庭压力的影响因素，我们将生态系统理论下家庭社会工作应对压力的模式分为以下两类②：

（1）线性因果取向的家庭压力理论

该模式着重探讨生态系统中哪些重要因素影响受创家庭压力因应的结果。一方面，ABC-X 模式（ABC-X Model）认为受创家庭的危机压力产生（X），主要受到压力源事件（A）、资源（B）和事件意义（C）三个重要因素的影响。其中，A 因素指压力事件源，如正常家庭生命周期中可预期的生活事件，或非预期的天灾人祸。B 因素指面对压力事件时，家庭所拥有的内外在资源，如家庭内部的合作情感、家庭成员的身心健康或家庭外部的网络资源。C 因素指家庭对此创伤压力事件的主观知觉，及其所赋予此压力事件的意义。另一方面，双重 ABC-X 模式（Double ABC-X Model）认为受创家庭的危机与适应，主要受到家庭过去与现在压力源（Aa）、家庭过去与现在资源（Bb），以及家庭过去与现在对压力事件赋予的意义（Cc）等重要变项的影响。其中，Aa 因素指压力事件与其他困境，如在原始压力事件之外，还包含家庭随时间增加而累积的压力。Bb 因素指家庭可获得

① 王思斌：《社会工作综合能力（中级）》，中国社会出版社 2009 年版，第 105 页。

② 蔡素妙：《九二一受创家庭复原力之变化分析研究》，硕士学位论文，彰化师范大学辅导与谘商学系，2002 年版，第 29—35 页。

的资源,如过去原已存在的资源,以及现在处理压力事件过程中新产生的资源。Cc 因素指家庭对压力与资源的认知,如在旧认知上,加上对情境的新界定。Xx 因素系指家庭危机,在经历了 Aa 因素、Bb 因素与 Cc 因素的交互作用后,所新产生的危机与适应。

(2)家庭生态脉络互动模式

该模式着重探讨受创家庭的压力因应受到家庭内外层面的交互作用影响。一方面,家庭压力脉络模式(The Contextual Model of Family Stress)认为家庭是大环境脉络下的一部分,并非单独存在,因而家庭压力管理的过程,应充分发挥家庭内在和外在两大脉络的资源和支持作用,内在脉络包括家庭的结构、精神与哲学等;外在脉络包括历史、经济、发展周期、遗传健康、文化等。另一方面,家庭调适与适应反应模式(The Family Adjustment and Adaptation Response Model)强调家庭积极运用其能力(family capabilities),如所拥有的社会心理资源、所能做的因应行为等,去面对来自常态或非常态的压力源。在此家庭能力与压力源交互作用的过程中,家庭会从其个别成员、家庭整体、各种社区三个不同层面的生态系统开展有意义的互动,以帮助受创的家庭系统功能达到某种程度的调适或适应。

在灾后青少年心理重建的过程中,生态系统理论的运用需要注意以下几个方面的问题:一是意识到灾后青少年所遇到的心理创伤问题并不是灾后青少年自身特质以及能力的问题,家庭以及外在社会资源的不足才是问题的重要方面;二是服务的重点不能仅放在面向灾后青少年及其家庭方面,而是要更多关注学校、社区、社会救助系统以及政府等外在环境的支持与链接;三是灾后青少年及其家庭与周围环境的互动关系是一个动态的过程,社会工作者必须适应心理重建阶段的变化而做出调整;四是要从更大的灾后经济重建、生活重建、社区重建、文化重建的角度去思考灾后青少年的心理重建。

(三)家庭复原力理论

1. 基本含义

复原力主要被用于描述对于心理社会层面风险的抵抗力量。家庭复原力则主要被用于描述家庭在面对内外各种压力状态而发展出的自我保护机制,也表示为家庭在面对逆境状态下发展出的自我控制、自我保护和健康应对的力量。

在家庭复原力视角看来,所有家庭都将面临困难、压力和挑战,所谓健康家庭,并不是说没有"问题",而是拥有能力应付"问题"。具体来说,家庭复原力表现为以下几个方面:

首先,复原力是家庭所具有的一种能力特性。许多研究指出,复原力主要表现为个体一些优秀的品质和能力,包括乐观的态度、幽默的风格、自我控制的能力、坚定的意志、积极的自我效能以及开放的社会关系等。而对于家庭而言,如果家庭具有较为民主的教养方式、开放互动的家庭关系、相对完整而又有弹性的家庭结构和互动、较为亲密的家庭凝聚力,和谐的夫妻关系和亲子关系、家庭各子系统中清晰明确的边界和规范,以及有效地解决和应对问题的经历和能力,那么这个家庭就显得更有复原力特征。类似家庭中的受灾青少年也更容易从家庭获得支持和力量,从而有利于心理重建的顺利完成。

其次,复原力发生于家庭系统之内以及生态系统之间的互动历程中。复原力不仅仅天然地存在于家庭静态的内部系统和外部系统当中,更持续地存在于家庭内部以及家庭与外部社会环境的互动之中。复原力作为一种动态的过程,无论其内部及外部拥有的能力特质和资源如何,都需要在生态系统的互动中加以具体表现,而并不是因为家庭拥有某方面的能力特征,就适用于所有的压力情境,所以家庭复原力的发展包含家庭内外资源与支持力量的交互作用。对与灾后青少年家庭而言,复原力的产生一方面依赖于家庭遭受到地震灾害的创伤,并由于青少年受创而引起家庭的复原力反应;另一方面,家庭在协助青少年心理重建的过程中,能够积极平衡内外部的能力和资源,促使整个家庭功能最大程度的发挥。

最后,复原力是家庭所发展出的一种健康因应行为。地震灾害造成灾区大部分家庭的创伤,许多家庭都面临青少年心理重建的任务,但不同的家庭有不同的应对方式,其所产生的结果也不尽相同。可见,复原力也是家庭在应对灾后创伤过程中所发展出的一种问题解决和行为应对的模式,这一方面就要求家庭及其成员处于困境当中,另一方面依赖于家庭通过问题解决发展出有意义的、正向积极的抗压行动。

2. 家庭复原力在灾后青少年心理重建的运用

无论是对于个体还是对于家庭而言,复原力的存在并不仅仅是为了克服困难和逃离困难,更多的在于对抗逆境中的自我修复和成长。在地震灾后,家庭复原力作为一种保护性因素，不仅能够保护家庭及其成员免于地震创伤所造成的危机，更能够促进家庭及其成员在应对和解决危机事件的过程中掌握新的应对方式，实现自我效能和自我发展。下面根据复原力的不同特征论述家庭在灾后青少年心理重建工作中的模式：

(1)传统的易受伤害性和保护机制的模式

在面对地震创伤以及灾后青少年心理重建的过程中，该模式强调家庭需要调整压力与能力的关系，以形成相应的家庭保护机制。这又有三种实现模式：一是免疫模式，强调家庭的保护性因子类似于注射的疫苗，即强调家庭中过去正向的学习经验可以用来协助成功对抗地震创伤的压力，以及实现灾后青少年的心理重建。二是补偿模式，强调家庭在灾后青少年遭遇地震创伤及其心理重建过程中发挥补偿功能，以降低心理创伤的负面影响。三是挑战模式，该模式强调家庭自我挑战与发展的潜能，不仅认为地震创伤会成为灾后青少年心理成熟与发展的契机，而且家庭中有受灾的青少年也会促成家庭关系和互动的发展，从而发挥家庭的能量。

(2)家庭压力因应和适应的模式

该模式主要在于探讨受创家庭的易受伤害性与再生力量间是如何产生平衡机制的，并认为家庭复原力是在家庭压力评估、家庭资源、家庭形态、问题解决方式、家庭支持、家庭规范、家庭的一致性以及家庭的道德观的共同作用下形成的，并具体表现为以下十个方面：一是家庭有沟通和解决问题的能力；二是家庭具有民主平等的氛围和关系；三是家庭有清晰明确的规范和精神信仰；四是家庭具有一定的弹性；五是家庭内部的真诚和开放，促使家庭真实信息能够表达；六是家庭对未来有持续的信心；七是家庭具有坚韧性，能够对逆境和压力进行控制；八是家庭有相聚的时间和例行惯例，以保障家庭的沟通和互动；九是家庭有适当的情感和物质的社会支持网络；十是家庭成员具有身心健康的特征。虽然以上的各个因素都有利于灾后青少年家庭以正向的优势力量克服地震创伤的影响，但具体的作用过程仍然受到当地社会文化脉络的影响，尤其是在地震灾后的羌藏等少数民族地区，邻里间的互助、传统的风俗习惯以及信仰的力量往往成为家庭复原力的最佳因素。

(3)家庭的动力过程模式

该模式强调家庭的复原力是一个动态的过程，是个人、家庭与外在环境互动的结果。尤其是在地震灾后青少年的心理重建过程中，灾区复杂的社会文化环境要求不能以某一种固定的复原力模式来对抗逆境的压力，最重要的是能有不同的因应策略，以符合所发生的不同压力情境的挑战。从多层面的生态观点来看，家庭是多重文化脉络如种族、社经、宗教、家庭结构、性取向和生活阶段等脉络的综合体。在多元文化脉络下，家庭复原力并不是一种单一文化下的单一模式，而是需要不断适应家庭需要和发展的动态模式，并能够适应多元文化、兼容异质性、适应时代变迁的模式。具备此特征的家庭复原力包括以下三方面的因素①：一是家庭信仰系统，包括解释逆境的意义、看待逆境的积极态度以及超越逆境的信念；二是家庭组织方式，包括家庭的弹性、连接性以及家庭的社会和经济资源；三是家庭的沟通过程，包括家庭沟通的清晰性、情感的公开表达以及合作解决问题的经历等。

四、家庭社会工作介入灾后青少年心理重建的策略

（一）通过积极心理学促进家庭个别成员的正向心理作用

积极心理学强调对于灾后青少年的心理重建，不仅仅要关注损伤、缺陷和伤害，更要关注灾后家庭成员所体现出来的潜能、力量、爱和关怀。因此，在灾后青少年的心理重建过程中需要强调家庭成员的支持作用，通过以下途径充分挖掘家庭成员的正向积极因素：一是通过开展其他灾后重建的活动，转移家庭成员对灾后青少年创伤心理和负向情绪的关注，弱化青少年所产生的害怕、担心和恐惧心理；二是引导家庭成员从正向、积极、乐观的角度去认识和思考地震及其对青少年的心理影响，认识到地震有可能促进青少年的成熟和提升其责任意识，也会促进家庭关系的成长，从而取代过去对于灾后青少年心理弱势和心理问题的刻板印象；三是促进家庭成员积极投入到灾后重建的工作中，通过正向和积极的行动来取代对遭受地震创伤的消沉、退缩、绝望以及怨天尤人等消极情绪；四是积极肯定和鼓励家庭成员在灾后重建中所体现出的不畏艰难、坚定勇敢、解决问题的能力和品德，引导英雄主义气概的建立；五是通过个案辅导和小组工作激发和

① 史柏年、费梅苹：《社会工作实务（中级）》，中国社会出版社 2010 年版，第 365 页。

强化家庭成员乐观开朗、乐天知命以及幽默面对生活的性格特征;六是引导家庭成员去探访、关心和慰问那些遭受更严重伤害的地震家庭,通过与更不幸家庭的比较,弱化家庭成员自怨自艾的情绪,从而树立其自我安慰和关心他人的心理和品德;七是充分利用地震灾区及其家庭自身所具有的风俗文化、宗教情怀等心灵因素,促使家庭将悲伤情绪转化为帮助他人、行善积德、守望相助的行动,在助人中实现自助的目的;八是促使灾后有青少年的家庭成员积极组成灾后支持性小组,通过小组的情境以及互动氛围宣泄家庭成员的悲伤情绪、分享灾后生活经验以及协助心理重建的经验和心得。

家庭社会工作相信,灾后青少年所处家庭成员之间的彼此分享、支持、关爱和照顾是加强彼此面对压力情境的力量。因此,家庭社会工作需要积极建立开放的沟通互动情境,促进夫妻之间、亲子之间、手足之间都尽量彼此倾听、彼此分享、彼此支持和彼此关爱,不但可以避免误会、隔阂与冷漠,更可以通过引导灾后青少年个体及其家庭成员有效地促进其正向积极的认知、态度和行为产生,最终促进灾后青少年的心理重建。

(二)通过激发家庭整体的正向恒定作用,促进家庭整体的凝聚力

灾后青少年的心理重建既依赖于家庭成员的支持和互助,更依赖于家庭作为一个关怀性整体的内在心理支持和外在能量交流的作用。其中,作为家庭成员彼此关心、承诺和相互支持程度的家庭凝聚力因素,对于灾后青少年的心理重建具有十分重要的作用。而地震灾后,家庭的整体凝聚力往往会发生动态的变化,有可能是由亲密变得疏远,也有可能是由疏远变得亲密,也有可能更加亲密或者更加疏远。究其原因,可能与家庭的经济状况、家庭资源运用的能力、家庭对地震的认知和态度、家庭成员之间的沟通和分享四个因素有关。因此,家庭社会工作可以通过以下策略促进家庭整体的复原力和凝聚力:一是积极快速地帮助灾后青少年的家庭获得相对安全和稳定的家庭居住和生活环境,重建家庭的生活秩序,避免灾后居无定所和衣食无着而导致的家庭生活状况雪上加霜;二是帮助灾后青少年家庭积极申请政府紧急救援和灾后援助,并帮助其获得灾后生计发展的机会,协助类似家庭克服经济困境,稳定家庭经济状况;三是协助家庭成员克服负向沟通形态并学习沟通技巧,促进家庭内部的正向沟通和彼此支持,提升家庭和谐关系;四是促进家庭成员之间的彼此关爱、彼此承诺、彼此坚强和

彼此照顾,强化家庭成员之间形成生活共同体、情感共同体和生命共同体,以促进家庭整体的使命感和个体的存在感;五是协助灾后青少年的家庭改善日常生活形态,协助家庭有适当的时间陪伴青少年休闲和娱乐,积极参与学校和社区组织的各项活动,并帮助家庭成员积极适应安置板房以及家园重建后的生活;六是对于那些有成员受伤或去世的家庭而言,需要积极协助家庭成员适应新的家庭结构并肩负起新的家庭角色和责任,通过促进家庭的分工和沟通,保证家庭能够发挥正常的功能;七是协助灾后青少年家庭延续或重塑家庭的价值和信念,从而促使类似家庭能够走出地震创伤的心理阴影,将关注焦点由过去转移至现在与未来,以重新规划家庭灾后复原的发展蓝图。家庭社会工作相信,通过以上各方面的工作可以有效地促进家庭整体复原力和整合功能的发挥,提升家庭应对地震创伤的能力,最终促进灾后青少年的心理重建。

(三)通过多角度构建家庭生态系统的支持,促进家庭整体的复原力

鉴于地震灾害对于家庭及其成员创伤的严峻性,灾后青少年心理重建不仅依赖于家庭及其成员内部的支持与互助,更依赖于外在灾害救援状况、灾后重建实施、社会力量支持、社会文化氛围、生态环境以及时间长短等因素的影响。因此,家庭社会工作应着重从生态系统视角,为灾后青少年家庭构建多层次的社会支持网络,促进家庭整体复原力的发挥:

首先,要积极发挥灾后紧急救助和心理救援的功能,避免家庭在地震灾后陷入更为艰难的境地。地震骤然发生,对于家庭及其青少年的创伤应该是同时发生的,而对于生命的紧急救助和家庭生活的紧急安置成为灾后救援阶段的首要任务,但灾后青少年心理的关怀往往被忽视。一方面,在灾后紧急救援阶段,家庭社会工作就要积极联络受灾家庭的亲友、邻居、政府、慈善团体和外来专业人士,提供包括物资、医疗、丧葬、居住、生活尤其是衣食协助,满足受灾家庭基本生存和安全的需要;另一方面,需要在此基础上响应受灾家庭及其成员归属、爱以及心理健康的需要,尤其需要家庭社会工作联络适当的心理咨询、心理辅导与心理支持的专家和志愿者,为受灾家庭成员提供及时的心理援助,避免形成青少年灾后 PTSD。

其次,要积极联络相关社区以及学校的力量给予灾后青少年所处家庭以积极的支持。地震灾后,受创伤的家庭往往积极投入到灾后救援和家园重建工作中,因此家庭成员很可能缺乏足够的时间和经历去关注灾后青少年的心理需要,

加之部分家长缺乏青少年心理辅导和教育的技巧和能力，非常需要来自学校和社区力量的支持。一方面，社会工作者可以通过协助学校恢复正常教学秩序、开展灾后学校社会工作、探访和关爱灾后青少年的家庭、减免学生各项费用、解决学生的饮食和住宿问题、开展学业辅导、促进教师与灾后青少年结对子等方式来关心青少年灾后的心理重建，减轻家庭照顾和辅导灾后青少年的压力；另一方面，社会工作者还可以通过开展社区宣传教育活动、社区与家庭的链接、社区家庭互助会建设、社区志愿者活动、社区青少年心理辅导小组等工作减轻家庭照顾的压力，促进灾后青少年的心理重建。

最后，针对地震灾后受创伤家庭经济状况对青少年心理重建的影响，家庭社会工作需要积极协助灾后青少年家庭获得经济援助与生计发展，获得一定的经济保障。这一方面需要主动协助受灾家庭实现有效的就业，包括协助受灾家庭获得适当的就业信息、创业优惠和职业培训。也可以直接协助灾后青少年投入适当的职业活动，在职业活动及其所带来的成就感中克服地震灾害所带来的心理创伤，促进心理的重建。另一方面，社会工作还可以针对家庭成员缺乏足够的就业技能和职业动机的情况，联系相关单位为受灾家庭提供适当的职业训练、职业介绍、职业补助以及职业辅导，促使家庭能够更加主动地投入灾后生计重建的过程，为灾后青少年心理重建提供更为安全稳定的家庭经济环境。

（四）通过心理咨询与辅导，促进家庭的心理支持和青少年的心理重建

首先，通过个案工作直接为灾后青少年及其家庭提供个案心理辅导。一是通过心理与社会治疗促进青少年反思灾后心理的社会脉络，通过反思技巧以及非反思技巧减轻灾后青少年及其家庭成员的不安和功能失调，增强其适应灾后新生活的能力，开发其内在的心理潜能；二是通过认知行为治疗模式改变灾后青少年及其家庭成员的内在认知和外在行为，引导其科学认识地震及其所造成的伤害，并通过放松训练等释放心理压力；三是通过改变灾后青少年及其家庭成员对地震的绝对化和普遍化非理性思维，消除其对于地震的过度紧张和害怕，树立积极、乐观的理性思维，从而克服地震所带来的心理创伤；四是通过及时处理、限定目标、输入希望、提供支持、恢复自尊以及培养自主能力，消除灾后青少年及其家庭成员的极度紧张状态，促进其身心的平衡。

其次，通过小组工作为灾后青少年及其家庭成员提供宣泄、倾诉、分享、互动

和成长的情境和氛围，促进其克服情绪问题，实现互动互助和自我成长。一是可以通过支持小组的方式，引导和协助灾后青少年及其家庭成员讨论地震灾后生命中的重要事件，表达经历这些事件时的情绪感受，建立起相互理解和相互支持的共同体关系，达到心理重建的目的[①]；二是通过教育小组的方式，帮助灾后青少年及其家庭成员积极学习心理调节和情绪辅导的新观念、新知识和新方法，促进其相互心理支持和自我心理调节的实现；三是通过治疗小组的方式，帮助灾后青少年及其家庭成员了解自身存在的心理问题及其背后的社会原因，利用小组的治疗性互动和分享，改变其自身的心理和情绪问题，重塑其行为特征和人格结构，实现心理重建的目标；四是通过成长小组的方式，促进灾后青少年及其家庭成员通过地震的创伤来了解自我、认识自我并探索自我，认识到地震虽然给当事人带来心理创伤，同样也带来了心理的成长和正向的改变，从根本上达到心理重建的目的。

最后，通过社区工作以及行政倡导来促进社区心理康复和社会政策的改变，为灾后青少年心理重建提供社区和政策支持。一方面，需要通过社区宣传和教育来促进社区心理健康理念的普及宣传，制定心理健康教育的计划，提供心理健康促进的建议和咨询，收集相关人员的心理健康信息并进行相应的风险评估，制定并实施具体的地震灾后心理卫生应急预案，设立专线服务电话，或是以简单易了解的电视广告、广播、报纸新闻、报纸广告、宣传单等方式倡导，达到公告周知的效果[②]；另一方面，可以通过调查研究了解灾后青少年及其家庭心理重建的状态、需求、资源和限制，通过相应的政策倡导来促进公共精神健康领域家庭社会工作的发展，促进相关的机构和学者来研究和关心灾后青少年的心理重建，并将之上升为灾后心理卫生干预的重要内容。

第二节　灾后青少年心理重建的学校社会工作模式

在汶川大地震当中，学校成为重灾区，大部分校舍被夷为平地，许多教师和

① 王思斌：《社会工作综合能力（中级）》，中国社会出版社 2009 年版，第 153 页。

② 黄琼慧：《九二一地震组合屋家庭凝聚力之研究》，硕士学位论文，台湾师范大学人类发展与家庭学系，2009 年，第 106 页。

学生在地震中失去了宝贵的生命。尤其是对于青少年学生而言，地震所带来的冲击不仅仅来自于家庭方面，更来自学校生活、师生关系、同学关系以及未来学业和生涯规划方面的压力。具体来说，一方面由于学校受灾的集中性导致师生心理创伤和情绪困扰极易集中爆发和迅速扩散，从而给青少年学生造成广泛而深远的心理创伤；另一方面，地震灾区非常缺乏高素质心理健康教育专业机构和专业人员，许多学校也没有建立相应的心理危机管理机制，从而导致许多青少年学生地震灾后的心理问题无人关注。另外，“地震灾后大量缺乏组织、缺乏计划、水平参差不齐的心理援助队伍快速而急切地投入到学校开展心理健康干预与心理援助，组织和管理都出现混乱局面，不仅不能对学生进行有效的心理干预，有时甚至给受灾学生造成再次伤害”①。因此，超越孤立地关注学校心理问题，科学系统地围绕灾后青少年学生的心理健康问题，从家庭、学校、社区等多层面开展旨在促进其心理—社会功能恢复的社会工作服务，就成为灾后学校社会工作介入学生心理重建服务的重要目标和内容。

一、灾后青少年心理重建中学校社会工作的含义

（一）学校社会工作的基本含义

根据《中国社会工作大百科全书》对学校社会工作的定义，结合我国举国体制抗震救灾的灾后社会动员机制，我们可以将学校社会工作界定为“政府、社会各方面力量或私人通过社会工作者运用社会工作的专业理论、方法以及技巧，对各级各类教育系统中的全体学生，尤其是处于危险境地、困难境地以及易受伤害的学生提供的专业服务活动。其主要目的在于协助学生或学校解决所遇到的一般问题或特殊问题，调整学校、家庭与社区之间的关系，发挥学生的潜能和学校、家庭以及社区的整合教育功能，最终实现教育的最终目的和社会的和谐稳定”②。

学校社会工作具有以下基本特征：一是服务标准的专业规范性，强调学校社会工作必须是专业的社会工作者在社会工作的价值原则之下，采取专业的知识、

① 赵鑫：《地震灾区农村需要家庭社会工作的介入》，《兰州学刊》2010 年第 9 期。

② 史柏年、费梅苹：《社会工作实务（中级）》，中国社会出版社 2010 年版，第 379 页。

方法和技巧,针对教育系统的各方面需要提供服务,具体表现为机构设置、人员配备、服务程序、活动开展、道德伦理符合专业规范和标准。二是服务程序的科学系统性,强调学校社会工作必须遵循社会工作通用的接案、预估、计划、介入、评估以及结案的基本流程,在了解问题、分析问题、确定问题、解决问题以及评估成效的框架下开展服务,强调有效的介入策略和成效评估。三是具体方法的艺术灵活性,强调学校社会工作围绕学生身心灵发展的需要采取多样性、个别化的辅导策略和方法,既要体现社会工作的接纳、尊重、真诚、同感和个别化的价值理念,更要考虑学生所处的具体社会文化脉络,挖掘学生个人的潜能和生态环境的支持性因素,多角度地提供适切性服务。四是介入领域的社会实践性,强调学校社会工作要避免形而上的理论讨论,深入教育的实际场域,了解学生的需要,感受学生的内心世界,体验教学的实际过程,从而开展切实可行的服务策略和活动。

(二)灾后青少年心理重建学校社会工作的概念

地震灾后青少年的心理重建不是一个单一的生理或心理的康复,更不仅仅是一个单一系统的行动,而是一个从预防到治疗以及复原的长期过程,也是一个涉及灾后青少年的家庭、学校以及社区的复杂系统,更是一个涉及生理康复、心理复原和社会功能恢复的过程,其最终目的在于协助灾后青少年度过心理危机、克服自身及环境的障碍、实现自身潜能的开发和社会功能的恢复,达致人与环境的相互适应和平衡发展。因此,灾后青少年心理重建学校社会工作是指在地震灾后青少年所处的个人行为以及社会环境互动的系统分析基础上,社会工作者充分利用专业价值、方法以及技巧的优势,通过促进灾后青少年自身潜能的开发,协助教育系统的关系协调和行政支持、促进家庭内不同成员之间的互动和教育、广泛开展社区动员和资源整合,最终通过不同系统之间的整合来实现灾后青少年心理的复原与成长。在这一服务过程中,社会工作者不仅仅关注灾后青少年及其环境所存在的问题和限制,更注重激发其不同层面所蕴含的优势和潜能。

(三)灾后青少年心理重建学校社会工作的内容

具体来说,灾后青少年心理重建学校社会工作可以包括以下四个方面的内容:一是面向灾后青少年本身的服务,这主要包括评估其灾后心理创伤的程度、提供情绪倾诉和情感支持服务、提供心理咨询与辅导服务、提供灾后心理危机干预服务、开展灾后学业辅导服务、组织互助小组活动等。二是面向灾后青少年所处教育系统的服务，这主要包括筛查高危险群的学生、面向高危险群学生开展辅导和转介服务、支援班级开展辅导服务、面向班级性悲伤开展辅导工作以及全校性悲伤辅导、面向教育工作者本身开展情绪疏导和技巧教育服务、促进学校内部不同部门和人员之间的协调和团队合作、为教育系统联络医疗和志愿服务机构等外在社会资源，以及其他相关服务。三是面向灾后青少年的家庭系统的服务，这主要包括协助灾后青少年家庭获得力所能及的外在社会支持以及援助、持续了解家庭成员所受到的心理压力、为家庭中的个体或整体提供心理咨询与家庭治疗、协助家庭成员处理愤怒和压力、促进家庭的凝聚力、提升家庭成员相互沟通和支持的技巧、促进家庭与外在社会系统之间的链接，最终促进青少年在支持性的心理环境中勇敢地面对创伤，逐渐适应新环境以及激发其复原力。四是面向灾后青少年所处社区系统的服务，这主要包括协助灾后青少年积极参与社区活动、促进社区志愿者与学校之间的联络、扩展社区服务的范围与内容、建立支持性的社区服务中心等。

二、学校社会工作介入灾后青少年心理重建的意义

（一）对青少年个体及其群体而言

一是通过学校社会工作的个案辅导和危机介入，及时处理地震灾后高危的个案，为有特殊需要的青少年灌注希望、及时处理可能出现的自杀等问题；二是通过开展学校社会工作，为青少年在学校营造一种“家”的感觉，为处于地震灾后混乱状态的青少年提供心理支持与其他社会支持，帮助青少年安心地度过惊吓以及害怕的阶段，为其心理重建和复原提供基础；三是通过学校社会工作促进学校恢复教学，或者通过学校社会工作开展青少年学业辅导，让灾后青少年能够获得正常的教学以及学校活动，引导其回到正常的生活轨道；四是通过学校的班级辅导和小组活动，针对灾后青少年实施心理重建活动，促使其将内心的恐惧、害怕等情绪发泄出来，促进其人格健康成长。

（二）对青少年父母及其家庭而言

一是通过为灾后青少年学生提供学业辅导、学费减免、营养补助等形式来协

助其家庭减轻经济和照顾压力，以增强学生家庭的社会支持网络；二是通过为灾后青少年学生提供亲子互动平行小组来促进其亲子关系、手足关系的协调，通过家庭辅导来帮助青少年学生克服地震所带来的心理创伤；三是通过整合灾后青少年家庭、学校以及社区资源，促进家庭、学校相关政策以及社区资源之间的有机联结，通过各种形式使三方合作，为学生全面发展提供良好环境。

（三）对青少年所处学校系统而言

一是可以通过社会工作为学校联结相关的政府资源、社区资源、家庭资源以及社会服务资源，让学校能够有更多的资源应对和处理学生的情绪问题；二是可以通过社会工作者积极促进学校领导、行政人员、德育工作者、心理教师以及专任教师之间的协调，通过开展转介服务积极处理有特殊需要的学生，并促使学校内部形成灾后学生心理重建小组来提供专门的社会工作服务；三是通过设立专门的学校社会工作部门，弥补学校心理重建机构缺乏的不足，通过社会工作者协助德育主任、专任教师面对有需要的学生，减轻学校相关部门的压力；四是针对学校心理辅导教师的缺乏，由社会工作者提供专门的心理重建的技巧培训，并协助心理辅导教师举办相关的互助小组，提升他们应对灾后青少年心理问题的能力和动机；五是通过社会工作者的协调，促进学校各级行政和教学人员重视灾后青少年学生心理重建的重要性，并力所能及地参加到灾后心理重建的工作中来，形成良好的学校氛围。

（四）对青少年灾后整体重建而言

对于地震灾后的青少年个体而言，更容易受到地震创伤的影响，但是这种心理创伤更容易通过小组工作的方法来加以辅导。社会工作者可以协助灾后青少年学生“成立支持性互助小组，通过彼此信任的关系建构、相互交流和相互支持，引导和协助他们讨论自己生命中的重要事件，表达经历地震灾难的情绪感受，建立起彼此相互理解和信任的共同体关系，达到相互支持的目的”①。通过支持性小组，灾后青少年学生能够认识到自身存在的潜能，从而实现其抗逆力的激发，促进其灾后心理重建的完成。

---

① 王思斌:《社会工作综合能力（中级）》，中国社会出版社 2009 年版，第 153 页。

三、学校社会工作介入灾后青少年心理重建的模式及其原则

纵观社会工作进入灾区学校的过程可以发现，它是社会工作团队正确理解自己面对的社会空间及其特征的过程，是社会工作团队与当地学校负责人和教师持续互动的过程，也是在互动中双方相互理解，并通过相互理解自我再定位与进一步探索合作的过程。“在这一过程中，学校逐渐开放了边界，社会工作获得更多实践权，拓展和深化了服务”①。因为，在一个制度化的、自上而下的体制内发展社会工作，需要社会工作群体的能动性建构②。一方面，通过学校社会工作服务的方式为地震灾后青少年开展心理重建服务，需要有相应的制度设计和安排，更需要通过一定的模式和途径进入原有的教育服务系统；另一方面，在进入已有教育系统开展心理重建服务的过程中，社会工作者既需要充分发挥社会工作在宏观资源整合方面的作用，更需要注重在具体的心理重建过程中的实施技巧，最终发挥出团队合作互动的积极作用。

（一）学校社会工作介入灾后青少年心理重建的模式

从美国学校社会工作的发展进程来看，自从 20 世纪初开始，先后经历了访问教师运动、协助少年犯罪防治、强调社会个案工作、强化学校与社区的关系、着重残障儿童的服务以及扩展服务领域与工作人数六个工作阶段。1994 年，美国学校社会工作协会独立，至 2004 年已经有 30 多个州任用学校社会工作者 16000 多人。台湾学校社会工作自 1949 年以后，先后经历了学术界倡议社工进入校园、民间团体试办学校社工方案、政府补助民间团体办理儿童保护、国中试办设置专业辅导人员、地方政府办理学校社工方案等阶段。

迄今，我国台湾地区的学校社会工作已经发展出以下四种介入模式：一是驻

① 王思斌：《社会工作实践权的获得与发展：以地震救灾学校社会工作的展开为例》，《学海》2012 年第 1 期。

② Angelina, W.K., Yuen-Tsang & Sibin Wang, “Revitalization of Social Work in China: The Significance of Human Agency Ininstitutional Transformation and Structural Change”, *China Journal of Social Work*, Vol.1, No. 1, 2008, pp.1-8.

校社工模式,即是由地方政府聘用学校社会工作者,进驻有需要的中小学提供相应的专业服务。这是台北市、台北县、新竹县的主要办理方式。其中,台北市在实施学校社会工作的中小学设立“一校一社工”制度;台北县则将全县分为九个学区,每一个学区的中小学生总数每达到五千人,并在其中学生较多的学校设立一名学校社会工作者,就近支持其他有需要的学校。而新竹县,则在国民中小学,各选择一个学校设立学校社会工作者,并接受其他学校的转介个案。二是巡回服务模式,即是由教育局聘用学校社会工作者为相关的几个学校提供巡回服务。比如,新竹市根据中小学的学生数量及相关远近距离来划分责任区,每一个责任区设立一名学校社会工作者,并为该责任区内的所有学校提供巡回辅导服务。三是支持服务模式,即是由教育局聘用学校社会工作者,配置在中心学校,并就近支持其他学校的学生辅导工作。比如,台中县采取分区责任制的方式,将全县 21 个乡镇分为四个责任区,由“张姐姐辅导中心”的四名社会工作者,分别协助责任区内的中小学处理学生、学校、家庭和社区的相关问题。而台北县的学校社会工作者,除了提供驻校服务外,还必须支持全县国民中小学处理学生的个案及偶发事件。“台北市则将学校社会工作者驻在福安国中,但每周还必须支援富安国小一天,怀生国中的驻校社工也必须为该校学区国小提供咨询服务,另有七所学校的驻校社工都必须定期召开区域性资源会议,提供区域性学校咨询服务,并协助区域学校召开个案资源协调会议”①。四是专案委托服务模式,即是由教育局通过专门委托民间社会福利机构和团体,协助学校开展个案辅导工作。

学校社会工作要想有效地介入地震灾后青少年心理重建系统,必须充分考虑到已有教育系统内部的体制障碍、权力关系和机构设置的实际情况,通过有技巧、有策略地嵌入的方式进行。正如王思斌教授 2011 年在分析阐述社会工作在中国大陆的嵌入发展过程时所提出的嵌入性理论视角所认为的:“中国社会工作在介入社会建设的进程中,必须充分考虑嵌入主体、嵌入对象、嵌入过程、嵌入空间和嵌入效果等因素。”②学校社会工作介入地震灾后青少年心理重建工作也是一个嵌入的过程,即是专业的学校社会工作者及其专业的社会工作活动如何有效地嵌入地震灾后各级各类学校已有的一套自己本土的以“德育”为核心的

① 林胜义:《学校社会工作理念及实务》,学富文化事业有限公司 2007 年版,第 18—19 页。

② 王思斌:《中国社会工作的嵌入性发展》,《社会科学战线》2011 年第 2 期。

学生服务体系和机制的过程。在这个过程中,需要考虑如何进入学校、有哪些支持与阻碍因素、进入到学校的什么位置、发生了哪些行动、与学校各个部分的关系怎样,以及所提供的服务对学生、老师、家长、学校以及社区产生了怎样的影响和效果等①。社会工作的嵌入不是一个一蹴而就的过程,需要循序渐进地开展和进行,具体可以包含以下几个步骤:一是植入式阶段,即是外来的社会工作机构和人员通过主动承担类似志愿者服务的角色,直接进入地震灾区开展青少年及学校辅导工作。此时,学校社会工作者还仅仅是外来的人员,并没有融入到当地教育系统的学生服务中去。比如,地震灾后的长沙民政学院社会工作义务服务队、中国青少年发展基金会和中国社会工作教育协会联合推出的"抗震希望学校社工行动"项目等进入灾区都是直接植入的方式。这些学校社会工作者往往在初期开展了许多志愿服务工作,包括成立帐篷学校充当教师角色、清理震后受损街道、帮助村民搭建过渡板房、带入物质资源、利用心理课程提供生命教育、配合团队工作和班主任工作,等等。二是嵌入式阶段,即是学校社会工作者通过参与地震灾后紧急救援与恢复重建工作,逐步得以有机会融入当地灾区教育重建以及心理重建的过程,更加全面深入地配合已有学生服务的工作,并相对独立地开展专业服务。这一阶段的服务比植入式更加深入和具体,更加考虑灾后青少年的具体问题和需要,成为灾后教育重建和心理重建的主要组成部分。此时,学校社会工作者可以更有效地设计、组织、实施各种活动,通过社工信箱、社工小屋对学生进行个案辅导,通过小组体验活动帮助教师进行压力放松方面的团辅与心理健康知识的培训,对学生引入先进的生命教育理念开展成长小组课程、新生活技能培训、治疗性小组、个案辅导及才艺活动展示等。三是契合式阶段,即是学校社会工作凭借自身的服务专业性和成效性得到灾区教育系统的认可,与学校教育工作融合并在本土持续发育和发展,或者在当地独立注册,或者成为地方政府公共服务的一部分,或者成为当地学校学生服务的一个系统。在这一阶段,社会工作服务具有较强的独立性,能够更加凸显专业、更精深地开展社会工作服务,也能根据灾区实际情况调整社工服务手法促进社会工作本土化发展。比如,2010 年,在广元成立了"利州希望社工服务中心",依托利州区教育局,政

---

① 许莉娅:《专业社会工作在学校现有学生工作体制内的嵌入》,《学海》2012 年第 1 期。

府购买服务与“青基会”资助共同支撑学校社会工作的发展①。

（二）学校社会工作介入灾后青少年心理重建的宏观原则

从宏观制度设计方面看，学校社会工作要想有效地介入灾后青少年心理重建，必须充分考虑其与原有教育系统中学生服务工作在服务理念与教育理念、学生需要为本与学校任务为本、工作的优势取向与问题视角、服务的授权增能与控制管束、工作者的团队合作与独立作战、更多重视人的全面发展与关注意识形态等方面的差异。许莉娅以四川抗震希望学校社会工作实践经验为例，提出“在现有学校服务体系中嵌入社会工作的战略及策略包括：建立学校社会工作制度，在学校设立社会工作岗位，组建学校社会工作科际团队，明确学校社会工作者的角色与职责；责成学校社会工作者组织全员培训与团队培训，向学校教职员工传达社会工作的专业助人理念、功能及助人方法，帮助学校人员了解、接纳认同社会工作；对合作团队的成员进行参与式的系列培训，培养本土社工”②。在此有效介入的制度设计基础上，学校社会工作介入灾后青少年心理重建还必须充分考虑以下几项工作原则：

一是生命第一和客观实际的原则。一方面，学校社会工作介入灾后青少年的心理重建会面临诸多的环境和制度障碍，同时也会在生理康复、心理辅导和环境重建等方面产生冲突。此时，社会工作者需要坚持服务对象利益至上的原则，具备应对突发性事件的能力，以保护灾后青少年的人身安全为第一出发点，避免给当事人带来更多的二次伤害。另一方面，学校社会工作的开展必须充分深入了解震后灾区的社会政治经济文化脉络，充分考虑当地社区文化、家庭经济状况以及学校教育体制内外环境的资源，分析灾后青少年以及师生的切实需要，有针对性地提供服务方案，避免“外来专家式”的武断和操控。

二是系统性和可持续发展的原则。一方面，灾后青少年心理重建是一个系统性的工程，不仅涉及社会工作本身如何专业性地开展服务，更牵涉到如何融入当地教育部门、如何与青少年的其他系统联系合作的问题③。因此，学校社会工

---

① 王松：《灾后学校社会工作运作机制的实践性探索》，《社会工作（实务版）》2011 年第 6 期。

② 许莉娅：《专业社会工作在学校现有学生工作体制内的嵌入》，《学海》2012 年第 1 期。

③ 陈华：《地震灾区学校心理援助体系构建研究》，《西南交通大学学报（社会科学版）》2009 年第 2 期。

作需要积极建立与学校现有教育行政部门、学校行政领导者、学生管理部门以及专任教师的联系，还要积极建立与外在相关社会服务组织、灾后重建指挥部门、学生家庭系统、学生社区系统等的联系，使之配套并建立关联互动的工作网络。另一方面，学校社会工作不仅要积极协助处于应激状态的青少年，还需要承担其他教育部门和学校转介过来的灾后青少年；不仅需要开展高危群体的个案辅导工作，还需要针对有类似问题的学生开展小组辅导；不仅需要在学校内部开展服务工作，还需要积极拓展社区宣传教育、外展服务等工作；不仅需要处理心理问题，还需要处理情感、学业、经济以及家庭等问题。这些都要求学校社会工作介入灾后青少年心理重建必须坚持系统观下的可持续发展原则，从家庭—学校—社区相互之间协调合作的角度，强调挖掘灾后青少年的自身潜能和社会支持，激发其复原力，实现其社会功能的恢复，实现可持续性的心理重建目标。

三是跨专业团队合作的原则。郭伟和认为："所谓的跨专业是指任何人类服务专业，包括心理辅导、社会工作、教育、医疗和护理等，都要以案主的利益为本，形成一种密切的合作关系来提供个别化的服务。"①可见，跨专业团队的合作不仅仅是表面上的不同专业在一起工作，而是不同的专业机构和人员围绕一个共同的服务对象，通过密切合作建立一个沟通的平台和服务协作机制，并实现专业之间的互补与共融。灾后青少年心理重建中的跨专业合作涉及教育行政管理人员、专任教师、德育工作者、临床心理专家、社会工作者、医护人员以及志愿服务人员等。一方面，在日常应对灾后青少年心理问题的过程中，社会工作者既可以单独开展个案辅导和小组工作，也可以就具体个案或小组向相关行政领导、专任教师、心理专家或者德育主任寻求咨询、意见、协助和资源调配的工作；另一方面，当部分青少年学生的心理问题较为复杂而需要多部门、多专业合作共同解决的时候，社会工作者不仅需要调动服务对象及其家庭成员的参与，更需要积极与团队的其他专业人员共同开展调查、评估、制定计划、开展服务以及资源整合的工作。除此之外，学校社会工作者还要接受其他专业人士转介过来的服务对象，同时也需要将部分服务对象转介给其他专业人士。

四是身心灵全人康复的原则。"全人"是指个体是系统全面的，即我们对待人应有一个整体的看法。地震灾后青少年的心理重建过程中，必须坚持其身体、

① 郭伟和：《越轨青少年社会干预的基本倚重和工作策略》，《中国青年研究》2004 年第 11 期。

心理以及社会功能全面康复和发展的原则，在为有康复需要的青少年提供治疗的过程中实现心理的重建，在开展心理重建过程中实现学业发展、人际关系和谐以及人格的成长，在人格成长的过程中实现社会的参与与贡献，最终通过社会功能的提升来实现心理重建的可持续发展。这其中，学校社会工作不仅需要配合身体的康复训练，还需要积极提供心理辅导、小组互动和社区参与的服务，以便达到全人康复的目的。汉旺学校社工站在全人康复方面就综合开展了康复家访、建立康复病例、康复训练、能力提升小组、参与社区活动等，实现了灾后青少年学生的全人康复目标①。

（三）学校社会工作介入灾后青少年心理重建的微观原则

首先，坚持危机介入的基本原则。大部分青少年虽然能够积极面对地震灾后的心理创伤，但对于那些家庭发生重大变故、有过往伤害经历以及心理极度脆弱的个体而言，依然面临着较大的风险。因此，学校社会工作者需要在学校开展高危学生的筛查和危机介入服务。一是要及时处理，在有限的时间内快速筛查接案、及时处理，尽可能减少对班级其他同学的负面影响和伤害，抓住有利的可改变的时机，避免青少年进入心理退缩阶段。二是要先定目标，尽可能降低地震创伤所造成的危害，将服务的精力集中在目前有限的目标上，与青少年共同协商和处理面临的心理危机。三是输入希望，为那些处于迷茫、孤独、无助和绝望的青少年输入重生和重建的希望，激发其寻求改变和重建未来的愿望。四是提供支持，在积极安慰和鼓励的基础上，充分利用服务对象自身所蕴含的对未来生活的向往和周围他人的资源，为青少年提供必要的物质、信息和心理支持。五是恢复自尊，在了解服务对象自我概念和需求的基础上，协助其恢复对生活的自信。六是激发抗逆力②。对于处于心理脆弱和弱势状态的灾后青少年而言，需要积极促进其亲社会的联结，提供关怀与支持，对其建立和表达高期望，并为其提供社会参与的机会，增强其自主能力。

其次，要坚持舒缓情绪的3T原则。学校社会工作者在协助儿童青少年面对及因应创伤性事件时，如果以一种可怕的混乱状态及儿童青少年无法掌控的不

① 陈会全、沈文伟：《论灾后学校康复社会工作的基本原则：基于汉旺经验》，《社会工作（学术版）》2011年第10期。

② 王思斌：《社会工作综合能力（中级）》，中国社会出版社2009年版，第129页。

舒适的情绪来引导，则会使其心理处于更加混乱的状态，除非确定了解儿童青少年的需求以及足够的关怀来协助他们因应失落。因此，有效地协助青少年舒缓情绪是灾后心理重建非常重要的步骤，具体包括以下原则①：一是要允许青少年流泪(tears)。社会工作者可以协助灾后青少年释放自己内心的消极情绪，坦然面对内心的伤痛，好好哭一场，宣泄内心的悲伤。二是引导青少年找一个人倾诉(talk)。社会工作者需要引导青少年不要否认和隐藏自己的内心感受，找个适当的人谈论内心的感受及想法，与他人一起分担忧伤情绪。三是给青少年充分的时间处理消极情绪(time)。社会工作者要充分尊重不同青少年的具体情况，不要勉强其忘记过往，可以让伤痛适当停留一段时间，并协助青少年在伤痛中获得成长。

再次，要坚持构建人生希望的3A原则。面对地震所带来的心理创伤，最适合的方法是构建未来人生的新方向，强化恢复重建后的新希望和信心。一是协助灾后青少年有正确的自我觉察(awareness)。地震灾后，青少年往往有错误的自我觉察和归因，总认为亲人的离去、自身的情绪低落是由于自身而引起的，这会导致青少年有更加负向的自我评价和自我概念。因此，需要协助青少年将自我情绪低落的原因归于外在地震灾害的创伤，同时通过自我检查技巧认识自身存在的消极的、非理性的信念。认识到心理困境是外在环境与内在心理特质相互作用的结果，并在无法改变外在生存环境的情况下，改变自身的生活态度，树立积极的想法，采取更加积极的行动。二是通过积极的回答协助灾后青少年树立理性的信念。在认识到自身的非理性信念之后，社会工作者可以通过辩论、理性功课、放弃自我评价、自我表露、示范、替代性选择、去灾难化、想象等技巧反思自身在灾后可能的行动和策略，从而树立理性的思维信念。三是促使灾后青少年积极参与社会活动，采取行动参与心理重建历程。地震浩劫所导致的心理创伤往往会让灾后青少年觉得人生无常，世事不定，生活从此不再有意义和目标，并进一步地产生了消极绝望、悲观厌世的心情。社会工作者需要协助他们克服沮丧的心情，通过规划下一步的行动，并采取切实可行的行动提升学业、协助亲人、参与家园重建，在社区参与中激发未来生活的信心②。

---

① 廖文乾：《地震灾后国民小学实施心理复健之探究：一所灾区小学之个案研究》，硕士学位论文，国立台中师范学院国民教育研究所，第25页。

② 廖文乾：《地震灾后国民小学实施心理复健之探究：一所灾区小学之个案研究》，硕士学位论文，国立台中师范学院国民教育研究所，第25—26页。

最后，在面向灾后青少年开展心理重建的过程中，需要积极协助其正确疏导悲伤情绪。一是为灾后青少年提供正确的信息。大部分亲人及教师都倾向于向灾后青少年隐藏其家庭变故和亲人离世之类的消息，也会倾向于采取更为隐晦和模糊的方式告诉他们。这无论是对于儿童还是青少年，都不利于其表达内心的伤痛和情绪，甚至容易让他们形成自责和愧疚的心理。因此，学校社会工作需要为灾后青少年提供正确的关于地震、死亡以及心理重建的知识，相信、鼓励并协助他们采取更为积极的方式去应对悲伤。二是促进灾后青少年以开放诚实的态度来面对创伤。对于地震及其所造成的伤亡，普遍认为否认应该能够减轻伤害。实际情况却与此相反，以坦诚、真实和开放的心态去面对所发生的事情，才能够有效地协助青少年克服事件所带来的负面影响。这不仅需要社会工作者协助青少年如实认识地震的事实和悲伤过程的感觉，而且要求社会工作者也能够如实面对自己在服务过程中的情绪，学会适当地表达自己的哀伤情绪。三是通过情绪辅导给青少年提供心理支持。地震灾后的青少年有复杂的心理状态，但孤独和哀伤、缺乏安全感最为显著。社会工作者需要通过多种技巧来表达对青少年情感的关注和支持，协助其度过心理的幽谷。四是要协助灾后青少年通过适当的方式纪念创伤事件。对于儿童而言，地震往往如童话般的巫婆和幽灵一般剥夺了人的生命，因此通过故事重构和仪式可以有效地消除其负面影响。而对于灾后青少年而言，也需要恰当的仪式和事件来纪念地震事件，并寄托对许多人与事的哀思和情感。比如，举办一场为逝去同学的烛光悼念，通过折千纸鹤来寄托对亲人的哀思，在地震周年举办追悼会，为亲密的宠物举办丧礼，通过种植花草来纪念某些人和事，通过捐款来表达对其他地区灾难的援助，通过阅读关于死亡与哀伤的作品来分享创伤经验等等，都是非常好的悲伤辅导的形式。

四、学校社会工作介入灾后青少年心理重建的策略

（一）为有特别需要的青少年提供学校心理辅导及个案管理

虽然地震灾后青少年心理危机的介入和干预可以有许多的途径和方式，但是学校的确是一个非常适合的平台。无论是通过学校内设社会工作者，或是通过外来机构的志愿服务，还是通过社会工作机构设立的社工站方式来开展社会

工作服务，在学校设立社工辅导室都是比较好的方式。社工辅导室的主要职责是为受到创伤的学生提供危机干预服务，协助学生适度地处理因灾难而产生的种种心理困扰，还需要面向教师、行政人员以及心理咨询师提供综合性服务。面对灾后青少年的心理重建，学校社会工作的个案辅导可以开展以下几项服务：

首先，及时开展灾后高危学生的筛检。学校师生在地震灾后发生的四周内，是最为惊慌、混乱和焦虑的阶段，需要通过专业的方法及时筛查有个别咨询和辅导需要的学生。一是可以使用“压力自我评估表”来筛选压力指数较高的学生；二是可以参考学校先前对学生受创状况的资料和家访等信息，将那些有家庭成员或者好友死亡或重伤以及家园毁坏严重的学生列为高危群体；三是可以将那些在地震中身体受到重大伤残的学生列为高危群体；四是可以通过面向灾后学生开展小组工作，通过小组工作筛查出具有个别辅导需要的学生。迅速而有效的个案评估有助于社会工作者排定介入的优先顺序并进行必要的资源链接和转介。

其次，针对有需要的学生提供灾后辅导工作。对于受到灾难创伤的儿童青少年而言，社会工作者提供适度的关心、慰藉和支持是非常重要的。除此之外，还需要开展以下的具体服务：一是开展立即性的心理辅导，包括班级辅导、个别辅导、个别咨询、专业人员协助辅导、追踪辅导、转介严重受创伤个案等。二是开展长期性的心理重建，包括：为师生开展创伤后压力症候群辅导的培训、生命教育、课业辅导和教育安置；针对已经出现创伤后压力症候群的学生提供心理咨询、心理辅导、哀伤情绪治疗；针对较严重的学生个案提供心理治疗和转介辅导。

再次，针对特殊需要的学生提供转介服务。地震对青少年所造成的影响是综合性的，往往伴随着不同的情况发生，以下四种情况需要社会工作者开展转介服务：一是当地震灾后青少年的心理问题较为严重，且社会工作所提供的个案辅导和小组工作难以产生预期效果时；二是当社会工作者发现自己专业能力有限、产生移情和反移情或者双重关系问题无法克服时；三是因为个人与环境的问题而导致无法再继续给当事人提供有效服务时；四是当社会工作服务的目标已经达成或者无法再继续协助灾后青少年时。开展转介服务是社会工作者的一项重要任务，不但需要积极判断需要转介的情况，还需要对转介的资源有充分的认识和了解。在转介过程中，社会工作者需要事先告知灾后青少年转介的理由和必要性，并与当事人达成知情同意和积极合作关系，共同商定出转介选择与后续可使用的资源。

最后,地震灾后有部分青少年学生由于丧失双亲而导致身处极端弱势的困境,不但面临着家庭关系的无依、生活上的无着、心理上的无助,而且面临着未来学业和生活的规划问题,甚至有部分青少年自身身体也受到地震的伤害。此时,社会工作需要及时开展需求评估,并安排、协调、监督和倡导一种包含多种项目的服务,整合不同系统、不同专业人士的力量,满足当事人综合性、复杂性的需求①。通过个案管理,社会工作者可以建立一个不同专业领域的团队工作方式,包括联络医生提供肢体康复服务、联络教师提供学业辅导服务、联络临床心理学家提供情绪和情感支持服务、联络民政工作者提供各项救助服务、联络家族系统提供生活照顾服务等。

(二)为灾后青少年提供学校心理重建的小组工作服务

在为灾后青少年建立支持性小组的过程中,社会工作者首先要做好的就是预备适当的小组。一是需要深入了解灾后青少年的心理需要,不仅需要关注那些主动寻求帮助的青少年,更需要关心那些无法与他人分享内心失落和哀伤经验的青少年。二是需要选择适当的小组活动场所和主办者,确保小组成员能够在舒适、熟悉的场所开展服务,而又不会引起其过度的心理敏感。三是需要选择适当的成员招募方式,最好是通过前期的心理评估和个案会谈后确定组员较为恰当,最好采取个别且私下的邀请方式。四是要适当控制小组的规模,为确保每个组员都能够有效分享内心的经验并能够积极互动,小组的规模最多不能超过十人。

在具体开展小组工作的过程中,社会工作者需要十分敏感小组的进度、结构以及规范的制定,以使小组能够给予灾后青少年心理上的支持而不是二次伤害。为此,社会工作者需要做好以下工作:一是适度控制小组的结构。对于为灾后青少年提供心理重建的小组工作,需要保持相对的封闭性和一定的期限性,且需要在青少年哀伤经验强烈的时候适度增加小组活动的次数。二是需要为小组制定相对严格的规范,以保证小组成员在决定离开之前能够和大家有足够的时间知会,避免给其他组员造成莫名其妙的感觉,并产生不知道发生了什么事情的担

① 王思斌:《社会工作综合能力(中级)》,中国社会出版社 2009 年版,第 145 页。

心。三是在小组活动过程中,社会工作者需要考虑多样性的活动方式。尤其是在组员难以表达内心感受时,可以采用写信、绘画、诗歌、说故事、唱歌、游戏等多种方式来进行。四是社会工作者在小组活动过程中需要积极发挥使能者的角色①,对哀伤心理和灾难心理有充分的了解,能熟练地处理哀伤情绪和创伤心理,能够营造信任的小组氛围并有效地控制可能的风险,能敏锐地觉察不同青少年的社会文化脉络的差异。

(三)为灾后青少年提供社区性心理干预以及外展社会工作

之所以学校社会工作需要开展社区性心理干预以及外展社会工作,主要出于以下五个方面的考虑:一是学生只是灾后青少年的一个部分,许多没有就学的社区青少年同样遭受到地震的心理创伤,却难以得到学校心理健康服务;二是灾后学生在假期也难以获得持续的学校社会工作服务;三是受灾学生的心理健康很大程度地受到家庭、社区以及同辈的影响;四是学校社会工作服务需要来自社区及社会资源的补给;五是灾后学生心理重建的最终实现需要在社区服务和社区参与中得以提升。

因此,提供社区性心理干预和外展服务,是社区式学校社会工作发展的必然要求,具体来说可以包含以下几个方面的内容:一是在家庭环境中促进灾后学生的心理重建。对于许多学生而言,家庭经济状况、家庭关系和凝聚力是心理重建能否取得成效的关键,社会工作者需要积极联系学生家长参与家长会,争取他们支持相关心理辅导活动与家庭治疗并作出建设性的反应。二是在社区开展家长学校,促进家长对子女心理问题的敏感度和关心,提升家长应对子女心理和行为问题的方法和技巧,并加强社区与家庭之间的联系。三是积极开展社区调查与分析,了解社区环境、社区文化、社区治安、社区机构、社区对学校的态度和期待、社区所存在的问题和需求等要素,并分析社区环境对灾后青少年所产生的影响。在此基础上协调社区机构、整合社区资源,并开展社区心理健康宣传与教育,促进社区能够有效地关注灾后青少年的心理重建,形成家庭—学校—社区共驻共建的氛围。四是通过学校社会工作者走出学校,关心和接触那些地震灾后流连

① Charles,A.等:《死亡与丧恸:青少年辅导手册》,吴红恋译,心理出版社1996年版,第347—356页。

社区的失依、无家可归、行为偏差、逃学的青少年，运用个案、小组以及社区等方法，结合社区资源，提供紧急救援、心理辅导和转介服务，以保证整个社区的灾后青少年都得到关注和服务[①]。五是协助灾后青少年通过参与社区服务来达成心理重建和自我成长的目的。无论是何形式的心理重建，最终检验成效的方式都依赖于灾后青少年能够与周围社区以及社会环境达成良性的互动。因此，学校社会工作者需要鼓励灾后青少年积极参与社区服务，为社区中有需要的人群服务，并在服务过程中带动自我成长与自我训练，最终实现心理暨社会功能的恢复与提升[②]。

（四）通过社会行政与政策倡导整合灾后学校心理重建服务体系

首先，需要根据灾难发生后对学生进行心理援助的任务及阶段特点，在学校教育和学校管理基础上构建灾后学生心理重建的三级预防体系：一是要强化初级预防工作，面向全校师生开展心理卫生教育，举办精神疾病相关研讨活动，结合校内外辅导资源提供相关的咨询、筛选和危机干预服务，构建学校心理卫生服务资源网络；二是要积极开展危机后的心理干预，联结校内外行政力量，及早介入高危个案及其生态系统，避免问题恶化以及环境的不良影响；三是要配合相关医疗系统的建议，营造包容和接纳的学习环境，协助灾后学生重新恢复和适应学校生活[③]。最终，需要根据地震灾后心理援助的任务及阶段特点，构建由决策系统、执行系统、社会动员参与机制、评估或辅导反馈系统等构成的机制体系。

其次，需要积极开展学校内部的行政沟通，获得校长以及行政系统的支持。在地震灾区的教育系统开展学校社会工作，必须获得当地生态系统脉络的支持，不但需要积极发挥学校领导层在灾后心理重建中的政策领导者、思想启迪者、技术指导者和行政督导者的作用，还要积极联络学校教务处、德育处、总务处和家长会等行政资源。除此之外，学校社会工作者还需要与当地教育局、民政局以及灾后重建指挥中心联系，以获得更多的心理重建的社会支持。

最后，在地震灾后，学生的班主任和专任教师是最直接接触学生的人群，在

---

① 林万亿、黄韵如：《学校辅导团队工作：学校社会工作师、辅导教师与心理师的合作》，五南图书出版公司 2005 年版，第 535 页。

② 范明林、张洁：《学校社会工作》，上海大学出版社 2005 年版，第 159—161 页。

③ 曾宁波：《地震灾区学校心理援助机制初探》，《中国特殊教育》2008 年第 6 期。

学生的灾后心理重建中具有重要意义。社会工作者需要通过教育、支持、倡导和协调等技巧协助班主任和教师:在灾后复学初期给学生提供紧急危机介入和信赖安全的氛围,为灾后学生提供班级辅导和情绪舒缓,为有特别需要的学生提供个别辅导。面对班主任和教师在协助受灾学生的过程中可能出现的挫折和心理倦怠,社会工作者需要为其提供心理支持、情感支持、知识教育和资源链接服务,促进班主任和教师能够可持续性地参与灾后心理重建工作。

第三节　灾后青少年心理重建的社区社会工作

无论是心理学还是社会工作,都逐步将关注的焦点和介入的视野扩展到更大的社会环境层面,更多采取生态系统观视角去分析和解决问题。生态学水平分析强调个体在所处的微观、组织、地域以及宏观系统中生活,其心理也正是在与周围社区的互动中得以产生和发展,社区心理学的兴起正是这一趋势的集中体现。因此,从社区层面开展地震灾后的心理重建,不仅仅是因为灾后青少年生活在具体的社区环境中,并受到社区政治经济以及文化脉络的影响,更因为灾后青少年本身就是一个大的群体性、功能性社区,通过彼此之间的社区交流和互动可以克服心理创伤的影响。

一、灾后青少年心理重建中社区社会工作的含义

(一)社区社会工作的含义

国际上对社区社会工作从不同的角度进行了界定。克莱默和施佩希特(Kramer & Specht)等认为:"社区社会工作是通过专业社会工作者运用各种工作方法,帮助一个社区的行动系统,包括个人、小组以及机构,在民主价值观念的引导下,参与有计划的集体行动,以解决社区问题,改变环境以及机构的条件。"①它包括两个过程:一是社会工作者与工作对象互相影响下的社会政治过

① 王思斌:《社会工作综合能力(中级)》,中国社会出版社 2009 年版,第 181 页。

程,包括寻找、招募及协助组织内的成员发展组织及人际关系;二是技术运用过程,包括了解问题及需要、分析原因、设计程序、计划发展策略、动员资源及评估结果等。这一定义强调社区社会工作的集体行动和理性过程,注重的是任务目标的完成。而甘炳光等人认为,社区社会工作是以社区为对象的社会工作介入手法。它通过组织社区成员参与集体行动去界定社区需要,合理解决社区问题,改善生活环境及生活质量。在参与的过程中,让社区的成员建立起对社区的归属感,培养自助、互助与自决的精神,加强他们在社区参与及影响决策方面的能力和意识,发挥其潜能,以实现更加公平、公正、民主及和谐的社会。这一定义强调社区社会工作的自助互助和能力建设,注重的是过程目标的达成。

(二)灾后青少年心理重建的社区社会工作含义

在整合社区心理学与社区社会工作相关观点的基础上,灾后青少年心理重建的社区社会工作可以理解为社会工作者运用专业知识和技巧,与社区居民群策群力,通过有计划的行动和集体参与的方式,促进社区居民之间的自助与互助,培养社区居民的参与感和归属感,调动和利用社区内外的资源,共同关注并合作解决灾后青少年的心理问题,最终促进社区整体心理健康水平。灾后青少年心理重建的社区社会工作是一个跨学科的工作领域,包括临床心理学、社会心理学、社会工作学、社区管理学等多学科基础,并强调从生态系统观的视角,把重点放在探索和发掘个体和社区的力量及资源方面,最终目标是促进社区居民的心理健康和幸福。

从社区心理学角度来看,灾后青少年心理重建的社区社会工作强调的是社区心理健康服务系统的建立,它是指在社区工作中,运用心理科学的理论和原则来应对和解决青少年的灾后心理创伤,并通过健康教育、心理咨询、家庭治疗、危机干预、康复指导服务等方法来促进灾后青少年以及社区全体民众的健康心理,预防心理疾病,培养健全人格,促进社会功能的恢复与发展①。与单纯的临床心理学不同的是,灾后青少年心理重建的社区社会工作强调社区环境和系统对个体心理健康的影响;注重问题行为或心理失调的事先预防,带有主动性;重视人的潜能,鼓励个体参与解决自己心理问题的方案,专家和居民是平等的合作关

① 车文博:《心理咨询大百科全书》,浙江科学技术出版社 2001 年版,第 67 页。

系;干预工作通常是由非心理学工作者或非专业工作者来完成;研究以多重层面展开,强调跨学科间的合作;把基于社区合作的行动研究视为自己的活力所在①。

从社会工作角度来看,灾后青少年心理重建的社区社会工作强调的是通过调查分析、方案策划、活动执行以及效果评估的科学步骤,通过教育宣传、项目策划以及集体行动的方式,促进社区居民关心、关注和关怀灾后青少年的心理问题,并通过社区的参与和合作来解决问题,促进社区心理问题的解决。具体来说,有以下几个方面的特征:一是分析问题的视角更为机构取向,强调从整个社区的政治经济以及文化背景下考虑灾后青少年的心理问题,认为该问题产生的根源并不在于青少年个人本身,而是与社区周围的生态环境、家庭与学校制度、社会关系以及社会制度有密切关系的。因此,要解决灾后青少年的心理问题,必须配合以周围家庭、学校以及社区环境的改善为前提。二是解决问题的层面更为宏观,强调要实现灾后青少年心理重建的目标,不能仅仅针对青少年个体开展工作,更应该通过群体互助、家庭辅导和治疗、社区心理援助系统建设、教育系统的配合和社会政策的改进来达成目标。三是强调通过社区居民的集体参与来解决问题,认为灾后青少年的心理重建是社区全体居民需要共同面对的问题,也需要运用集体的智慧加以解决,强调既要达成心理重建的任务目标,也要达成社区居民意识改变的过程目标,树立社区心理健康的意识。四是注重社区内外部资源的挖掘和运用,不仅强调通过社区工作者、心理学家、专业人士以及社区居民的力量解决灾后青少年的心理问题,更强调利用社区内外的非正式支持网络和正式支持网络。

(三)灾后青少年心理重建社区社会工作的内容

心理重建是一个长期的工作,甚至可能达到二十年之久。灾难后的不同阶段,社区社会工作的重点也不相同。

首先,在地震灾后一周内的紧急救援阶段,青少年往往处于震惊和茫然之中,并且很有可能由于灾情的紧急而加入到救援的队伍中。此时,灾后青少年的

① 刘盛敏、陈永胜:《西方社区心理学若干理论问题探讨》,《宁波大学学报(教育科学版)》2007 年第 5 期。

心理创伤仍然处于被压抑和否认的状态，社会工作者最适宜的社区心理重建策略包括：一是组织实施抢救和分发物资给青少年，使其得到基本的生活保障；二是帮助灾后青少年重新找到稳定的生活来源和长期固定陪伴的主要照顾者；三是提供陪伴和倾听服务，或者帮助他们与亲人联系，让他们能够获得安全感和稳定感；四是积极促进受灾青少年与重要他人的沟通和联系，并传播权威的消息，避免谣言对社区居民的消极影响；五是适当地协助那些有特别心理咨询和辅导需要的青少年，为其提供转介服务。

其次，在地震灾后恢复重建阶段，热血沸腾和英勇的救援阶段结束，受灾的青少年转入日常生活和学习过程中，需要真实地面对周围环境的变迁，地震所造成的创伤心理也不断地涌现。灾后青少年的 PTSD 逐步呈现出来，在特别的节日，如中秋、春节、清明、周年祭等，自杀的几率会增加。此时，社会工作者最适宜的社区心理重建策略包括[①]：一是帮助并引导灾后青少年宣泄或舒缓情绪，通过陪伴和倾听技巧协助其克服地震创伤所带来的孤独、悲伤、焦虑和抑郁等心理问题；二是为灾后青少年提供固定、适当、舒适和安全的情感分享机会和对象，让他们能够及时与人分享内心的焦虑情绪；三是鼓励灾后青少年积极从自我的内心世界走出来，将其注意力转移到其他的人生任务和感兴趣的事情上，协助其从事一些有意义的活动，或者参与社区志愿服务去帮助他人，使其从中体会到自己被人需要的感觉以及人生的价值；四是通过各类宣传媒体组织各类教育和娱乐活动，一方面通过知识讲座等提升社区居民尤其是青少年对地震灾难、心理危机以及心理健康的认知，另一方面通过组织晚会、大赛、纪念会、哀悼会等活动让社区居民尤其是青少年寄托哀思，重新投入新的生活；五是通过社区调查和分析，摸清灾后青少年的状况和需要，并协商制定初步的心理辅导计划；六是联络相关部门建立社区心理健康服务体系，开展社区心理健康教育活动，激发灾区群众尤其是青少年灾后重建的信心和勇气，积极投身到美好家园的重建中去；七是为灾后青少年建立心理健康档案，提供可持续的心理支持服务。

最后，在灾后重建完成以后的二十年之内，社区居民尤其是青少年依旧会存在各类心理和行为问题。数据显示："阪神大地震后十年内，因孤独而死在临时

① 王文忠、王世卿：《灾后社区心理援助手册》，科学出版社 2009 年版，第 21—24 页。

住宅的老人达560人。”①因此，灾后社区心理重建的工作必须持续很长一段时间，甚至达到二十年之久。此时，社会工作者最适宜的社区心理重建策略包括：一是建立长期稳定的心理重建团队或机构，通过稳定的心理重建机构来开展专业性强、规范有序、服务持续以及全面系统的服务活动；二是强化对于青少年心理的咨询、辅导，并建立学校、家庭、社会多层面合作的心理关怀系统；三是积极改善社区的生态环境、人际关系、社会福利水平以及社会公平状况，为社区心理重建提供更为安全、稳定与和谐的社会环境。

二、社区社会工作介入灾后青少年心理重建的意义

（一）对于灾后青少年而言

从社区社会工作角度开展心理重建，对灾后青少年本身具有以下四方面的意义：一是可以保障青少年的基本生存和安全的需要，不仅可以通过社区灾后紧急援助满足其灾后基本的物质需求，还可以通过社会工作者和志愿者的灾后陪伴提供心理支持和慰藉，帮助其获得基本的稳定感和安全感。二是可以满足灾后青少年归属和爱的需要。对于部分未能及时与家人联系或者亲人离去的青少年而言，社区工作者可以协助其通过类家庭或支持小组的形式形成生命共同体，克服其孤立无助的心理。三是社会工作者可以开展灾后地震知识、心理健康知识以及自我护理知识的教育和宣传，提升灾后青少年应对危机的认知和能力，增强其对灾后生活和周围世界的掌控感。四是可以通过促进灾后青少年参与社区服务项目和志愿服务活动来提升其社会参与和社会服务的能力，满足其灾后自我实现和价值提升的需要。

比如，“浦东社工服务队”于2008年7月底在都江堰市滨河新村安置点开展的“阳光伙伴”青少年暑期活动，通过“庆八一迎奥运军民大联欢”大型活动以及“争做奥运小健将”的主题活动，丰富了社区儿童及青少年的暑期生活，也吸引他们参与到社区活动中去；高年级的学生在社工的引导下，主动承担起了小义工的职责，协助社工开展活动及项目运作，增进了他们对于社区的归属感与责任

① 赵萍、龙海云：《日本阪神大地震15周年》，《防灾博览》2010年第4期。

感;建立“儿童天地”,使社区儿童及青少年能够看到属于孩子的电影,丰富了暑期生活。通过这些活动,不仅满足了儿童青少年娱乐与学习的需要,更通过丰富多彩的活动缓解了儿童青少年的心理压力,也提升了他们自助和互助的精神和能力①。

(二)对于社区全体民众而言

社区社会工作强调社区居民的守望相助,建立社区中互助互爱的关系,以抗衡个人主义和管理主义所带来的疏离和孤独。对于社区中有特殊需要的群体,可以通过建立“社区直接服务网络、互助网络和紧急支持网络”②来促进居民之间的相互关爱与照顾。因此,灾后青少年的心理重建不仅仅是青少年及其家人的问题,更是促进整个社区居民彼此通力合作,提升社区居民心理健康水平的重要契机。开展灾后青少年心理重建的社区社会工作,一是可以提升社区全体民众对于群体性问题的关注和兴趣,形成社区参与和社区共同体的意识。二是可以通过社区多种类型的宣传教育活动,提升社区居民的心理健康意识和心理保健能力。三是可以通过活动促进社区内各类组织和优秀骨干人才的培养,提升社区居民的组织和参与能力。

比如,上海社工服务团在都江堰市 A 安置点通过上门走访,挖掘骨干与志愿者,迅速组建了社区老年舞蹈队、击剑队、青少年爱心歌舞队、慰老志愿者服务队以及大学生助教志愿者服务队,极大地推动了当地社区管理与社区服务的开展,通过对居委会主任、居民小组、志愿者队伍开展相应的培训,培养了大批志在社区工作的骨干力量,为灾后青少年的心理重建奠定了人力资源的基础③。

(三)对于整体社区而言

社区社会工作虽然关注的是社区内群体性问题的解决,但其最显著的成效还是对整个社区的改变,通过社区整体环境的改变来预防和解决具体问题。在此过程中,社区不仅作为一个地域共同体,更是利益共同体和生命共同体。因此,开展灾后青少年心理重建的社区社会工作对于整个社区而言,一是可以有效

① 民政部社会工作司:《灾害社会工作理论与实务》,中国社会出版社 2012 年版,第 376—378 页。

② 王思斌:《社会工作综合能力(中级)》,中国社会出版社 2009 年版,第 196—197 页。

③ 民政部社会工作司:《灾害社会工作理论与实务》,中国社会出版社 2012 年版,第 417 页。

地调动社区内不同的人、财、物和关系资源，促进社区活力的形成；二是可以建立和健全社区心理健康服务机制并促进体制的形成；三是可以促进社区团结和社区社会资本的形成；四是可以促进积极乐观的社区氛围的形成。

比如，上海社工服务团在对都江堰市 A 安置点前期调研的基础上，通过开展晚间的锅庄舞活动、塑造阳光心态的辅导活动、中秋社区联谊活动、探望与游乐活动等有效地满足了不同人群的需求，通过正能量的激发和传递化解了特殊节日的哀伤情绪，并营造了和谐、温馨的社区氛围①。与此同时，还通过具有灾后板房安置区特色的巷巷会打破了沉默、疏松的邻里关系，形成居民相互讨论交流的机制，更就社区共同生活空间和公用设备的管理等事务达成了共识，提升了居民自我管理的能力，促进了社区团结和睦，形成了深厚的社区文化资本和社会资本。

三、社区社会工作介入灾后青少年心理重建的模式

（一）地区发展模式下的社区心理重建

许多青少年的心理问题往往是社区疏离与人情冷漠所导致的结果。有研究发现："羌汉民族间在创伤后应激反应模式上具有差异，羌族幸存者倾向于更直接的表达情绪和行为，而汉族幸存者则倾向于含蓄内敛化。同时，两个民族在对灾难的归因方式及应对方式上也存在一些差异。"②在羌藏民族聚居区的社区里面，地震灾后的青少年由于社区内部的凝聚力和守望相助而获得更多的心理支持与慰藉，其心理重建的过程更为顺利。因此，灾后青少年的心理问题如果主要是由于社区成员之间缺乏沟通合作以及凝聚力较低，可以采取地区发展的模式。

1. 基本含义

地区发展是社区工作的介入模式之一，其目标在于建立社区自助和社区整合，采用的手法着重于推动社区居民的广泛参与③，通过界定本身的需要，并采

① 刘华丽：《社会工作与灾后生活重建：以都江堰 A 安置点为例》，《华东理工大学学报（社会科学版）》2008 年第 4 期。

② 陈正根等：《不同民族创伤后应激反应模式比较的质性研究：汶川地震后对羌汉幸存者的访谈分析》，《中国临床心理学杂志》2011 年第 4 期。

③ 房列曙等：《社区工作》，合肥工业大学出版社 2005 年版，第 81 页。

取行动去改善社区问题,从而改善社区。它强调了带动社区不同背景的人士及团体参与的重要性,同时也假设社区问题可以通过参与和沟通得到解决。

根据这一模式,灾后青少年的心理问题虽然是一个群体性问题,但关乎到社区居民的整体利益。社区居民应该愿意参与到心理重建的过程中来,但由于缺乏沟通与合作而致使这一问题得不到关注和解决。因此,社区社会工作关注的焦点是如何将青少年的心理议题上升为社区性问题,促进社区居民的参与、沟通与合作,通过社区自己的力量实现心理重建的目标。

2. 主要特点

地区发展模式下的社区心理重建重在协助社区居民的团结和合作,提高他们对社区整体利益的认同,并采取积极的行动解决问题。具体来说,有以下几方面的特点:一是强调青少年的心理问题对于整个社区和谐与发展的重要意义,并通过动员与沟通技巧促进家长、学校、社区代表人物、社区工作者以及其他相关群体对灾后心理创伤紧迫性和重要性的认识,让社区居民都能参与到该项工作中来。二是强调挖掘、发动和培养居民的自主、自立和互助的意识和能力,通过社区自主能力来实现社区的重新整合。在工作过程中,社会工作者不能以自身的专业素养为前提要求社区居民的理解和参与,而是要通过引导、讨论和分析提升社区居民的沟通、交流、理解、分析和协商能力,促进其自发地关注和投入青少年的心理重建。三是强调过程目标更甚于任务目标。在具体的工作过程中,社会工作者关注的首要目标不是建立心理重建机构、开展心理重建项目等具体内容,而是强调社区居民认识到青少年心理重建的意义,并通过交流互动建立社区支持网络,最终愿意承担和投入到该项工作中。四是特别重视社区居民的参与和投入①。社会工作认为社区居民的参与和合作是解决灾后青少年问题的前提和基础,强调将青少年的问题回归到社区本身,由社区居民自己解决,提升其自我发展和应对问题的能力。

3. 工作策略

地区发展模式下的社区心理重建,社会工作者的主要工作策略和扮演的角色包括:一是通过使能者帮助社区居民了解社区青少年心理创伤的状况、需求及其对整个社区的影响,鼓励和协助其组织起来,成立相应的志愿服务组织和机

① 王思斌:《社会工作综合能力(中级)》,中国社会出版社 2009 年版,第 185—186 页。

构。比如,上海师范大学灾后社会工作服务队在都江堰幸福家园安置点开展的“一米阳光社区志愿者”活动,通过社区工作的组织和动员技巧,发掘和培养了许多当地社区骨干,着重培养他们的领导、组织和管理能力,让社区骨干带领社区居民重建家园①。二是通过教育者的角色面向社区青少年及全体居民开展培训和宣传活动,通过知识讲座、宣传单张、知识竞赛、小组活动、广播电视等活动开展心理危机干预和传播健康知识,提升社区民众心理卫生健康的认知、态度和能力。三是通过联络家庭、学校、医院、政府以及外来志愿者团队,为社区开展灾后青少年的心理重建提供更多的社会支持。比如,上海社工灾后重建服务团进驻都江堰市以后,为所服务的灾区联络了大量的社会资源②,不仅包括政府、企业、社会组织和个人的各种经费和物资近300万元,还包括250人次受过专业训练的社会工作者、心理咨询师和社区管理人员的人力资源,以及适当的安置点的场地、活动板房、工作用房和大量志愿服务的项目等资源。

(二)社会策划模式下的社区心理重建

1. 基本含义

罗斯曼认为,社会策划模式是通过理性、精心策划和有控制的变化过程,对社区的实质性问题开展专业化的服务,通过建立、安排和提供商品或服务给有需要的社区居民,最终解决社区问题。这一模式认为,虽然社区居民的参与和合作,能够很大程度地缓解灾后青少年的心理压力,并为心理重建提供支持性的社区氛围,但对于地震灾后的许多社区而言,居民不但存在着严重的缺医少药、衣食无着等生活困难,对于心理问题更是缺乏足够的知识储备和应对技巧。当青少年的心理问题较为普遍和严重的时候,就需要通过外来专家策划专业的心理援助服务,才能达成社区心理重建的目的。

2. 主要特点

社会策划模式下的社区心理重建有以下几方面的特点:一是注重任务目标的实现。强调通过分析、策划、行动和评估的理性步骤,设计相应的服务策略,着

① 彭善民、沈全:《灾后安置点青少年社会工作初探:以上海S社工服务队的实践为例》,《青年学报》2009年第1期。

② 朱希峰:《资源运作:灾后社区社会工作的重要技术》,《杭州师范大学学报(社会科学版)》2009年第2期。

重解决社区青少年存在的心理创伤问题。二是强调运用科学和理性的原则去处理问题。在社区心理重建过程中,一方面非常强调干预过程的理性化,强调根据青少年心理问题和需求的实地调查,确立心理重建的具体目标,设计适用的心理干预模式和方法,达成实证性目标;另一方面,非常注重定量研究方法的运用,强调通过量表去了解灾后青少年的心理状况,强调通过实验研究确定介入和干预的效果,强调结果的实证性评估。三是强调自上而下的介入和改变。社会策划模式强调的是外来专家的介入,在社区心理重建过程中,社会工作者扮演着技术专家和方案执行者的角色,社区青少年和居民是服务的对象而非主体。四是强调通过心理重建形成社区新的心理健康机制和模式。

3. 工作策略

作为灾后青少年社区心理重建的专家,社会工作者需要扮演需求调查者、服务策划者、服务执行者、服务监督者以及服务评估者等多种综合性角色,其具体的服务内容应该包括:一是深入调查和分析灾后青少年心理重建的需求并设计相应的介入方案。一方面,要为社区居民尤其是青少年进行心理健康知识普及和心理调节技能训练,开展积极心理健康教育,提升其幸福水平和生活满意度等;另一方面,制定社区心理危机干预应急方案,构建心理危机干预应急系统,以应对突发事件导致的心理危机,还要针对个别青少年开展心理救助服务,为其构建积极的社会支持系统,对其中较为严重的个案提供转介服务。二是组建社区心理健康活动中心、社工辅导站或者“社工小屋”,通过设立相应的宣泄室、训练室、娱乐室等,为灾后青少年提供“社工信箱”“生命教育”“咨询辅导”等形式的服务。三是设置社区心理健康服务专职和兼职岗位,有计划地为工作人员开展心理知识培训;优化社区心理健康服务队伍,并促进彼此的分工与合作;建立社区心理健康服务工作考核指标;健全社区心理健康服务制度,保障社区心理健康服务的有序开展。四是加强与学校、医院、其他社区和社会机构的交流与合作,构建优良的社区心理健康服务支持系统①。尤其要注重与综合医院的心理科、精神科和精神专科医院的合作,方便有严重精神问题的青少年及时转介并提高其康复治疗的成效。

① 赖运成:《试论我国社区心理健康服务模式的构建》,《医学与哲学(人文社会医学版)》2011 年第 7 期。

（三）社区照顾模式下的社区心理重建

1. 基本含义

《社会工作词典》对社区照顾的定义是，运用社区的各种正式与非正式资源，协助需要长期照顾的人士，如身心障碍者、精神病患者、老年人、慢性病患者等，让他们能住在自己的家里，生活在自己的社区中，而又能获得必要的照顾[①]。根据这一定义，社区照顾模式下的社区心理重建则是强调将那些有严重心理创伤的青少年留在其所在的生活社区，由政府相关工作人员、社会工作者、心理学家、社区工作者、志愿者、社会服务机构以及社区居民共同对其提供物质服务以及心理支持等整体性的关怀服务[②]。这一模式强调关怀性社区心理互助氛围的形成。

2. 主要特点

社区照顾模式下的社区心理重建是在反思精神健康机构照顾的基础上提出的介入模式，因此非常强调“正常化”的理念和原则，反对将遭受心理创伤的青少年看作不正常的个体。该模式具体表现出以下几个方面的特点：首先，要将灾后青少年的尊严、价值及其需要作为重建的出发点，提供人性化的关怀和照顾服务，避免对其产生“标签化”的疾病诊断，深入体会与同感其对地震灾难的感受与意义，并与其成为合作和伙伴关系。在此基础上，积极协助灾后青少年融入社区和学校生活，并能够选择自主的生活方式和社交关系。其次，强调社区照顾灾后青少年的责任，通过社区居民之间的互助实施心理疏导和心理重建。地震灾后青少年的心理问题不一定要专业的心理医生才能够治疗，向亲人朋友倾诉心里的孤独、委屈和悲伤情绪，或者做一些对社会有意义的事情，同样也能够走出创伤阴影[③]。可见，社区心理重建并不仅仅是专业人员的事情，更是整个社区居民力所能及的工作。其中，社区内部的资源是心理重建的主要力量，一方面要协助社区居民参与志愿服务，关注和关心社区内遭受心理创伤的青少年，另一方面强调可以通过外来精神健康服务机构的迁入以及自发成立互助小组提供心理健康服务。最后，当遇到情况特别复杂的青少年，社会工作者可以开展主动式的社

---

① 蔡汉贤：《社会工作词典》，社区发展杂志社 2000 年版，第 258 页。

② 房列曙等：《社区工作》，合肥工业大学出版社 2005 年版，第 115 页。

③ 张侃、王日出：《灾后心理援助与心理重建》，《中国科学院院刊》2008 年第 4 期。

区心理康复，即"组建包括精神科医师组成的多元专业团队，提供持续、主动、随叫随到、机动弹性及以社区为基础的密集性照护服务，这些需求不只在精神医疗，还包括其他的医疗照护、协助申请补助、提供食物、庇护所、衣物、娱乐和复健等全人关怀"[①]。

3. 工作策略

在社区照顾模式下开展青少年灾后心理重建工作，社会工作者一方面扮演着治疗者和辅导者的角色，为青少年提供危机介入、心理评估、行动倡导、活动策划以及情绪疏导等服务，另一方面还要扮演经纪人和倡议者的角色，主要是为了夯实社区心理重建的基础，需要积极联络社区内外的人、财、物和信息等资源，并通过政策倡导积极改善灾后心理重建的政策和措施，维护心理创伤者的正当权益。具体来说，可以有以下策略：一是在社区内开展心理重建，即是强调将灾后青少年放在其所熟悉的社区及其机构中提供心理重建服务，这既可以引进外来心理辅导机构和精神健康机构提供就地化的心理服务，也可以是在本社区成立相应的社会工作服务机构提供相应的心理服务。总之，必须确保灾后青少年不离开其所生活的社区环境。二是由社区的机构和人员开展心理重建，即是在引入精神健康专业人员的同时，将那些比较简单和非专业化的训练及护理程序改由青少年的亲属和志愿者协助施行，由此建立社区心理支持网络。这些网络包括社区居民的直接服务网络、灾后青少年自身的互助网络以及社区紧急支持网络等[②]。三是为社区内有心理支持需要的任何社区居民提供服务，由此强化整个社区的心理健康水平。

四、社区社会工作介入灾后青少年心理重建的策略

（一）创新灾后青少年心理重建社区社会工作的理念

采取社区社会工作的方法开展灾后青少年心理重建，需要突破传统视角的局限，树立社区心理健康的新理念。首先，要树立全人康复的理念。充分考虑到心理的外部因素、内部因素和社会因素，注重从心理重建的生理—心理—社会的

① 刘蓉台：《精障个案社区整合照顾模式》，《护理杂志》2007 年第 5 期。

② 王思斌：《社会工作综合能力（中级）》，中国社会出版社 2009 年版，第 197 页。

角度来开展心理重建。目前社会对心理创伤的看法及治疗复原机制重在治疗和康复，往往忽视了社会环境的影响。因此，社区社会工作需要从自我认同的持续建立与适切的生活调适方面入手，把心理重建看作是生命中的复原之路，促进青少年发展新的生活目标和新的意义，超越精神病所带来的苦难。其次，需要充分重视复原力的视角，并开展灾后青少年的赋权。在存在主义看来，苦难本来就是生命的一部分，苦难对生活也具有重要意义。地震的创伤既是一种苦难，更是生命成长和蜕变的一个契机。因此，社区社会工作者一方面需要引导灾后青少年确认自我的优势和生命的闪光点，释放多余或压抑的情绪，恢复内在心理的平衡，并发掘自我内在力量，培养自我能力感及促使其拥有较好的社会因应力；另一方面需要在伴行互动中，朝向疗愈旅程达到的目标，激发病患自我了解和意义的建构、增进信心，能以正向态度面对问题，实现人生的转机①。再次，需要强调社区心理建设的理念。社区心理重建强调社区的支持性作用，强调通过加强灾后青少年与社区中其他个体和机构的联结，加强对社区的归属感、依赖感和相互责任的感知，从而克服心理创伤所导致的孤独、焦虑和绝望。将社区营造成一个全体居民的"生活共同体""社会共同体""道德共同体""情意共同体""信念共同体"，这也是德国社会学家滕尼斯提出"Community"一词所努力强调的。最后，强调为灾后青少年提供整合式社区心理重建模式②。这一整合模式包括：一是医院给予灾后青少年居家照护建议、复健治疗建议、社区医疗资源转介服务、居家环境改善建议、辅具评估及使用建议、转衔服务、生活重建服务建议、心理谘商服务建议；二是依据多元连续服务原则，为灾后青少年制定生涯衔接计划，提供整体性、连续性生活照顾、生活重建、福利咨询等服务；三是为灾后青少年的家庭提供临时及短期照顾、照顾者支持、家庭托管、照顾者训练、其他有助于提升家庭照顾者能力及其生活质量的服务；四是协助灾后青少年开展休闲及文化活动、体育活动、公共信息无障碍、公平政治参与、法律咨询及协助、无障碍环境、辅助科技设备及服务、社会倡导及社会教育等服务；五是为灾后青少年提供税捐减免、保险费补助、生活补助、医疗费用补助，以及日间照顾和住宿式照顾、居家照顾、辅具等费用补助；六是保护灾后青少年不被遗弃、身心虐待、限制自由、留置

① 萧淑贞、李淑红：《人本：社区精神卫生护理的发展》，《护理杂志》2009 年第 4 期。

② 刘蓉台：《精障个案社区整合照顾模式》，《护理杂志》2007 年第 5 期。

危险环境、强迫或诱骗结婚、利用行乞的服务等。

（二）开展灾后青少年心理重建需求的社区社会工作调查

灾后青少年心理重建必须建立在深入细致的社区调查基础上，调查的内容不仅包括灾后青少年的心理重建需求、社区居民对灾后心理的意见，更重要的是社区的政治经济以及社会文化脉络分析①。一方面需要开展社区资料的收集，包括社区的基本现状、社区的社会变迁历史、社区制度和社区的社会结构、青少年受地震创伤的情况、灾后青少年的生活休闲状况、社区青少年的需求，以及社区内可能提供的各种政策、设施、财政、技术、信息、人力等资源；另一方面需要开展问题的预估，包括对灾后青少年创伤心理及其需求的性质、强度、解决的方法和途径做出解释，其中既包含了社会工作者的专业思考，也包含了灾后青少年本身对问题的认识和了解，并达成基本一致的看法。

（三）健全灾后青少年心理重建社区社会工作的机制

首先，应该遵循“三级预防”的理念②。一级预防主要是预防灾后青少年心理问题的发生，尽可能地消除产生心理障碍的环境因素，提高青少年心理健康素质，防患于未然。其主要实施方法有：社区宣传、心理健康教育、家长学校以及专业人员的培训等。二级预防主要是防止心理创伤后出现其他心理和行为问题。具体指对灾后青少年的创伤心理及早发现、早期治疗，实施早期心理援助，援助的方法有提供信息、电话咨询、心理健康诊断等。三级预防是指采取相应措施，对灾后青少年开展长期的心理康复，并且为他们创造支持性的社会环境和社区氛围，协助其参加社会生活训练并融入到社会生活中。

其次，需要建立灾后青少年社区心理重建的运作平台和模式。其一，针对我国社区心理健康教育，杨凤池等人建议推行三级心理健康教育及咨询服务网络体系，以政府心理工作中心为核心，以各街道心理工作站为平台，以街道相关机构人员为基础。政府心理工作中心负责制定政策，统筹规划心理服务工作，同时提供技术保障，指导心理健康辅导站和心理健康宣传员的工作。心理健康辅导

---

① 刘斌志：《社区社会工作介入突发事件精神救助的意义及其策略》，《四川行政学院学报》2008 年第 4 期。

② 刘斌志：《我国城市社区心理健康问题的现状、原因及对策》，《城市管理》2005 年第 6 期。

站配合中心开展工作，真正起到心理健康教育及咨询服务中心与社区的桥梁纽带作用。心理健康宣传员宣传心理健康知识，传递心理健康活动信息[①]。借鉴这一建议，各级政府应将心理重建服务纳入灾后重建的工作规划并投入相应的经费预算，由政府在地震灾后城市的街道办事处和农村的乡镇级别建立相应的灾后社区心理重建工作站，建立包括心理咨询师、社会工作者、卫生工作者在内的服务团队。其二，也可以通过政府积极引进社会工作服务机构或者购买社会工作服务机构的服务的方式，组建青少年社区心理重建工作站，通过社会工作者来整合其他专业和机构的人员，与家庭、学校和社区联手开展心理健康教育，宣传和普及心理健康教育的知识，提升社区心理健康的水平。其三，还可以通过社区自治的方式，由社区居民成立社区心理健康协会，设置心理咨询室和活动室，大力发展非政府组织，采用政府购买服务的方式，即采用“政府牵头、部门合作、社会参与”的运行机制，在社区开展心理健康服务[②]。

再次，需要以社会工作者为主导，建立专兼职结合的青少年社区心理重建团队。一方面，要围绕青少年心理重建的需要，聘用具有医务社会工作、青少年社会工作或者精神病理社会工作背景的社会工作者以及心理咨询师等专职工作人员；另一方面，要积极开展兼职专业人员和志愿者队伍建设，可以从其他相关组织和机构中聘用医护人员、教育工作者以及心理学家等兼职专业人员[③]，还可以组织社区中闲暇时间较多的居民成立心理健康服务志愿队伍，利用宣传栏、传单、心理影片等形式宣传心理健康知识，激发社区居民的自我价值感和社会责任感。

最后，要建立灾后青少年社区心理重建的考核评估机制。一是应定期通过问卷调查、心理测量等方式建立起灾后青少年心理健康档案系统和心理咨询医疗卡制度；二是应规范心理重建的程序，并对不同的服务效果进行评价和总结；三是要通过定性和定量相结合的方法分析灾后青少年对心理健康服务的接受性和满意度[④]；四是要注重对灾后青少年以及社区全体居民的主观幸福感、生活满

① 杨凤池、高新义：《我国社区心理卫生工作的可行模式探讨》，《中国全科医学》2008 年第 2A 期。

② 华红琴：《论社区心理健康服务推进：需要、路径与策略》，《学习与实践》2010 年第 11 期。

③ 黄觅、叶一舵：《国外社区心理健康服务发展概况及其对我国的借鉴意义》，《福建医科大学学报（社会科学版）》2010 年第 3 期。

④ 苟增强、刘洪昌：《我国社区心理卫生服务现状与发展趋势》，《沧州师范学院学报》2012 年第 1 期。

意度、生活质量等方面的考核,听取他们对心理重建的认知、态度、需求和建议,从社区整体的角度提升社区心理重建的水平。

(四)丰富灾后青少年心理重建社区社会工作的内容

首先,要进行灾后青少年心理创伤的预防和教育,可以采用举办心理学知识讲座的办法,强化社区居民的心理健康意识,提升自我调节能力,开展主题活动,促进社会适应能力[①]。其次,就服务的形式而言,可以围绕心理咨询和心理援助拓展服务内容,具体包括心理咨询门诊、心理健康活动中心、社区心理健康宣传、心理成长团体、妈妈教室、亲子教育班、电影治疗、音乐治疗、团体训练、角色扮演、演讲等。但是不论如何,社区心理服务的形式都应该贴近社区居民的日常生活以及家庭生活内容,贴近社区本土的特色与风土人情,充分考虑到社区居民的接受性,并对不同群体采取不同的形式[②]。再次,就服务的方法而言,社区心理重建可以综合个案工作、小组辅导和社区教育等方法,提供包括情绪干预、认知辅导、游戏治疗、物质支持、同伴小组、父母或监护人小组、照顾者与青少年的小组活动、社区组织建设、宣传教育、群众动员、社区网络联结等多种形式的服务内容。最后,社会工作可以积极发挥资源链接的作用,加强社区心理重建团队与其他机构的合作交流。可与相应的高校合作,邀请高校心理学与社会工作方面的师生走进社区,开展户外心理咨询、团队素质拓展、心理情景剧表演、心理图片展示以及心理测验等活动[③]。也可以与精神康复机构合作,及时地转介有特别心理治疗需要的灾后青少年以获得更专业的服务。

---

① 华红琴:《论社区心理健康服务推进:需要、路径与策略》,《学习与实践》2010 年第 11 期。。

② 刘斌志:《我国城市社区心理健康问题的现状、原因及对策》,《城市管理》2005 年第 6 期。

③ 郭梅华、张灵聪:《国外社区心理健康服务及其对我国社区心理健康服务的借鉴》,《社会工作:学术版》2009 年第 1 期。

第六章 社会工作介入灾后青少年心理重建的方法

第一节 灾后青少年心理重建的个案工作方法

针对地震后儿童青少年所存在的创伤后生理及情绪反应,社会工作的首要目标是立足于灾后儿童青少年个体生理、心理以及社会独特状况,注重与其个体直接交流与互动,优先缓解个体心理压力并达成灾后的心理健康水平,使之快速适应变迁的灾后社会环境。因此,个案工作是地震灾后青少年心理重建的主要方法,更是社会工作介入的基础。

一、灾后青少年心理重建中个案工作的含义

(一)基本含义

有学者认为个案工作就是:"专业工作者遵循基本的价值理念、运用科学的知识和技巧、以个别化的方式为感受困难的个人或家庭提供服务和心理方面的支持与服务,以帮助个人或家庭减低压力、解决问题、挖掘生命潜能,不断提高个人和社会的福利水平。"①

灾后青少年心理重建的个案工作则是在与灾后青少年及其家庭建立相互信任与合作关系的基础上,通过一对一的直接服务,一方面改善灾后青少年及其家

① 许莉娅等:《个案工作》,高等教育出版社 2004 年版,第 4 页。

庭关于地震灾害及其创伤的认知、态度、心理和行为，增强其应对灾变状态的信心和能力；另一方面促进灾后社会环境的改善，并促成灾后青少年及其家庭与社会环境之间沟通互动，从而达到解除心理危机、舒缓心理压力、促进理性认知、增强潜能挖掘，最终实现其创伤复原与心理成长。

这一定义包含了以下几个要素：一是实施个案工作的主体是社会工作者，这主要包括在社会服务机构工作，并获取社会工作职业资格或接受专业教育的工作人员。地震灾后开展青少年心理重建的主体是那些获得社会工作师国家职业资格的人员，也包括那些秉持社会工作理念开展工作的心理咨询师、教师等，还包括那些社会工作专业毕业的大学生或实习生，他们在督导的指导下，可以开展较为专业的个案工作服务。二是接受个案工作服务的主要对象是那些遭受地震创伤打击而遭遇生理、心理以及社会困扰的个人与家庭，他们在地震灾后往往处于绝望、无助、挣扎以及抑郁的心理状态，其中儿童青少年成为主要的服务对象。三是强调服务的手法主要是一对一的方式，以充分尊重灾后青少年的人格差异和需求的独特性。四是强调服务的关系是个案工作者与灾后青少年之间的信任、合作与真诚，从而提升服务对象的自我正向能量。

（二）工作内容

灾后青少年心理重建的个案工作注重人与环境互动关系的协调，在灾后青少年个体改变方面的主要目的在于协助心理危机干预的评估，通过危机干预和综合性服务减少急性的、剧烈的心理危机和创伤的风险和后果，最终促进个体从危机和创伤事件中恢复；而在社会环境方面，则重在强化对于救助人员的物质援助和精神关怀，促进社会性心理的疏导与教育。因此，灾后青少年心理重建的个案工作包括以下几方面的内容：

一是灾后青少年心理状况的综合性评估。这一工作主要是指由专业社会工作者及相关专业人员通过多种方法和工具，对灾后青少年的生理、心理、社会状态及其影响因素进行全面深入的描述和评价，为后续的心理干预与介入提供基础。综合性评估的内容至少应该包括灾后青少年的生理健康状况、心理创伤程度、情绪状态、自杀危险性、家庭状况、学校及学业状况、文化变迁状况、社区变迁状况以及青少年灾后的行为主动性及其蕴含的积极性和优势等。

二是通过危机干预促进灾后青少年创伤心理的缓解和康复。这一工作的主要目标是针对灾后青少年急性的、剧烈的心理危机和创伤风险，一方面要提供及时的危机干预服务，包括提供适当的医疗帮助以处理昏厥和过度哀伤等过激心理状态，也包括处理 PTSD 以及自杀风险的预防和干预；另一方面要提供持续的情绪安抚与稳定服务，包括为灾后青少年提供的心理咨询、情感支持、哀伤辅导以及预防自杀等服务。当然，该项工作也包括对于过度心理干预所导致的“二次伤害”的预防与辅导，以及面向地震导致的伤残青少年的肢体康复服务。

三是通过综合性服务促进灾后青少年创伤心理的复原与重建。个案工作的最终目标就是灾后青少年心理和社会功能的复原与重建，实现良好的社会适应与发展。一方面，社会工作者要不断降低灾后青少年的心理压力，减少不良行为，制定更为积极的心理应对策略，提升其应对地震后重建的心理复原力和社会适应力；另一方面，社会工作者要通过多种服务手法为灾后青少年提供物质帮助、心理支持、行动倡导、关系协调、社会救助以及知识教育等服务，为心理重建提供更为滋养性的社会支持网络。

四是面向灾害救助人员及社会公众提供精神关怀与心理疏导，保障灾后青少年心理重建的顺利实施。灾后青少年心理重建是一项系统性工程，其中一个关键的环节就是救助者心理健康的保护。因此，灾后青少年心理个案工作的重要内容之一便是为地震救援人员及青少年家属提供精神关怀和危机管理。一方面，社会工作者要充分重视地震救援人员及青少年家属的情绪状态，肯定其救援工作的价值和意义，协助安排他们的休息并为他们提供心理支持与辅导服务；另一方面，“社会工作者要进一步关注与灾后青少年心理重建密切相关的学校师生、社区居民、其他专业人士以及社会大众的心理和情绪状态，通过积极主动引导大众了解事实真相、科学认识地震灾害、理性传播灾害信息，增强社会大众的心理承受能力和理性思考水平”①，为灾后青少年的心理重建提供良好的社会心理氛围。

（三）主要角色

一是陪伴者和倾听者。对于青少年而言，巨大的地震灾害及其创伤经验是

① 柯住敏等：《精神救助 · 社工介入 · 系统构建：专业社会工作介入社会性突发事件精神救助系统构建研究》，中国社会科学出版社 2013 年版，第 180—194 页。

其不曾经历的，因此往往会感觉到十分震惊、害怕和孤独。尤其是家庭的破裂、身体的伤残、朋辈的离去等创伤事件被青少年压抑在内心而不得发泄，使其处于暂时的失语和恐慌之中。此时，社会工作者首要的任务就是能够及时地陪伴在青少年身边，使其感觉到有安全感和归属感，并通过积极的语言引领让青少年学会将自身的压力和恐惧倾诉出来，从而减轻创伤事件对青少年内心的冲击。对于社会工作者而言，倾听不仅意味着能够陪伴灾后青少年并理解其遭受的巨大创伤，更要了解其内在的价值观、意愿和行为习惯，还要通过倾听去理解其背后的社会文化和习俗背景。如此，才能真正地理解他们，并做到与他们的同感与合作。

二是理解者与支持者。在陪伴灾后青少年的基础上，社会工作者通过沟通与会谈，理解其所经历的地震灾难实践、过程、感受和内心世界，并将自身所理解的信息反馈给青少年。在如此的互动中，让灾后青少年意识到自己并不孤单。进一步地，社会工作者还需要通过物质帮助、心理辅导、危及介入、信息联络和语言互动表达对青少年的心理支持与物质帮助。

三是合作者与倡导者。传统的心理学认为灾后青少年就是心理问题的主体，心理学家作为专业人士对青少年开展主导式的评估、分析和介入。这可能会遇到专业人员并不理解灾后青少年的真实内心世界的情况，也有可能会遇到专业人士为了专业流程和目的的实现而假定灾后青少年存在某些心理问题。后来，心理学家和社会工作者都注意到了与灾后青少年建立平等互助、诚信合作的关系对于心理重建工作十分重要。因此，社会工作者需要与灾后青少年建立相互信任与合作的专业关系，通过合作性对话与鼓励青少年的参与来提升心理重建的效果。

四是联结者与拓展者。灾后青少年的心理重建也依赖其在生活、文化、社会以及社区重建方面的基础。因此，社会工作者一方面需要帮助灾后青少年建立与不同救助机构和人员、家庭其他成员、学校师生以及社区的紧密联系，以获得灾后重建中的正式和非正式社会支持；另一方面还需要协助灾后青少年拓展关于抗震救灾、心理健康、社区发展、生命教育以及自我成长的认知和态度，促进其更自觉、更主动和更积极地参与灾后心理重建的过程。

二、灾后青少年心理重建中个案工作的理念

（一）助人自助原则

首先，要充分了解灾后青少年的心理状况及心理需求，在其自愿的基础上提供心理重建服务，切忌漠视青少年的意愿而强迫其接受所谓的“心理干预”服务。其次，不强迫也不表示不主动，要通过积极主动接触的方式，倾听灾后青少年的心声和诉求，主动为其提供服务的多种可能性。再次，在心理重建服务过程中要积极引导灾后青少年的主动性和参与性，与青少年一起制定辅导策略、选择辅导方案、评估辅导结果，避免服务提供者自以为是的专业霸权。最后，心理重建的个案工作不是服务提供者的个人表演和专业展示，而是灾后青少年自我成长的过程。个案工作的服务目的是逐步减少服务，达致青少年不需要外在的帮助而能实现自我的心理复原和自我实现。

（二）平等诚信原则

首先，个案工作者需要对灾后青少年的民族、宗教、文化、习俗以及生活方式的多样性有足够的敏感和尊重，切忌以自身的文化习俗和生活习惯去要求对方。其次，个案工作者要对自身的“专业霸权”有足够的敏感，充分认识到自身专业知识在具体的服务对象身上所具有的局限性，避免“一张问卷判定问题”“一套模式搞定问题”的问题视角和本本主义思维。再次，要以相互平等的心理状态与灾后青少年沟通，接纳并同感青少年的创伤心理，尊重并理解青少年的多样性。唯有如此，才能获得灾后青少年的信任与合作。最后，个案工作者还要坚持诚信的原则，如实介绍自己、如实描述专业、如实把握需求、如实表达观点，既不夸大专业的作用，也不刻意推脱专业责任，更不能承诺不能实现的服务目标和服务内容，在与灾后青少年的诚信、沟通与合作中开展心理重建。

（三）专业对待原则

首先，相关机构和组织必须对提供心理重建服务的个案工作者进行严格的遴选和培训，选择那些具有心理学、护理学、精神医学或者社会工作等相关专业

背景的专业人员作为工作人员。对于那些没有专业背景的志愿者,必须要求他们通过相应的专业测评,接受专业的服务培训并合格才能开展心理重建的个案工作。其次,个案工作者必须具备专业的服务价值和理念,要秉持社会工作的基本价值理念,尊重和接纳灾后青少年,秉持保密和诚信的原则,同时也要有专业的自信。而对于参与心理重建的志愿者,除了要秉持志愿者的服务守则外,也需要遵守心理重建的相应价值理念和原则,避免由于随意性的服务带给灾后青少年心理上的"二次伤害"。最后,为了保证灾后心理重建的效果,相应的个案工作还必须具备专业方法和技术的支撑,对于初次开展服务的人员,必须要有专业督导的带领,并做好服务过程和成效的评估工作。

(四)优势为本原则

从实践经验来看,"问题化""过度化"和"家长制"往往给灾后青少年带来心理上"二次伤害"。所谓"问题化"即是相应专家往往在进入灾区以后,迫不及待地拿出专业心理量表对灾后青少年进行测量,并轻率地对其问题进行界定。所谓"过度化"即是将灾后青少年的许多心理问题或者情绪问题当成心理危机和心理疾病,过度地界定服务对象的心理问题。所谓"家长制"即是个案工作者凭借自身的专业地位和角色,武断地要求灾后青少年配合各种治疗,并强迫其接受各种测量及评估。以上各种情况都是将灾后青少年看作弱势、弱能和弱小的社会群体,并在地震灾后丧失了自身适应和发展的能力,更忽视了青少年自身的努力过程。反思以上问题视角的窠臼,个案工作者要秉持新的优势视角来开展灾后心理重建。首先,要承认灾后青少年具有不断适应社会环境的潜能,更具备在灾难后自动痊愈的创伤后成长机制。其次,要认识到并欣赏灾后青少年在地震灾后参与救援以及重建过程中所做出的努力、牺牲和体现的自力更生精神。再次,要充分认识到灾后青少年自身所具有的超越困难、战胜苦难的精神和毅力。最后,也要认识到灾后青少年并不比任何人差,并非处于弱势或者弱能的境况,他们只是处于突发性危机事件中,需要一定的时间、合适的环境和适度的社会支持,最终能够战胜困难,实现复原。

(五)可持续性服务原则

灾后心理重建既基于灾后心理辅导、心理干预和心理支持,在此基础上又强调通过外在的心理干预实现其内在的心理复原与重整，最终实现心理的成长与突破。因此，灾后心理重建需要短期服务与长期服务相结合，坚持一年、二年、五年乃至十年，达成心理重建的可持续性服务，具体表现为综合性、系统性、互动性和长期性的过程。所谓综合性，即是面向灾后青少年的心理重建必须综合专业心理工作者、社会工作者、医护人员、灾后青少年家属、学校师生以及志愿者等各方面力量的参与，通过多方力量的接力实现可持续性服务。所谓系统性，即是面向灾后青少年的心理重建一方面必须依靠政府、村委会、学校、专业人员等正式社会支持系统的力量，另一方面还必须依靠志愿者、青少年亲戚以及同辈群体等非正式社会支持系统的力量。所谓互动性，即是灾后青少年的心理重建是灾后社会重建的一部分，其实施及成效依赖于基础设施重建、产业重建、社区重建、家庭生计重建、生活重建以及文化重建的进展，彼此相辅相承、共同促进。所谓长期性，即是灾后青少年的心理重建不仅仅包括灾后心理辅导和危机干预，更包括青少年一年到三年后的心理支持，这就必须充分发动志愿者、社区工作者以及青少年自身成长的力量。

三、灾后青少年心理重建中个案工作的过程

（一）主动与灾后青少年接触

首先，做好接触灾后青少年的准备。考虑到灾后青少年的创伤心理特征，个案工作者必须提前做好各种准备：一是充分了解灾后青少年的心理特征，尤其是其接受心理服务的主动程度；二是了解灾后青少年接受心理服务的可能性和可行性；三是了解和梳理灾后青少年接受心理服务的过往历程，尤其是其主动寻求帮助的历史；四是了解所接触灾后青少年的各项背景资料，并在此基础上拟定一份有针对性的初次面谈大纲。

其次，做好与灾后青少年的面谈工作。一方面，在面谈之前，个案工作者要充分考虑与灾后青少年见面的时间、地点、环境以及衣着等，尤其要注重当地少数民族的文化禁忌和习俗；另一方面，要明确与灾后青少年开展面谈的主要任务，包括界定灾后青少年心理困境的主要特征、澄清双方在心理重建中的角色期望和义务、激励并促进灾后青少年接受并信任专业服务、初步达成服务的协议。

再次,要多方面持续收集灾后青少年的详细资料,以便为后面的心理重建提供事实基础与基线数据。一是灾后青少年的个人资料,包括:籍贯、年龄、性别、教育程度、婚姻状况、宗教信仰、职业收入状况等;二是灾后青少年的身体状况,包括:疾病、疾病史、有无残疾、遗传病、长期慢性疾病,以及目前的其他生理状况;三是灾后青少年的心理特征,包括:智力水平、认知能力、道德状况、个性特点以及行为方式等;四是灾后青少年所处的社会环境特征,包括服务对象的家庭经济、家庭关系、家庭结构等状况及其朋辈、同事关系和其他人际关系;五是灾后青少年的成长背景和生活环境;六是充分挖掘灾后青少年成长的生命史,及其灾后心理调适过程中成功和失败的经验;七是灾后青少年目前所面临的重大生活事件和压力事件。

最后,要达成与灾后青少年互信合作的初步关系,并做好相应的接案记录。接案记录内容大致包括:面谈目的、面谈过程(一般是按时间顺序记录面谈内容,包括社会工作者的行动及服务对象的反馈、使用的主要技巧等)、对面谈的总体评价、对以后面谈的建议等。

(二)对灾后青少年的心理状况进行预估

具体来说,对灾后青少年的预估包括以下几方面的任务:一是识别灾后青少年心理问题的客观因素,包括:灾后青少年的背景资料、他们所处的环境系统的资料、问题的发生与持续的时间、他们为解决问题所作的努力等;二是识别灾后青少年心理问题的主观因素,包括:灾后青少年如何看待自己的问题、站在他们的角度来理解这些问题对他的意义是什么、他为什么会有如此的主观理解、这些问题对灾后青少年现在的社会和心理影响是什么、心理问题在灾后青少年处境中的意义;三是识别灾后青少年心理问题的社会因素,尤其要注重从家庭、社区、同辈、学校、相关政府职能部门的社会支持缺乏的层面分析,同时要注重社会大众文化对灾后青少年心理问题所产生的负面影响;四是识别灾后青少年及环境的积极因素、潜在优势和闪光点;五是决定心理重建的方式和内容,包括介入的理论和方法策略,需要从哪些系统入手,可以获得哪些外来社会的支持,采用什么样的重建方法等。

预估阶段完成后,清晰明了的预估摘要可以为个案工作者、灾后青少年以及其他心理服务机构提供准确和详细的信息。预估摘要一般包括:一是对灾后青少年自身系统的预估，包括：灾后青少年如何看待自己的问题，自己觉得问题出在什么地方，原因是什么，问题持续的时间、频率和强度，问题的后果，为解决问题所作的努力，使用的方法等，灾后青少年解决问题的动机，灾后青少年解决问题的希望等，灾后青少年生理、情感和智力方面的功能发挥等。二是对灾后青少年家庭系统的预估，具体包括：家庭成员的基本情况；家庭的基本情况，包括家庭收入状况、居住环境、家庭成员的健康状况等；家庭成员的角色和互动情况，包括父母、兄弟姊妹、子女的角色；家庭规则，包括如何解决分歧和冲突，家庭的权威关系；家庭成员的沟通方式，包括如何表达期望、需要、情感等；家庭关系，包括家庭内的次系统；家庭的决策和分工方式。三是对灾后青少年所处社会系统（包括同学、亲友、社区及其他资源体系）的预估，包括：社会支持系统及其功能的发挥、物理环境及其对灾后青少年需要满足的程度、灾后青少年对环境的主观认知、灾后青少年的社会网络环境、社会的体制和组织环境等。

（三）制定心理重建的计划

首先，心理重建服务计划是工作者与灾后青少年通过理性思考和沟通，就服务的相关要素达成一致的看法并作出部署的过程。一个切实可行的计划要有灾后青少年的参与，要尊重灾后青少年的意愿，要做到详细具体和可以评估，更要将心理重建融入生活重建以及整个灾后重建的框架之中。

其次，心理重建服务计划要相对完整和规范。一是要明确心理重建的目的乃在于重整灾后青少年的生命及意义世界，实现心理的重建与提升。同时具体目标也要层层分解并分阶段完成。二是要明确关注的心理问题及对象。灾后心理重建看似是心理问题，但在服务中往往需要将青少年的学业问题、家庭问题、残障问题以及生活问题作为主要介入焦点。关注的服务对象既可能是青少年本身，也可能是青少年的家庭、朋辈、师长以及社区等。三是要明确心理重建的方法和行动，既可以采取个案辅导、家庭治疗、小组辅导、资源联络、网络建构和政策倡导等方法，也可以选择危机干预、物质支持、心理辅导、信息咨询等。

再次，要为灾后青少年制定心理重建的计划书，包括的内容有：一是灾后青少年的基本情况，包括灾后青少年的姓名、年龄、婚姻状况与职业等；二是简要地、准确地描述并列出灾后青少年的主要问题与相关问题；三是灾后青少年期望的效果及工作者的预期目标；四是心理重建的阶段与方法，以及每个阶段需要采用的方法与需要动用的资源；五是达到目标所用的期限，以使灾后青少年有信心在一定的时间内解决自己的问题；六是灾后青少年留下安全与便捷的方式以便于联络。

最后，工作者要与灾后青少年讨论协商并就所制定的服务计划达成一致的意见，经过双方的承诺认可并签名，将之变成为具有一定约束的书面、口头或心理契约，以强化灾后青少年对心理重建的认识和责任。

（四）选择适当的心理重建策略

虽然心理重建的主要面向是心理层面，但是也会涉及物质帮助、生活安置以及关系协调等。因此，个案工作者可以依据实际需要选择以下三类不同的介入策略：一是直接介入策略，主要是指直接面向灾后青少年及其家庭提供的心理支持、物质帮助、哀伤辅导、危机干预、关系协调等活动。二是间接介入策略，主要是指以灾后青少年个体及其家庭、小组、组织和社区以及更大的社会系统为关注对象，通过介入灾后青少年以外的其他系统间接帮助他们解决困难，恢复社会功能的活动。三是综合介入策略，主要是通过增强灾后青少年与环境之间的互动关系来促进其心理创伤的复原，往往以个案管理的方式进行。这是社会工作未来发展的趋势，也体现了一种综合治理的理念。

（五）开展灾后青少年心理重建的多元评估与结案

灾后青少年心理重建的服务评估要坚持服务实际需要、遵循社会工作价值理论、获取灾后青少年的参与和合作、工作者的不断自我评估与反思。个案工作的评估基本包括以下四种类型：一是需求评估，是指工作者或社会服务机构对潜在的或实际的灾后青少年的需求进行调研，主要是在心理重建开展之前，了解灾后青少年的现实需求；二是方案评估，包含了对方案的目的和目标、方法和手段以及具体策略的评估；三是过程评估，是对整个心理重建过程的监测评估，包括社会工作介入进行中的评估，即对工作过程的每一个步骤、每一个阶段分别作出评估，关心的重点是工作目标、介入过程、介入行动、介入影响。四是结果评估，主要是对服务结果的评价，可以分为效果（效益）评估和效率评估等。

“天下没有不散的宴席”，无论多舍不得的情感，无论多信任的专业关系，心理重建都会进入结案阶段。所谓结案就是当灾后青少年的问题已经解决，或者灾后青少年已有能力自己应付和解决问题，即在没有工作者协助下也可以自己开始新生活时，工作者和灾后青少年双方根据工作协议逐步结束工作关系所采取的行动。在结案之后，工作者也需要通过电话跟进、个别会面、网络会面、跟进灾后青少年的社会支持网络以及哀伤辅导等技巧来持续开展灾后心理重建的跟进服务，定期对灾后青少年进行回访和跟踪，了解他们的情况和服务需要，并以适当方式提供必要的帮助。

四、灾后青少年心理重建中个案工作的模式

（一）心理社会治疗模式

1. 基本假设

该模式的基本框架是“人在情境中”，具体包括以下基本假设：一是要在了解灾后青少年与周围社会关系的互动基础上去了解和预测其心理和行为；二是灾后青少年所生活的环境是一个彼此交互、互动、影响并发生连锁反应的系统；三是灾后青少年的心理反应来自他对环境的感知、认识、态度和行为，青少年实际上是在灾后形成一种新的自我认知和自我形象，也是在创造一种新的自我实现；四是灾后青少年出生时即具有独特的本能驱力，这种驱力与自我成熟度、社会环境一起互动，从而形成独特的人格特质和心理机制；五是灾后青少年是在对地震灾后社会环境的现实与期望的整合基础上形成灾害认知和情感的；六是如果灾后青少年具有一个较为开放的系统，那么其灾后心理问题是可以解决并获得功能提升的。

2. 问题分析

基于以上基本假设，该模式认为灾后青少年心理问题的本质是其内在心理及社会因素的不平衡所导致的压力，具体包括以下三方面：一是灾后青少年早期童年经历中未被满足的需要导致的安全感和适应力缺乏，从而导致其对地震灾后社会环境的适应不良；二是严重的地震造成剧烈的环境变迁和压力，引发了灾后青少年过往及现实心理的失衡；三是灾后青少年对地震灾害的不正确认知和过度的心理期望，也会导致其安全感缺乏、失落和绝望心理。

3. 服务目标

该模式下的心理重建注重灾后青少年在生理、心理以及社会层面的综合提

升，最终目的是促进青少年心理及社会适应。具体的目标包括：一是通过心理支持满足灾后青少年当前情感需求；二是通过哀伤辅导协助灾后青少年渡过丧亲的心理危机；三是通过危机干预协助灾后青少年渡过自杀等危机；四是通过综合性社会服务协助灾后青少年克服生活和其他方面的困难；五是通过知识教育等技巧增加灾后青少年的情绪控制能力和技巧；六是增加灾后青少年心理重建的信心和能力。

4. 服务策略

该模式下的心理重建强调直接帮助灾后青少年降低内在的心理创伤，具体策略包括：一是支持性技术，即通过个案工作者在尊重的基础上，通过积极的倾听、关注和同感促进灾后青少年获得情感和心理的慰藉，包括有兴趣的关注、理解性的倾听、无条件的接纳、适当的再保证和及时的鼓励等。二是直接影响的技术，即是个案工作者在尊重灾后青少年自决和提供心理支持的基础上，通过提供信息、建议、强调、重复、坚持、忠告、积极说服和实际干涉等方法，促进青少年提升心理认知、重建态度和成长行为。三是探讨、描述和宣泄的技术，即是个案工作者基于对灾后青少年心理创伤的理解和同感，分析其内心的压力事件和影响因素，通过适当的复述和澄清等技巧将其内在心理压力进行梳理，最终引导其表达并疏导创伤心理和情绪。该技术是连续而又统一的整体，只有通过理解性的探讨，才能达致同感性的描述，最终实现有效的情绪宣泄。四是反思性技术，即是通过个案工作者与灾后青少年的互动交流，引导其正确分析和理解自身目前心理创伤的历史原因、当前状况以及心理成长之道。该技术一般包括现实情况反思、心理动力反思和人格发展反思。

正如地震灾后青少年所处的境遇，地震灾难所造成的变迁远远超出了青少年的控制能力，在短时期内也很难达成有效的心理抚慰效果，而灾后支持性的社会环境可以有效地帮助灾后青少年克服心理创伤。在这种情况下，个案工作者可以通过提升青少年的家庭凝聚力、朋辈互动力、社区支持力、学校辅导力以及其他社会组织的救助力等方式实现心理重建的目标。

（二）认知行为治疗模式

1. 基本假设

该模式包括以下基本假设：一是灾后青少年作为独立的个体，追求的是内在心理与外在环境的协调统一,追求的是个体的平等和被人性化的对待,追求的是在社会互动中实现人与人之间的沟通与合作;二是灾后青少年的个体内在人格是有弹性的,虽然会受到地震灾害的重大影响,甚至很难主宰自己的命运,但他们依然可以选择以何种姿态和方式去面对灾难;三是灾后青少年的心理和情绪是其思考、自我认知、自我假定以及自我肯定的结果,理性的思考和信念会带来积极的情绪,反之则会带来消极的情绪,这些思考和自我认知久而久之就形成了"自动化思考"的机制;四是灾后青少年的行为是其思考和学习的结果,并且是可以被分析和改变的;五是灾后青少年是其个体内在生理、心理、行为、认知、情绪与外在社会环境互动的结果,因此灾后青少年不仅受到内在"自动化思考"的影响,也受到外在社会环境的影响,尤其是地震灾区所特有的文化习俗的影响。

2. 问题分析

该模式认为灾后青少年心理问题的本质是其内在自我认知、自动思考以及外在行为应对方式的偏差,具体包括:一是外在行为方面的问题,即灾后青少年固有的退缩、躲避、否认、固着等消极的问题应对方式导致了其地震灾后面临的心理问题;二是内在认知和思考方面的问题,即灾后青少年内在自我效能不足、原有错误的自动化思考以及非理性思维导致了其地震灾后的心理问题;三是认为灾后青少年的心理问题根据其个体特征及其所处的情境而各不相同,因此对问题的界定必须依据专业的诊断和评估。

3. 服务目标

该模式强调心理重建的总体目的是协助灾后青少年将日常生活中某些成功经验和因对方式,通过自我学习、自我发现、自我强化和自我肯定的过程达成自我效能的提升和心理潜能的发挥。具体来说,包括以下几个目标:一是改变灾后青少年对于地震、地震创伤不科学的认知,降低其对于灾后恢复重建不切实际的期待;二是修正灾后青少年不理性的自我对话和问题应对方式;三是挖掘灾后青少年日常生活中的喜乐时刻、积极行为、成功经验等,并通过家庭训练等方式加以强化;四是加强灾后青少年问题解决能力、情绪管理能力和理性思考能力;五是加强灾后青少年的自我控制和自我管理①。

① Fischer, J., *Effective Casework Practice: An Eclectic Approach*, New York: McGraw-Hill, 1978, p.45.

4. 服务策略

该模式开展心理重建主要针对灾后青少年的认知、行为以及理性思考三方面开展服务介入，具体的策略包括：一是系统脱敏法。该方法主要是通过让灾后青少年放松来减弱其对灾害创伤的敏感性，然后鼓励其逐渐地谈及、回忆、讲述以及反思灾害创伤，直到其消除对地震创伤的焦虑和恐惧为止。该方法一般包括："评估灾后青少年的心理焦虑和恐惧程度、训练青少年学会放松、建立焦虑和恐惧量表、实施脱敏程序以及后期追踪观察五个程序。"①二是社交技巧训练。该方法认为在青少年时期，社交技巧不足更容易导致社会疏离、学业欠佳、抑郁焦虑以及精神分裂症等②。因此，通过提升灾后青少年的社交技巧和能力，能够通过社交活动扩展其认知范围、社会支持以及理性思维，由此促进灾后心理重建的实现。具体来说，个案工作者可以通过运用各类示范程序，辅以强化、激励等方法，让灾后青少年能够通过观察、模仿、角色扮演等方式学习成功的社交技巧，提升社会适应的能力。该方法，同样也适用于提升灾后青少年的情绪管理能力、理性思考能力等。三是理性情绪治疗法。该方法也有一个理论体系，一方面强调灾后青少年通过反映感受、角色扮演、冒险、识别等技巧检查自身情绪和行为背后的非理性信念；另一方面还需要通过辩论、理性功课、放弃自我评价、自我表露、示范、替代性选择、去灾难化以及想象等技巧来分辨非理性信念，最终树立理性思维信念。

（三）存在主义治疗模式

1. 基本假设

存在主义成为一种助人模式是从心理治疗开始的，1978 年 Krill 提出了存在主义社会工作（existential social work）这一概念并进行了较为系统的阐述。Thompson 在 1992 年出版的《存在主义与社会工作》成为最为重要的文本③。基于 Thompson 的论述，存在主义治疗模式具有以下基本概念和假设：一是存在，即相信每个人都是一种存在，且通过客观的自在和主观的自为形式而存在。对于灾后青少年而言，地震灾害及其创伤是一种客观而无法改变的自在的存在，无论

① 杜高明：《心理咨询与治疗理论》，四川大学出版社 2008 年版，第 81 页。

② 杜景珍等：《个案社会工作：理论与实务》，知识产权出版社 2007 年版，第 203 页。

③ 何雪松：《社会工作理论》，上海人民出版社 2007 年版，第 112 页。

如何也不可能改变;而我们可以通过意义赋予来对这种客观自在存在进行不同的阐述和理解,从而达致一种自我能够接受和更具有建设性的自为的存在。二是自由和责任。该模式相信任何个体都有选择和行动的自由,并由此而塑造自己生活的主体,但在享受自由的同时有责任承担自由所造成的结果甚至是代价。同样,灾后青少年一方面要认识到地震灾难及其造成的后果是人类破坏自然以及缺乏应对经验的后果,人类应该为此承担破坏自然的代价;另一方面灾后青少年面对无法改变的地震灾难及其创伤,也有自己如何解释和对待的自由,并由此承担不同阐释的后果。三是自欺(bad faith)。该模式强调个体对于选择承担的后果的责任,鼓励人们勇于面对苦难,反对把责任推诿于他无法控制的命运或者随波逐流。该模式一方面通过倡导鼓励灾后青少年敢于作出心理重建的决定和行为,克服因为自由选择而产生的焦虑;另一方面协助他们进行积极和理性的行为决定,体验自由决定而带来的心理成长。四是本真性(authenticity)。该模式鼓励灾后青少年承认自己内心的焦虑情绪,学会与焦虑共存,学会选择和责任,并发现自己人性的优点。五是未来意向性。该模式着重鼓励灾后青少年通过意识觉醒和自我选择,并由此达致更有建设性的未来。六是焦虑。该模式认为所有人在人生不同阶段都会面临焦虑,焦虑来自生存的抗争。灾后心理重建的目标不是消除青少年的焦虑,而是鼓励他们直面生活、坚定立场、作出选择,从而体验心理成长的满意感。七是死亡。该模式认为死亡是不可避免的事实,鼓励灾后青少年积极面对死亡,并从死亡中获得更多的生活意义[①]。八是关系。该模式强调帮助灾后青少年积极建立与他人的关系,通过社会交往和社会支持使自己免于孤独、焦虑和异化。

2. 问题分析

基于以上分析,该模式认为灾后青少年心理问题主要有以下几个原因:一是灾后青少年自我的异化和丧失,没有认识到自己是克服灾后心理创伤的主体和决定性因素,由此导致自我的弱化、失能和弱势;二是对于灾难、苦难以及焦虑的错误认知,一味地否认和逃避地震灾难、创伤以及焦虑,进而对苦难和焦虑产生过度的恐惧和害怕;三是未能承担人生克服苦难的责任,也未能认识到自由和自我解放可能带来的成长和进步;四是困于自我错误认知而导致自怨自艾、怨天尤

① 何雪松:《社会工作理论》,上海人民出版社 2007 年版,第 114 页。

人以及消极退缩，未能走出自我，未能积极融入社会。

3. 服务目标

对于灾后心理重建，该模式强调协助青少年认识到他们过的是一种不真实、不自由、不理性和不负责任的生活，在意识觉醒的基础上认识到自我选择的自由，并提升其行动的能力。具体来说，包括以下具体目标[①]：一是通过同感给予灾后青少年一个安全信任的氛围，促进专业关系的形成；二是了解灾后青少年对外部世界的看法及其错误的价值、信念和假设，并认识到自我存在方式的局限性；三是支持并鼓励灾后青少年接纳并勇于面对地震灾害所带来的创伤心理和焦虑情绪；四是鼓励灾后青少年自由、自主选择对外在环境的解释和信念，并重建其关于灾后心理的价值和态度；四是帮助灾后青少年发现和强化自己的强项，并将所学到的新理念运用到具体的社会交往中，过一种有目标、有责任和有希望的生活。

4. 服务策略

该模式的服务策略并不以具体的干预技术为主，更多强调人本性的关注和思想意识的解放。具体来说，包括以下几种服务策略：一是建立支持性关系，即在与灾后青少年接触的过程中，通过同感、接纳、关注和支持消除其心理上的孤独与无助，并肯定其改变的能力；二是消除限制感，即鼓励灾后青少年分析并祛除以前思想和行为的影响因素，从而能够更加自主地做出选择；三是治疗性对话，即通过与灾后青少年的沟通，引导其认识到苦难的必然性和对于生命的意义，同时鼓励其与周围他人的互动；四是促进觉醒和选择的自由，即是协助灾后青少年正视自身所处的情境，认识到自己才是心理重建的主体，勇敢选择走自己希望的道路；五是赋予意义和行动倡导，即是个案工作者与灾后青少年一起赋予地震及其灾后生活以新的“意义”，学会理性和科学的思维，最终在社会交往中参与心理重建行动。

（四）接受现实治疗模式

如前所述，心理社会治疗模式和认知行为治疗模式都强调灾后青少年的心

① Gerald Corey：《心理咨询和治疗的理论及实践（第七版）》，石林等译，中国轻工业出版社 2004 年版，第 101 页。

理问题，并努力去克服它。而存在主义治疗模式则逐渐接受困难、哀伤以及焦虑作为人生中的一部分，并强调以积极的心态和负责的行为去克服它。而在海斯（Steven C.Hayes）博士所创立的接受与实现疗法（Acceptance and Commitment Therapy，ACT）看来，创伤经验以及负面思维在人的一生中始终都会重复出现，我们应当承认和超越，而不是否认、控制和挑战这些消极思维。因此，该模式从根本上转变了我们对待灾难创伤经验的方向，从而为灾后心理重建提供了一条全新的路径。套用一句禅语来描述该理论即是："创伤并不是一个亟待解决的问题，而是一个需要去接受和体验的现实"。

1. 基本假设

ACT 模式虽然源于行为疗法和认知疗法，但其建基于对人类语言和认知过程的本质研究之上，形成了关系结构理论，并发展了其自身的原则和理论。具体来说，其基本假设包括：一是人生总是会遭受灾难和痛苦，痛苦无处不在。灾后青少年面临的心理创伤也是正常的，凡是遇到灾难的人都会出现。二是创伤是人生的常态和必须经历的过程，并且不是每一个经历过创伤的人都需要治疗。同样，灾后青少年所出现的心理创伤也是其独特成长经历中的客观阶段，需要去面对，但并不是每一个青少年的心理创伤都达到需要治疗的境地。三是灾后青少年不一定要刻意在乎、纠结和解决这些心理创伤，虽然可以人为地采取一些措施来避免其加深，但更需要将其作为生命成长的一部分来接受和体验。四是人生都会面临痛苦，但不需要被痛苦所折磨，反而需要超越痛苦，将之融合成为生命成长的祝福和礼物。五是灾后青少年坦然面对心理创伤是摆脱折磨的必经之路。六是灾后青少年可以通过心理重建来实现人生的超越，但首先要学会走出惯性思维，学会接受和拥抱生活。

2. 问题分析

该模式认为人的心理问题本质上就是认知错误和经验惯性而导致的对于负向情绪的逃避和控制的结果。这种被称为经验性逃避的行为反而使个体备受煎熬。心理创伤并不是问题的本质，尝试去控制和解决心理创伤才是问题的根本，试图压抑和逃避心理创伤，结果反而成了庸人自扰①。一方面，地震灾后处于心理创伤中的青少年本身缺乏对自己的同情和接纳，从而更容易感到抑郁，并在长

① Victoria，M.等：《找到创伤之外的生活》，任娜等译，中国轻工业出版社 2009 年版，第 4 页。

期的经受、回避和逃离痛苦经验中挣扎,由此产生更为严重的负面情绪;另一方面,由于时过境迁,整个社会对于地震导致的痛苦经验逐渐忘却、排斥和逃避,也使得灾后青少年显得更加孤单和失落。

3. 服务目标

建基于"关系结构理论",ACT 模式依然关注着个体认知、行为以及外在环境之间的互动关系。因此,该模式服务的目标也主要表现为以下四个方面:一是强调灾后青少年打破常规对于人生、灾难以及痛苦经验的认识,在承认和接受痛苦经验的基础上实现自我的接纳和肯定;二是改变语言与认知之间相互负向影响的关系,重新树立灾后青少年积极的自我认知;三是通过适当的行为训练来强化灾后青少年接受事实和活在当下的理念;四是通过确立自由的价值观,增强灾后青少年对于创伤和痛苦经验的容忍力、欣赏力和复原力。最终,通过以上几方面的目标实现,达致心理平衡、复原和重建的最终目的。

4. 服务策略

该模式旨在协助灾后青少年观察并记录自己最深层次的内心体验,核心过程和策略包括以下六个方面[①]:

一是接受事实。该模式下心理重建的首要任务,即是个案工作者协助灾后青少年去接受灾难及其所造成的心理创伤。此处的接受并非引导灾后青少年去喜欢灾难或者以创伤为荣,而是在理解其人生经历的基础上,协助其以同行和欣赏的态度体验灾难、创伤及其造成的负向情绪,并将之看作成长路上必经的考验,不逃避、不自责、不纠结,方向明确,步履坚定。

二是认知融合。该模式强调语言往往会将想法和事实混为一体,从而使人不切实际地将某种负向情绪看作为客观事实,进而强化了负向情绪。因此,个案工作者需要通过新的语言用法、比喻、故事和动手训练等方式减少灾后青少年的语言给认知和情绪带来的负面影响,协助其认识到创伤仅仅是创伤、情绪仅仅是情绪、现在仅仅是现在,心理状态并不能代表客观事实,目前的困境也并不能代表未来的美好。

三是拥抱当下。从该模式看来,"当下"成为此时此刻、独一无二的体验,无

① Patricia, A.等:《接受与实现疗法:理论与实务》,方双虎等译,重庆大学出版社 2011 年版,第 7—10 页。

论是喜乐还是忧伤，都是过去和未来的关键点，也是个体唯一能感受到的真实存在。因此，个案工作者一方面需要引导灾后青少年接纳和同情自己，尤其学会接受自己的负向感受与体会，避免对自己的评判和责备，以更加宽容和关爱的心对待自己的创伤经验；另一方面需要通过冥想、专注力训练等方式协助灾后青少年拥抱当下，体验地震灾害的无情、心理创伤的无助以及亲人离去的无奈，才能更好地珍惜当下，努力做到爱护环境、助人自助和好好活着，并从当下的感受中去积蓄前行的动力。这也就是心理梳理和心理重建的过程和机制。正如网上流行的语言："不乱于心，不困于情，不畏将来，不念过往，如此，安好"。

四是承诺行为。无论对于何种心理治疗模式或者社会工作模式而言，付诸行动都是心理重建取得成效的关键，也是动机激发、认知改变、理性思维或者社会支持的最终结果。承诺行为也是 ACT 模式的核心要素，且具有更为广泛的意义，不仅包括接受事实、认知融合、拥抱当下、明确价值等过程，也包括了行为主义疗法中的增强、弱化等技巧，还包括了理性情绪疗法的冒险、想象等技巧。除此之外，此处的承诺行为还有冒险意愿、心理弹性训练等其他技巧。

五是以己为景。以己为景又称为观察自我，有效地克服了"以自我为内容"和"以自我为进程"将灾后青少年自我的语言描述、思维、情感和躯体感觉纠缠所导致的心理困境。以己为景能够以一种超越现实自我的感觉和心路历程来看待自我，通过虚化现实中的自我来便于灾后青少年以无限制、无压力和无条件的方式看待和超越灾难的心理创伤，并在个案工作者的联系、隐喻和正念练习中体现和提升自我。以己为景可使灾后青少年跳出自身来整合自身，有效地摆脱了日常语言习惯和过程的束缚和限制，更可能接受现实中的自我，也更容易达成自我实现。作为以己为景的一个技巧，心智觉知协助灾后青少年聚焦于当前的现实情况，时刻意识到自己的所作所为以及心理体会，无论看到什么都不去做判断，从而摆脱过往灾难事件以及未来想象对当下的困扰。

六是明确价值。价值观是个体活着的灵魂，也是个体生存的终极意义。价值观能够增强人们接受负向情绪的意愿，并且让人生中经常相伴的痛苦经历显得格外庄重和尊贵。可以说，有了明确的价值观，个体就更有前进的动力，同时其对于痛苦经历的容忍度和欣赏度也会更高。在灾后心理重建中，可以通过价值观澄清法引导青少年体会充满活力的灾后生活并乐于体验未来幸福生活中那些伴随的创伤和痛苦，并将痛苦转化为生命的赞歌。

第二节　灾后青少年心理重建的小组工作方法

对于灾后青少年个体而言,地震所带来的心理创伤及其特征具有明显的个体差异性,不同年龄阶段、家庭背景以及成长过程的青少年所感受到的地震创伤是不同的,相应的心理需求也不相同。因此,个案工作是地震灾后青少年心理重建的主要方法,更是社会工作介入的基础。但另一方面,对于灾后青少年群体而言,其所遭遇的地震创伤及心理特征具有一定的同质性。在心理重建的过程中,小组工作者作为灾后青少年的“他者”未必能够理解这些心理特征,更勿论做到真正的同理。这种同质性的创伤心理特征成为灾后青少年彼此沟通与理解、相互支持与成长的基础。因此,小组工作成为面向灾后青少年群体提供灾后心理重建的重要方法。

一、灾后青少年心理重建中小组工作的含义

(一)基本含义

作为社会工作的基本方法之一,小组工作是“通过社会工作者的策划与指导,通过小组活动过程及组员之间的互动和经验分享,帮助小组组员改善其社会功能,促进其转变成长,以达到预防和解决有关社会问题的目标”①。这一概念中的小组,通常是指在社会工作者指导下的、两个以上具有类似状况以及需求的成员组成的具有互动性的组合,组员彼此互动、彼此认同和彼此支持成为小组文化的基本特征。灾后青少年心理创伤状态及其需求也具有较强的同质性,更适合用小组工作的方法。因此,灾后青少年心理重建的小组工作则是指在组织多个灾后青少年个体形成小组的基础上,通过有目的的小组情景、小组经验以及小组过程,通过组员之间的互动、组员与小组工作者之间的积极互动,让组员能够通过经验分享、情绪疏导、情感支持、信息共享、技巧交流、网络支持以及社会融

① 王思斌:《社会工作综合能力(中级)》,中国社会出版社 2009 年版,第 152 页。

合来促进彼此的成长以及小组目标的实现的过程。

这一定义包含了以下几方面的要素：一是小组工作是由组员和小组工作者组成的关系体系。一方面，小组的组员主要是灾后青少年。他们可以以各种方式加入不同的小组，以体会不同的小组特征、要求和任务，但同时要求该青少年能够认同和理解所加入小组的氛围、规范与契约。另一方面，小组的工作者一般都是社会工作者，但也不排除心理学家、心理咨询者、教育工作者、经过专门培训的志愿者担任小组的工作者。但要求小组工作者能够充分了解和敏感灾后青少年的心理创伤、能够适应震后灾区的社会文化情境、能够胜任灾后心理重建的工作任务以及能够积极协调灾后不同方面的工作关系。二是小组必须有明确的目标，即是通过小组氛围、小组互动以及小组活动来协助灾后青少年梳理创伤经验、分享创伤故事、疏导创伤心理、促进创伤复原，最终实现灾后青少年的心理复原与重建。三是小组工作需要不断促进小组工作者与灾后青少年、灾后青少年之间以及小组与外部环境之间的良性沟通与互动。小组工作者需要不断促进灾后青少年能够彼此分享、分担、支持以及成长，由此带来他们在态度和行为方面的改变。四是小组工作既是灾后青少年心理重建的滋养性平台和环境，也是心理重建的一种工作方法与手段，更是创伤心理宣泄、疏解、分享、整合以及重建的必经过程。

（二）主要内容

单就心理重建而言，灾后青少年的小组工作主要在于情绪疏导与小组培育。但从社会工作视野出发，灾后青少年的心理重建是一个系统性工程，不仅仅包括心理和情绪的辅导，还包括青少年的人格重建、知识重建、关系重建，并由此激发青少年的复原潜能和进一步成长的行动。因此，灾后青少年心理重建的小组工作至少包括以下内容：一是心理和情绪的疏导与支持，即通过小组的方式将灾后青少年聚在一起，在信任合作的氛围中，促进他们相互诉说彼此的灾后经验，并通过相互理解达到心理和情感的支持。二是知识与技巧的分享与练习，即由小组工作者传授给灾后青少年不同的情绪管理、地震防救、生命教育、学业提升、就业辅导等方面的知识与技巧，并通过组员之间的互动促进青少年掌握这些知识，以应对灾后恢复重建的需要。三是自我人格的完善与发展，即协助灾后青少年认识到目前的心理创伤既是地震所带来的压力的结果,也是其缺乏灾难应对方法与技巧的结果,更与其过去成长环境、成长经历以及家庭氛围等因素有关,并通过小组工作整合青少年的过往经验、提升压力管理的技巧。四是促进灾后青少年的社会支持网络,即通过小组工作帮助灾后青少年提升与他人沟通的技巧,促进其良好的社会关系和社会互动的形成,从而构建更为滋养性的社会关系。五是提升灾后青少年的抗逆力与复原力,即通过小组工作协助灾后青少年认识到自身所具备的潜能[①],并在小组互动和社会服务的过程中激发其利他主义的价值理念,在社会服务的实践中实现心理重建。

(三)重要意义

首先,当地震发生后,青少年陷入焦虑、恐慌、愤怒、沮丧、失望、绝望甚至企图自杀的时候,他们都十分需要得到外界的支持,小组工作能够为他们植入希望。在心理重建小组中,社会工作者能够协助青少年通过经验分享和相互支持而对未来前景保持乐观的态度。其次,在心理重建小组中,因为诸多受到心理创伤的灾后青少年在一起开展分享和交流活动,他们之间相互了解到原来其他人和自己一样,正在经历相同的感受,便觉得自己在面对逆境和心理困扰的过程中并不孤单,并能够通过相互之间的建议和分享来达成自助互助的目标。再次,心理重建小组为灾后青少年提供了一个安全、信任的环境和氛围,以引导他们舒缓创伤后的情绪,释放内心负面的压力,从而化解他们由于长时间压抑消极情绪所导致的次级危机[②]。最后,心理重建小组能够为灾后青少年提供一个利他主义的成长机会。通过小组工作所提供的互助情境和氛围,灾后青少年可以充分发挥自身的特长和助人的潜能,在帮助他人舒缓情绪和克服困难的过程中认识自身存在的价值,并激发其英雄主义的情怀。这不但有利于克服灾后青少年沉迷于自身悲伤事件而不能自拔的消极状况,更可以让他们从别人的正向反馈中重新找回或进一步提升自我的价值感,增强自我形象,从而真正实现灾后心理重建的目标。

---

① 尚振坤:《地震之后让心灵得到慰藉》,《社会福利》2008 年第 6 期。

② Maureen, M.等:《新形势下的危机干预》,《医学与哲学》2004 年第 8 期。

二、灾后青少年心理重建中小组工作的理念

(一)植入希望原则

地震灾后,受创伤的青少年往往因为自身的生活困境和变迁的社会环境而导致适应困难,进而表现出焦虑、愤怒、沮丧、失望,甚至是自杀的倾向。虽然灾后紧急救援时期,爆发式的外界关注和物资援助带给青少年丰富的支持与关怀,使其能够顺利度过几个月的时间,但随着安置期以及恢复重建期的到来,灾后青少年必须逐渐通过自力更生来参与恢复重建工作,继续学业、工作以及失去家人的生活。此时,对自我的怀疑、对社会的失望、对政府的抱怨以及对于人性的疑惑,往往导致灾后青少年丧失了生活的信心和希望。此时,需要通过小组工作向灾后青少年小组及其成员植入希望,即小组工作者通过适当的同理心和信息提供,协助灾后青少年客观分析自我及环境的状况,并了解其他小组成员走出心理困境、实现良好社会融入的情况,以此增强他们对自我、社会以及灾后生活的信心①。在具体的心理重建过程中,小组工作者一方面可以通过自身的言语行动来表达同理心给予成员希望,也可以通过组员之间相互表达感受和想法,开放、倾听、冒险尝试新的行为,让组员认识到克服心理困境的希望;另一方面,小组工作者可以为小组组员提供相关的灾后恢复重建的相关政策、福利制度以及社会资源信息,通过外部社会支持增强小组组员对恢复重建的信心。

(二)尊重保密原则

对于心理和情绪脆弱的灾后青少年而言,都希望能够在小组中获得关心和爱护,因此也会表现出对于小组的高期望,而不希望自己的创伤经验被人漠视甚至取笑。在小组活动过程中,出于释放情绪压力和缓解创伤经验的需求,灾后青少年往往会分享到诸如个人生活习惯、家庭关系、生理特征、心理特质、社会关系以及过往创伤经验等隐私信息。这些信息仅仅是在小组内部的经验分享,而不希望被小组以外的人知晓。因此,灾后青少年心理重建的小组工作必须要订立

① 赵芳:《团体社会工作:理论与实务》,知识产权出版社 2009 年版,第 168 页。

相应的契约,一方面要求组员能够彼此尊重差异性、接纳对方的不足,并给予对方足够的关注和积极的回应;另一方面,要求组员能够为其他组员分享的信息保密。

(三)互助互惠原则

灾后青少年往往会陷入一种非理性思维,认为自己就是世界上最倒霉的人,为什么灾难就降临到自己头上,只有自己生活在孤独和苦难之中。小组工作的主要目的就是通过分享和沟通,让灾后青少年认识到自己并不孤单,苦难中依然有人同行。因此,作为小组工作最为重要的治疗性因素,小组工作者需要通过多种方式促进组员之间的互助互惠。一方面,灾后青少年之间应该打开心扉分享自我,相互支持,团结合作,在他人的帮助下实现心理的复原;另一方面小组工作者也应该在服务中放下自我、接纳他人,在倾听灾后青少年的创伤经验中理解人生以及困难的意义,彼此信任,共同成长。在心理重建过程中,适当的自我表露能够促进互助互惠的实现。一方面,小组工作者应该营造一个信任合作的氛围,让灾后青少年彼此敢于、勇于并善于讲述自己的故事,在表露中形成自信、开放和积极的人格特质;另一方面,小组工作者也可以通过自我表露增进与组员之间的关系,以利于小组目标的实现。

(四)民主参与原则

为灾后青少年的心理重建开设小组活动,除了让组员能够彼此支持和合作外,也是为了让组员能够有一个适当的平台和机会参与公共活动,并通过这些活动将所学习的经验、知识、技巧和能力运用到小组内外的生活、学习和人际交往中。因此,小组工作者必须遵循民主参与的原则,做好以下几方面工作:一是在小组成立之初,就应该在小组的契约和规范中明确组员之间的人格平等、民主沟通、共同进步;二是有意识地培养灾后青少年参与小组活动并善于团结协作的能力,让他们能够学会在社会压力的情境下实现自我的提升;三是小组工作者要引导组员充分尊重彼此的个别差异性和需求独特性,在差异性中寻找共同性;四是要鼓励灾后青少年在小组的互动中学习,肯定组员之间的积极回应行为和成功应对心理创伤的有益经验;五是引导小组的内部讨论,对组员发言给予建设性回馈,鼓励其他组员模仿成功的心理应对策略。

（五）赋权增能原则

一个人要想成为他自己或实现个性化，就必须与他人建立联系，与社会相互依赖，在一个能创造自己的健康人格和发现生命意义的世界中完善自我①。对于灾后青少年而言，其在小组中所学习的知识、共享的经验、掌握的技巧，一定要在小组之外的社会生活具体运用才有成效。因此，需要内外兼修，一方面要协助灾后青少年客观认识自己所处的境况，并充分意识到自身努力及存在的优势，形成积极的、正面的自我评价，树立克服困境的信心，提升自我意识，认识自我的价值；另一方面，要通过小组促进灾后青少年积极参与救援活动、重建活动和服务实践，形成利他主义的价值观和实践。对于灾后青少年而言，虽然自身经历了困难并陷入困境中，但如果能够对其他的受灾人群有所贡献和价值，并感觉到自己被他人所需要，心理潜能和复原力更容易被激发和实现。

三、灾后青少年心理重建中小组工作的过程

（一）小组工作的准备阶段

1. 确定小组的性质和焦点

在灾后心理重建中，对于那些受到重大创伤的青少年必须采取治疗性小组模式，促使他们能够面对曾经的痛苦经历，实施心理辅导；对于那些创伤较轻或者经过治疗后得以康复，但仍需继续追踪辅导的青少年可以采取支持性小组和自助小组模式，协助灾后青少年讨论自己在地震中的重要经历，表达经历地震灾害时的情绪感受，建立起能够相互理解的共同体关系，达到相互支持的目的；而对于灾后青少年的家属，一般采取教育性小组和支持性小组的模式，一方面是协助家属学会如何关心和照顾灾后青少年的心理和生活，另一方面也能够给予家属心理分享和情感支持。

2. 确定小组希望达成的目标

在灾后青少年心理重建过程中，小组工作的目标是保证参加者的安全、放

---

① 叶浩生：《西方心理学的历史与体系》，人民教育出版社 2002 年版，第 594 页。

松、被尊重和被关怀,也让其心理感受能够被人理解;在安全、放松的环境中尽可能详细地描述创伤性事件和他们的经历、感受与体验;解释正常与不正常的应激反应表现;正常化情感反应,减少个体情感上的独特性;表达地震灾害对青少年日常社会功能的影响并筛查出症状严重者;鼓励、教会、强化应对方式,教授减轻焦虑的方法和技巧;讨论丧失在生命中的意义;纪念并悼念失去的人;强化灾后青少年之间的社会支持,增强凝聚力;促进恢复社会功能和生活习惯;识别急性应激反应的高危个体,保证能够随访或得到专业服务。

3. 确定小组服务的对象及其需要

小组工作一般以地震灾害中直接受伤害的青少年为主,也包括青少年的家属和朋友。特别地,考虑到许多灾后救援人员也处于后青少年阶段。因此,那些心理受到创伤的地震灾害救援人员也可以作为小组组员。小组人数也有相应的要求,一般以 8—20 人为最好。

4. 确定小组工作的地点、时间与频率

地震灾害发生后的第一时间内,考虑到现实场地的需要以及人员的流动性,一般可以选择在救援站开展小组工作。当灾后青少年在医院接受治疗和康复服务的时候,就可以选择在医院或者社会服务中心开展一些支持性小组。而在地震灾后的现实场景中,一般可以选择在社会工作服务站开展小组工作。至于具体的时间与频率需考虑具体的情况,与灾后青少年进一步商量,以不打扰他们的生活或休息为宜。

5. 确定带领小组的人选

面对灾后青少年的小组工作,社会工作者应该尽可能充分配备,以防小组中各类突发情况的出现,也需要安排其他专业人士的配合与协助。在适当时候,带领小组的人员也可以由灾后青少年自己从小组中推选出来。

6. 确定小组将要分享的主题

小组工作一般至少要持续开展六次以上,每次的主题应该有所计划,从最初的相互认识和介绍、小组规则的拟订,到最后的分别和结束小组活动,工作者应该尽可能地照顾到灾后青少年心理的真实需要,要在充分的调研基础上提出适当的选择方案,由组员讨论来确定。

7. 确定小组成效评估的方法

一般可以通过精神健康水平的量表,但这并非对任何组员都适用。与组员的分享也是一个非常好的方式[①]。通过分享和访谈,不但有利于增进灾后青少年心理复原力的提升,更有利于有效处理组员分离的焦虑,促进小组的顺利结束。

(二)小组工作的初期融合阶段

1. 有效地开始小组过程

由于前来参加小组活动的青少年都曾经受到地震灾害的创伤,他们在心理和精神上都显得较为脆弱,此时最重要的就是能够让组员得到放松和安慰。因此,需要社会工作者承担好组织者和鼓励者的角色,针对青少年的需要设计一些有创意的破冰活动和游戏,促进组员对小组的投入。一些能够表达组员心理或者安慰组员心理的音乐不失为一个好的开端。

2. 促进成员间的相互认识

如何促进灾后青少年相互熟悉和彼此分享,是小组工作初期的主要目的。这一方面需要社会工作者促进灾后青少年对小组有好的期望,能够通过小组树立生活的信心和希望;另一方面更需要推动灾后青少年开放自我的内心,愿意将自己的情绪和困境与他人分享。此时,社会工作者可以做一些有创意的设计,比如自画像、互相采访、配对沟通或者轮流介绍等。服务的关键是要给灾后青少年适当的心理缓冲空间,避免让他们觉得自己过于被动或者被迫参与小组活动。

3. 澄清组员及小组的目标

对于部分灾后青少年而言,由于地震造成的家园损毁和家庭变故,其心理往往处于极端脆弱和希望寻求依靠的心理状态,对小组氛围、小组活动以及小组所提供的帮助可能会有过高的期望。可能有青少年会认为"只要加入了小组,就可以解决所有问题",也有可能有青少年认为"我会得到社会工作者和所有组员的关心和爱护",还有可能会有青少年认为"我只是应邀来参加活动而已,具体没有抱什么希望"。灾后青少年对小组的期望和目标,有些难以具体实现,也有些对小组有负面作用。因此,社会工作者需要采取多种方法和技巧提升灾后青少年对小组的正确期望,帮助他们对小组目标有适当的认知。社会工作者可以

---

① 杨婉秋:《发展性小组工作在大学生恋爱心理辅导中的实践研究》,《社会工作(学术版)》2007 年第 3 期。

采取具体化的方式问组员:“您觉得自己在哪一方面有困难? 希望有怎样的改进呢?”小组工作的目标必须由工作者再次确认,或者让青少年自己讨论,以保证他们对小组的期待和参与的信心。

4. 讨论小组的契约和保密原则

小组的契约一般包括小组程序和组员互动两个方面。小组程序部分包括整个小组活动的时间、出席的要求、保密的规定、小组活动的地点等,而组员互动就要求青少年之间保持一种信任、积极、支持性的关系。尤其是对灾后青少年心理重建的小组而言,要尽量避免组员之间的相互攻击、伤害和斗争。同时,在小组初期,明确小组成员之间在重要事项方面的保密原则也是非常重要的,这不仅要求组员之间相互理解和支持对方的情绪和情感,更要求所有组员都尊重他人的隐私。

5. 促进信任的小组氛围产生

工作者必须使用一系列的开放式提问鼓励灾后青少年积极参与讨论和分享自己的亲身经历,使用目光接触、无条件积极关注和热情接纳等技术,促使组员识别、表达、宣泄自己的情绪情感,并调动大家积极倾听和同感,形成安全、温暖、接纳和支持性的小组氛围。

(三)小组工作的中期转折阶段

一方面,社会工作者要处理灾后青少年可能出现的各种防卫性的抗拒,包括来自地震灾害的创伤,或者来自丧失亲人与朋友的负面情绪。虽然灾后青少年之间并不常表现为语言或行为的攻击,但他们的沉默、退缩会对小组成效产生负面作用。如果灾后青少年觉得心理重建小组目标大大偏离了自己的目标,或者觉得小组没有提供安全和支持的氛围,他们在分享时往往停留在表面而无法深入到内心,也可能使用概括性的语言来应付组员之间的交流,或者总是在问别人问题以及将重点放在其他成员身上或一些毫无意义的事情上。此时,社会工作者需要协助参加小组的灾后青少年敢于承认和表达其内心感受,促使他们认识到需要克服过度保护的心态。同时,社会工作者需要通过限制技巧来减少他们发问的时间,通过营造轻松安全氛围、专注与倾听、积极回应以及自我表露等技巧来促进他们的真诚分享和积极沟通,协助他们如实表达自己对小组的感受。

另一方面,社会工作者还需要积极处理有特别需要的组员。对于过度沉默的灾后青少年，工作者首先要客观分析其行为背后的原因，尤其要关注到他们生理健康、家庭生活、手足朋辈关系以及社区生活的环境等内容，通过提供组员之间相互倾听、相互表达、相互理解和相互支持来促进组员之间的沟通和交流，或者社会工作者直接通过语言、微笑、眼神等方式鼓励沉默者发言。此时，社会工作者需要充分了解灾后青少年的具体心理特征，不能在他们毫无准备的情况下，把他们推到大家面前。对于那些不能顺利表达自己内心感受的组员，社会工作者需要通过鼓励，帮助他们确认自己此时此地的感受，并鼓励他们用准确的词语表达出来，也可以通过社会工作者的示范引导和及时小结来协助组员表达自身的内心感受和情绪。而对于那些在小组中总是抢着说话的灾后青少年，社会工作者需要充分敏感到他们的真实内心，验证其是否在用说话来掩饰自己不愿意或者不敢真正表达的内心感受，或者是以防别人的话题触及自己的伤口①。此时，社会工作者需要采取同感、验证以及适当的限制来调整小组氛围，并鼓励组员之间的相互反馈和支持来促进每一个组员的成长。

（四）小组工作的后期成熟阶段

在小组的后期成熟阶段，组员之间的凝聚力会不断增强，大家都能够积极分享自己的创伤经验，在情感投入与情绪表露方面也越来越深刻和具体，许多灾后青少年在小组中都能够积极面对自己过往的创伤经验。社会工作者在此时需要做好以下四方面的工作：

首先，要继续促进小组的彼此信任、真诚、接纳与关怀，不但要通过支持、直接影响和探索—描述—宣泄等非反思性治疗技巧来进一步促进灾后青少年的情绪宣泄和自我肯定，更要进一步通过现实情况反思、心理动力反思和人格发展反思等方法引导重新认识地震创伤所带来的危机内涵，重新赋予地震灾害新的生命意义。并由此，引导灾后青少年反思自我与其他组员、自我与家庭、自我与社会支持方面的关系，在小组所提供的支持性氛围中重新树立克服危机的信心和希望。

其次，社会工作者要协助小组组员通过自我表露来探索个人的情绪、态度、感受和行为，并通过他人反馈更好地反省自己，从而对未来生活有新的认知和态

---

① 秦虹云：《PTSD 及其危机干预》，《中国心理卫生杂志》2003 年第 9 期。

度[①]。对于那些手足和同辈遇难的青少年而言，社会工作者应该提示他们将来在遇到各种与死者有关的事、物、人的时候（包括工作地点、物品、工具、死者家人、纪念日等），自己产生不适感和不舒服是正常的，并协助青少年由此进一步认识到自身害怕这些与死者有关的事物，并不是因为他们相信死者的灵魂真的回到这里和他们在一起，而是因为死者的遇害唤起了他们自身对死亡的恐惧。通过信息的提供、信念的重塑以及小组的教育引导技巧，促进灾后青少年认识到死亡的不可预料和无法控制，并通过更为积极的方式来寄托对死者的哀思，从而更为积极地生活。

再次，社会工作者要协助灾后青少年认识到自己在心理重建小组中的价值和使命，意识到自身在情绪、认知、态度和行为方面的成长和改变，将领悟到的对于生命的认知具体转化为更为积极的自助和互助行动。这些行动一方面表现为积极参与小组活动并给予其他组员正向的情绪支持；另一方面表现为肯定自己生命的成长，并将小组中的正向经验带到小组以外的现实生活中去，走出创伤经验，参与社会活动。对于那些曾经经历过亲人和朋辈遇难的灾后青少年而言，要协助他们深刻意识到生命的可贵，并通过积极的行动珍惜生命，更加健康、快乐地生活。

最后，社会工作者要协助灾后青少年通过互助积极面对各种具体的事件。具体来说，包括协助他们重返被灾难破坏的家庭、工作环境以及学校，并有效处理第一次看到破坏场景时的情绪反应；协助他们寻找废墟中不可替代、有价值的物品，并妥善保存；协助他们制定计划来打扫、修理和整理家中、工作场所或学校的财产；协助他们积极申请和获取各类经济和物质资源的支持，并妥善使用；协助他们积极面对外界媒体、紧急服务机构以及志愿者；协助他们有效处理灾后重建过程中可能出现的疲乏、悲伤、绝望和抑郁等。当灾后青少年能够就这些事情共同磋商讨论，并互助以寻找解决问题方法的时候，心理重建小组的目标就已经达成。

（五）小组工作的结束期

首先，社会工作者要妥善处理组员的离别情绪。社会工作者一方面可以结合地震灾后救援以及重建工作的阶段，选择一个恰当的有纪念意义的时间，提前告诉组员心理重建小组结束的时间，让他们做好各种心理和情绪的准备；另一方面还要让组员在心理重建小组中用具体的字眼表达离别时的感受及矛盾心理，

---

① 王硕：《城乡居民突发事件认知行为及心理状况调查》，《中国公共卫生》2007 年第 5 期。

并分享离开小组后的生活打算和规划。

其次,社会工作者需要特别注意结束小组活动的技巧运用,适当表露自己对小组及组员的难舍,并表示会持续地为他们提供力所能及的服务;肯定组员在小组中的成长和进步;设定另外的时间解决或提供资源帮助组员对未来做出计划和准备。社会工作者尤其要注意发挥转介和资源联络的角色,积极为灾后青少年联络相应的志愿者、学校辅导老师、社区工作者、社会救助资源以及其他类似的互助小组等。

再次,社会工作者要协助组员维持和巩固在小组中所坚定的信念和所学习到的知识和技巧,并将其运用到现实的社会生活中去。为此,社会工作者可以通过模拟练习强化灾后青少年应对情绪问题的技巧;通过潜能激发促进灾后青少年树立面对灾后生活的信心;通过资源链接协助青少年获得更多的社会支持。社会工作者也应该强调组员参与志愿服务的价值①,如果灾后青少年能够参加对其他地震灾害心理创伤者的志愿服务活动,将对其今后的社会康复具有重要的意义。

最后,社会工作者需要妥善安排解决组员在小组结束后的后续辅导活动。持续的跟进服务是一个比较有效的方法。一方面,社会工作者可以通过不定期的非正式聚会、有针对性的个别面谈和辅导、适当的家访和慰问来跟进有特别需要的灾后青少年;另一方面,社会工作者还可以与政府、社区、志愿者、社会服务机构等正式和非正式社会支持网络衔接,帮助灾后青少年获得更多的社会支持。除了跟进以外,社会工作者还可以采取转介的方式为组员寻找其他精神救助的机构和小组资源。无论是跟进还是转介,都需要与组员共同协商确认,在组员的确有进一步寻求的动机时才可以进行。

四、灾后青少年心理重建中的小组类型

(一)支持性小组

1. 基本含义

支持性小组由有共同问题的成员组成,小组成员产生积极互动,彼此提供信息、建议、鼓励和情感上的支持,发展出有利于问题解决的技巧。该类型小组最

① 刘茹:《社会焦虑与危机干预》,《医学与哲学》2005 年第 4 期。

核心的内容就是强调组员之间的互动、沟通、交流以及彼此信任、理解和支持的关系，小组工作者通过协助成员讨论自己生命中的重要事件，在相互表达、分享、交流与讨论经历这些事件时的情绪、感受以及反馈，由此建立起有目的、支持性以及建设性的沟通关系，最终达到彼此心理支持的目的。

2. 服务目标

灾后青少年心理重建中，支持性小组的主要目的一方面是为灾后青少年提供一个叙述灾难经历、抒发个体情绪、缓解内心压力、获得情感支持以及促进心理重建的平台和过程，并且在这个过程中，灾后青少年能够重新认识灾难、创伤、自身处境以及真正的需求；另一方面，也是为了营造一个具有支持性、包容性和目的性的小组氛围，并在这种关系基础上建立小组工作者与灾后青少年之间的互信合作关系。唯有建立这种合作关系，后续的心理重建工作才能更为有效和顺利地进行。

3. 具体策略

支持性小组尤其适用于那些遭受灾难事件的受害者及其家人、离婚女性、处于亲人离世境况的人、残疾人、艾滋病人等特殊疾病患者、单亲妈妈、失业者、高龄老人以及癌症患者等。在面向灾后青少年提供的小组中，小组工作者主要扮演推动者、资源联系人以及协调者等角色。一方面，小组工作者需要不断地鼓励和推动灾后青少年走出自我，勇于自我表露，并在与他人的互动中认清形势，放下包袱，轻装上阵；另一方面，小组工作者更需要积极认识到灾后青少年自身的情况，理解他们内心的纠结，并通过外部资源链接和内部接纳尊重等方式，协助灾后青少年消除灾难创伤的影响。

（二）教育性小组

1. 基本含义

教育性小组是在适当的小组类型中，为了满足灾后青少年情绪管理知识、灾害防范知识、压力因应策略以及心理援助知识缺乏的需求，小组工作者通过各种非正式教育活动，协助组员了解相关知识并通过组员之间的教学、模拟、角色扮演以及社会实践等方式，将所学的知识与技能运用于具体日常生活之中。教育性小组被普遍运用于发达国家和地区的社区、学校、医院等。震后灾区，教育性小组也可以适用于相关的安置板房、灾区学校以及社区防灾减灾训练中，比如灾后青少年家长亲子沟通技巧训练小组、青少年生命教育小组、灾区青少年职业技能训练小组等。

2. 服务目标

教育性小组的宗旨在于，通过帮助小组组员学习新知识、新方法、新技能，或补充相关知识的不足，促使组员改变其原来对于自己问题的不正确看法及解决方式，从而实现小组组员的发展目标。灾后青少年心理重建中，小组工作的目标主要是协助灾后青少年：一是学会认识自我、了解自我、控制自我和自我情绪疏导的方法与技巧；二是掌握精神健康的相关知识，尤其是要掌握压力管理技巧；三是掌握灾害知识及相关技巧，以促进他们能够有效地应对灾后余震频发的境况，做好灾害防范与救助工作；四是掌握小组工作的基本规则、契约以及工作计划，以能够全程可持续性地参与相关小组辅导。

3. 具体策略

教育性小组工作运用于灾后青少年的心理重建，首先要做的就是帮助灾后青少年组员能够认识到自我所处的困难境地，并产生自我解决问题的需要，由此激发其他组员的爱心、兴趣以及关注；其次，需要促进灾后青少年能够确立防灾救灾和减灾工作的新观念、新视野和新方法，并通过消防逃生演习促进青少年的掌握；最后，要积极开展各项干预服务活动[①]。地震灾后的映秀镇，广州社工在访谈评估需求中发现有些丧失子女的父母有羌绣的手艺，也有把遇难子女的手工画永久保存的强烈愿望，于是小组工作者将他们组成“刺绣小组”，用刺绣的方式转移其注意力，培养了其作为小组领袖的能力。

（三）成长性小组

1. 基本含义

成长性小组是指通过组员之间的互动，促进他们从思想、情感、态度、行为以及人格等诸多方面觉醒并深刻反思，从而不断完善自我人格结构，促进个体的全面成长。就灾后青少年心理重建而言，成长性小组是针对那些由于自身人格结构、防卫机制等出现问题而陷入灾后心理危机的青少年。在社会工作看来，人生总会遇到逆境，能否战胜并超越逆境取决于个体自身人格结构以及潜能的发挥。那些由于地震创伤而一蹶不振的青少年，要么就是由于灾难的压力过大，要么就

① 王思斌：《社会工作综合能力（中级）》，中国社会出版社 2009 年版，第 153 页。

是由于自身心理本来就存在问题。因此,成长性小组就从青少年的根本出发,提升他们的抗逆力和复原力。

2. 服务目标

结合灾后青少年的心理重建,成长性小组的主要服务目标:一是帮助小组组员认识创伤心理的程度与特征,了解地震后自身的压力状况、来源以及压力应对经验等;二是帮助灾后青少年组员深入分析和探讨自身童年经历等生命发展过程对当前创伤心理复原的影响,并认识到心理压力的根本原因;三是最大限度地为小组启动和运用自己的内在资源与外在资源,协助组员利用这些资源促进自身的健康发展;四是最终通过认知和态度的调整,促进灾后青少年形成更为健康和积极的人格特质,以应对今后可能的灾难创伤。

3. 具体策略

面向灾后青少年开展成长性小组活动,要以组员为活动主体,保证他们在小组中的主人翁地位;要在语言、态度、行为以及小组设计方面做到以青少年为中心,深入了解和分析其内心需求,尤其要了解其成长过程中可能出现的问题,挖掘其潜在优势和能力。实现这一目标的主要手段就是,通过在活动中认真引导,活动后严格布置小组作业,以及时了解组员心声,把握其心理变化轨迹,保证下次活动对不同组员的不同想法给予疏导,帮助他们形成良好认知,以正确认识自己,形成正确的世界观、价值观和人生观。因此,可以说,只有以灾后青少年为主体和中心①,时时关注其内心需求和心理变化,并在后续活动中提供有针对性的帮助,才能帮助灾后青少年走出心理困境。

(四)自助小组

1. 基本含义

助人自助是社会工作的基本价值理念,也是所有小组工作最终发展的目标。所谓自助小组是指“一群有相同问题和困难的人的自愿性组合,成员间通过彼此经验的分享、互相的鼓励支持来解决共同的问题”②。地震给灾区数以万计的

---

① 徐选国、陈琼:《社会工作成长小组模式建构:青少年社会工作实践的新领域》,《社会工作(学术版)》2010 年第 7 期。

② 赵芳:《团体社会工作:理论与实务》,知识产权出版社 2009 年版,第 76 页。

民众带来巨大身心创伤，但一时又没有足够的服务人员提供心理支持和辅导，此时人们可以通过自助小组的方式获得心理安慰。青少年作为较为活跃的群体，许多又是在校学生，很适于在学校、社区中心以及安置板房开展自助小组活动。1991 年的海湾战争、2001 年美国“9 · 11 事件”以及台湾地区九二一地震灾后，都诞生了许多新的自助小组，以应对灾难事件所带来的心理创伤。

2. 服务目标

自助小组并没有固定的、专业的领导者，组员之间是独立平等的、非竞争性的、合作取向的关系。小组是作为一种支持性力量和促进个体行为的变迁的场所而存在的，是一个健康的互动、互助系统，以让组员彼此认同和表达自己、互相帮助和共同成长。因此，灾后青少年心理重建中自助小组的目标是通过促进青少年的相互交流、经验分享、疏导情绪、排解孤独，获得彼此的心理支持，学习正确的生活态度与行为，承担灾后恢复重建的责任，在缓解个人心理危机的同时，形成良好的自我与发展健康的人格①。具体来说，小组对内的目标是促进组员之间在知识、经验、技巧和心理方面的相互分享和支持，对外则强调共同面对问题，增强社会关系，获得社会资源。

3. 具体策略

鉴于自助小组的自治性质，组员之间的互助与合作成为中心内容，小组工作者的介入策略主要是间接服务而非直接服务。具体来说，表现为以下几个方面的角色：一是代理人或个案管理者，即小组工作者在小组成立前期帮助灾后青少年寻找可以利用的社会资源，协助小组获得场地、培训机会和机构认可；二是使能者，即小组工作者通过适当活动引导青少年能够彼此开放与接纳，并在相互分享中建立信任、支持与合作行动的关系，使其潜能得到最大限度的开发；三是调解者，虽然自助小组并不强调工作者的直接干预，但在组员之间发生矛盾和冲突并有可能给资源带来伤害的时候，小组工作者需要协助青少年在冲突中完善自我态度和行为，促进小组凝聚力的形成。

除此之外，还可以以下多种形式的小组开展灾后青少年心理重建服务：一是意识提升小组，即通过小组教育与游戏活动，激发灾后青少年充分认识到自身存

① 许晓晖、曲玉萍：《互惠模式的小组工作介入自然灾害失去亲人老年群体的适用性、方法和技巧》，《中国老年学杂志》2009 年第 11 期。

在的潜能以及自身对于他人和社会的意义和价值,并通过倡导和赋权推动其参与社会、服务社会和实现自我价值的行动,通过意识觉醒实现其心理重建①。二是治疗小组,即在灾后青少年对自我了解的基础上,小组工作者利用小组的环境和资源,通过心理辅导和行为治疗等方式,提升其解决自我心理危机的能力,重建青少年的社会支持网络②。三是社交小组,即针对灾后青少年存在的焦虑、抑郁等心理状态和孤立、封闭的社交行为,通过小组活动增强其参与社会活动的动机、提升其社交技巧的技能、促进其社会融入的行为,在社会交往与互动中实现心理重建。四是服务或志愿者小组,即充分利用利他主义价值及行为所具有的心理重建的治疗因素,促进灾后青少年组成服务或志愿者小组,通过引导他们为其他有需要的灾区民众提供志愿服务活动的方式,提升其自我价值和自我认同,促进其社会接纳和认可,在服务他人中实现自我心理的重建。

第三节　灾后青少年心理重建的政策分析方法

就灾后青少年的心理重建而言,社会工作的介入同样面临着介入理念、介入模式、介入机制、人才队伍以及支持体系等障碍,社会工作要获得可持续发展,依旧面临着一系列的问题,包括缺乏人才支撑、缺乏制度支持、缺乏社会资源、缺乏正式身份、缺乏协调平台、目标定位不清晰以及服务的机制模式不稳定等诸多问题。这些宏观问题的解决,需要从宏观角度,开展政策分析,构建社会工作介入灾后青少年心理重建的政策体系。

一、灾后青少年心理重建政策分析的含义

(一)灾后青少年心理重建中政策分析的含义

作为政策科学的一个分支,政策分析是一门科际整合性很强的应用学科,强调的是通过综合社会及行为科学知识的基础,对政策的调研、制订、分析、筛选、

① 刘梦等:《小组工作》,高等教育出版社 2003 年版,第 8 页。
② 赵芳:《团体社会工作:理论与实务》,知识产权出版社 2009 年版,第 62 页。

实施和评价的全过程进行研究的方法，其核心问题是对备选政策的效果、本质及其产生原因进行分析，从而发现新的政策方案和解决途径①。就灾后青少年心理重建而言，政策分析即是对于灾后心理重建的社会环境、实施主体、受益客体以及重建的价值、目标、过程、队伍、资源、效果等进行综合性的调查与分析，并对这些要素进行优化的过程，最终促进社会工作介入灾后青少年心理重建的政策体系构建。

要完成该政策体系的构建，必须首先确定由谁（什么机构）来提供服务，为哪些人或群体提供服务，从哪里获得必要的财政和人力资源，以及以什么方式来提供必需的服务，包括哪些服务内容等②。这几个方面构成了政策分析的基本要素，具体如下：一是政策的主体分析，即确认发起、负责或参与灾后青少年心理重建的行动者，具体包括政府（医疗卫生以及民政部门等）、各类组织（红十字会以及各类慈善公益组织、非政府组织等）、专业人士以及个人志愿者作为政策主体的分析。二是政策的对象分析，即明确灾后心理救助的青少年的群体对象，尤其要分析何种青少年才可以获得心理救助服务。三是政策的资源，即开展灾后青少年心理重建所需要的人财物以及其他社会条件。四是政策的运行机制，即分析灾后青少年心理重建不同阶段和环境的运行情况，包括如何组织灾后青少年、如何调动社会资源、如何选择合适的服务模式与如何评估服务的效果等。以上四点作为社会政策的核心要素，也是政策分析的主要内容。

（二）灾后青少年心理重建中政策分析的特征

具体来说，灾后青少年心理重建的政策分析具有如下特征：一是具有多学科的综合取向，不仅涉及政策科学，还需要综合心理学、社会学、社会工作、人类学以及行为科学的相关理论与知识。二是具有伦理的意涵。这不仅表现在政策分析需要在相关的伦理守则和文化规范的约束和监督下进行，更需要分析者具有一定的价值导向，明白该政策可能给哪些人带来福利，同时又给哪些人带来伤害。此时，政策分析者需要保持社会公平正义的价值观，尤其要分析处于弱势地位的青少年是否被特别照顾到。三是厘清灾后青少年面临的主要问题。灾后心

① 谢明：《公共政策分析概论》，中国人民大学出版社 2011 年版，第 205 页。
② 关信平：《社会政策概论》，高等教育出版社 2009 年版，第 77 页。

理重建政策的主要目的是解决青少年的心理问题,一方面要分析其心理问题的起因、背景、相关经验等,另一方面还要描述清楚问题影响的范围和程度。四是找出政策决策的重点。灾后青少年心理重建涉及多方面的内容,需要分析政策决策的主要目标和优先解决的问题。五是分析政策实施的偏差空间。所有政策的实施效果与其预期目标之间往往存在一定的差异,尤其是对于心理重建而言,需要分析其实施的变动频率及其范围。六是评估政策实施的综合效益。心理重建的实施,不仅要看其心理测评的效果,还需要综合考察该重建所带来的家庭关系、社区生活以及社会关系的变迁程度。七是为政策实施提供相应的对策和建议。政策分析需要在对目前灾后青少年心理重建实施状况进行综合评价的基础上,提出未来政策发展的对策。

二、灾后青少年心理重建政策分析的内容

(一)价值分析

灾后重建的社会政策作为特殊社会环境下的一项救助政策,必然在资源的筹集、对象的选择、理念的贯彻以及过程的实施中体现出一定的导向,政策所有的内容也必然受到灾区政治、经济、宗教、文化以及社会大众舆论的影响,这些都体现出灾后重建社会政策的价值特征。这种对于社会政策的价值分析,同样也适用于灾后青少年的心理重建过程:

一方面,灾后青少年的心理重建充分体现了社会工作所秉持的基本价值理念:首先,政策的出发点体现了灾区民众尤其是青少年的心理需求。灾区大部分面向青少年的社会工作服务,基本都是在开展社会调查研究并对青少年的灾后心理开展深入分析的基础上,经过社会工作者、心理学家以及其他专业人士共同设计与制定的。地震发生后,民政部、中国社会工作协会、中国社会工作教育协会等组织,四川省民政厅、西南财经大学以及其他地市的相关部门,都第一时间派出专家开展需求评估,为后续的介入提供数据调研基础。其次,政策分析的过程体现了心理救助的科学性。地震发生后,国家民政部等迅速下发相关动员文件,为后续工作提供制度保障,并组建心理救助队伍,包括上海市成立的"上海社工灾后重建服务团""中国社会工作教育协会的'希望学校'社工服务队"等。

各类社会工作服务机构进入灾区后：一是开展调研；二是找准服务的位置，如针对丧亲人员的哀伤辅导、针对受惊吓儿童青少年的心理抚慰、针对残疾人的康复护理、针对贫苦青少年的生计援助以及针对学校青少年的学业辅导等；三是设立站点提供服务，比如国务院妇儿工委和联合国儿童基金会在部分重灾区建立了 40 个“儿童友好家园”，为心理救助服务的开展提供了极好的平台；四是建立相应的规章制度，始终保持专业的服务素质。再次，政策的服务对象体现了对于儿童青少年等弱势群体的优先关注。儿童青少年作为灾区最为脆弱的群体，成为灾后心理重建政策的重点关注对象。四川省各级民政部门依托儿童福利机构积极开展孤儿照顾工作，西南石油大学等四川高校也有针对性地开展灾后儿童康复服务和心理辅导，“上海社工灾后重建服务团”则以暑期青少年系列活动为主旨，中国社会工作协会儿童救助工作委员会也面向灾区儿童青少年开展了综合性的成长陪护工作。

另一方面，灾后青少年心理重建也面临着一系列来自政策方面的缺陷和困境，尤其是在价值方面的缺失：首先，目前面向灾后青少年的服务还只是综合性灾后救助的一个环节，专门针对青少年、专门针对心理救助的政策文件还没有，这导致了灾后青少年独特的群体心理需求没有得到关注和满足。其次，相关的政策资源分配与灾后青少年心理重建的需求不匹配。在整个灾后重建中，国家偏重于物质生活的重建，而对精神家园的重建缺乏足够的投入。从全国范围来看，截至 2009 年 5 月，中央财政已累计下达地震灾后恢复重建基金近 850 亿元，加上 2008 年拨付的资金，中央下达的地震灾后恢复重建基金已经超过 1500 亿元，重点投向灾区城乡住房、学校、医院等公共服务设施、基础设施、产业重建和生态环境等领域。可见，灾后重建国家的重点投资为硬件设施，而对人们的心理卫生、精神重建缺乏足够的重视与相应的投入。再次，灾后青少年心理重建的机构设置不够完善，还没有专门的心理重建部门负责相应工作，仅仅依靠各级卫生站和自由灵活、私人性质的心理咨询和干预，不能保证心理重建的可持续性，也缺乏足够的人力和资金投入与支持。虽然一些如中国健康促进基金会、中国社会工作教育协会等民间组织开展了一系列的心理服务，但这都是个别组织的自发行为，在资金、政策、服务地域等方面受到很多的限制。最后，灾后心理重建未能与当地文化有效结合。外来水平不一的心理卫生工作者对灾区民众的多元介入，一是未充分尊重灾区民众的意愿，二是未能挖掘利用最具效果的当地心理援助者资源。

（二）制度分析

一方面，我国已经充分意识到了灾后心理重建工作的重要性，并在相关的政策法规和制度层面有所体现。国务院《中国精神卫生工作规划（2002—2010年）》就规定，“发生重大灾难后，当地应进行精神卫生干预，并展开受灾人群心理应急救援工作，使重大灾难后受灾人群中的50%获得心理救助服务”。《中国精神卫生工作规划（2015—2020年）》则规定：“开展重大灾害（事件）心理援助工作。到2015年重大灾害（事件）后60%的受灾人群能够获得心理援助；到2020年达到70%”。同时该规划还要求：“将灾难心理援助纳入各级政府灾难和突发公共事件应急救援体系，制定灾难心理援助预案。灾难发生后，应及时评估受灾人群需求，提供健康教育、重点人群心理康复辅导和心理危机干预等服务，采取措施保障受灾人群中既往和新发的精神疾病患者得到基本治疗。地市级及以上卫生行政部门依托精神卫生专业机构组建心理援助专业队伍，依靠受灾地区的基层机构、学校、企事业单位等开展心理援助服务。共青团等群团组织可招募有一定专业背景的心理援助志愿服务人员，根据需要派往受灾地区的基层机构、学校、企事业单位等，参与心理援助服务。”此外，《全国精神卫生工作体系发展指导纲要（2008—2015年）》等一系列政策法规都对灾后心理重建提出了要求。2012年10月26日，《中华人民共和国精神卫生法》作为一部法律，更加明确地表示：“发生自然灾害、意外伤害、公共安全事件等可能影响学生心理健康的事件，学校应当及时组织专业人员对学生进行心理援助。”此外，各省市自治区根据本地特色，也制订了相应的精神卫生工作规划。

另一方面，我国针对灾后心理重建依旧缺乏可操作的政策制度和方案，虽然相应的法律条文对灾后心理救助有所体现，但具体到灾后心理重建应该成立什么层级的机构、心理救助队伍应该包括哪些人员、如何确定灾后心理救援的队伍、灾后心理救援的机制模式及其资金来源等问题，依旧没有可以操作的规定。各地方政府在灾后确立综合性应急救援队伍和专业应急救援队伍时，也基本没有把灾后心理卫生服务的内容纳入其中。进一步地，关于灾后青少年心理重建的相关预案、制度和措施就更显缺乏。因此，归纳来说，我国灾后心理重建在制度层面存在的问题包括：一是制度体系不够健全，缺乏灾后心理重建的顶层设计;二是制度内容不够具体,相关政策制度只有倡导性和概括性的建议,缺乏具体可行的措施,更没有针对相应不作为的惩罚措施;三是制度不够全面,目前相关政策制度中只有对于灾后心理援助的宏观设计,缺乏具体实施心理重建的机构、人员、对象、机制、模式、过程以及资源的配套制度,使心理救助工作很难得到具体落实。

(三)过程分析

任何公共政策的出台与实施,都需要有一个科学合理的过程。陈振明认为我国政策系统的运作应该包括政策制定、政策执行、政策评估、政策监控以及政策终结五个阶段①。按照该过程的基本框架来评估我国灾后心理重建具体政策实施,具有如下基本特征:一是灾后心理重建的政策制定依据的是地震灾后相关的恢复重建条例以及相关专家的调研分析。尤其是民政、卫生、教育以及共青团等相关政府部门以及非政府组织对于灾后青少年心理状况及需求的调研分析,为制定灾后青少年心理重建政策提供了科学基础。二是灾后心理重建得到了社会各界的大力支持与参与,在教育部、卫生部、中国心理学会等部门指导下,研究单位、高等院校等组织了相关专家,开展了大量面对灾区救助人员的心理援助培训工作,为灾后心理重建提供了人才和知识基础。三是在具体的灾后心理重建过程中,相关政府、机构以及专业人士都给予了不同程度的人财物和信息的支持和配合。四是为使灾后青少年心理重建工作顺利进行并保证服务的效果,相关机构都派出了专业督导,以执行监督检查和促进工作。

与此同时,灾后心理救助实施过程还存在以下几方面的问题:一是在灾害发生之前缺乏灾后心理救助与重建的相关预案与计划。虽然汶川地震灾后,各部门都立即组织了心理危机救援队伍奔赴灾区,但这都是临时性和应急性的,导致的结果是心理救助的来去匆匆,缺乏长期性和可持续性。二是灾后心理救助缺乏统一的组织与有序的协调机制。目前在灾区进行心理危机干预和重建的队伍来自不同部门:既有中央政府部门的,也有地方省市的;既有官方的群众组织,也有非政府组织;既有医院的,也有高校科研院所的,等等。这些不同组织的队伍交叉分布在灾区各地,缺乏统一的协调机制,以至于有的民众受到多次的心理危

① 陈振明:《政策科学:公共政策分析导论》,中国人民大学出版社 2003 年版,第 78 页。

机干预,而有的民众还没有接受过一次心理辅导①。三是灾后心理救助缺乏专业平台和人员,导致心理救助缺乏规范性和专业性。一方面,地震灾后快速涌入的来自政府组织、学校、民间团体以及各私营心理咨询诊所的心理咨询师,还有来源多样的志愿者队伍,人员的复杂性和非审核性导致了心理救助工作的非专业性和水平参差不齐。许多心理咨询人员以及志愿者由于缺乏专业培训和训练,在心理救助中存在观念落后和方法武断等问题,对受灾群众的心理健康不仅毫无帮助反而带来更大的伤害②。另一方面,面对来源多样而又素质不一的众多心理卫生工作人员,缺乏一个统一的信息沟通、行政协调以及资源共享的平台,不同机构和人员都是按照自己的计划开展心理救助,难免导致服务重复和机构之间的冲突等问题。四是灾后心理救助方法缺乏专业性,存在着无序性和某些非科学性的现象。不同的心理专家的干预,不能维持其持续性,很容易造成"二次心理伤害"。五是灾后心理救助和重建缺乏科学规范的筛查管理,未能按照不同程度的症状安排心理人员进行分层分级干预,不仅严重影响了救助的成效,也造成了灾区资源分配的不公平③。六是在心理救助与重建过程中未能有效培训和管理志愿者队伍,使得许多志愿者具有盲目的救助热情,却不能提供专业且具有疗效的服务,不仅收效甚微,还可能会产生负面的作用。

(四)机制分析

虽然地震灾后有不少的人员和机构奔赴灾区开展心理救助与重建服务,并拓展了多样性的沟通和协调平台。比如,北京大学临床心理中心动员并训练了近百名专业心理咨询师,通过开设全国第一条免费心理热线来创新灾后心理救援与重建的途径,并有效的扩大了服务的范围与成效。但从社会政策的要求来看,灾后青少年心理重建的机制依旧存在以下问题:一是灾后心理重建缺乏有效的组织与领导机制。汶川地震后,奔赴灾区的心理援助队伍包括民政、医药卫生、心理学协会、各社会工作服务中心以及相应的企事业单位等,这些人员进入灾区缺乏统一的组织与领导,存在"各自为政"和"信息封闭"等问题。"目前,对灾区进行的心理援助工作,基本上是由医院的精神科/心理科医生、高校/研究所

① 陈丽:《关于构建地震灾后心理救助综合体系的思考》,《社会科学研究》2009年第4期。

② 张侃、王日出:《灾后心理援助与心理重建》,《中国科学院院刊》2008年第4期。

③ 何侃:《震灾后儿童心理重建的复杂性与长效机制》,《现代预防医学》2008年第23期。

的心理咨询与研究人员，以及社会上的心理咨询机构与个人组成。人员构成复杂，且缺乏统一的组织与管理"①。二是未建立专门的组织系统和灾后心理救助体系。"虽然《汶川地震灾后恢复重建条例》首次将'心理援助'纳入灾后重建的法制化轨道，但心理救援整体力量非常有限，加之长期以来人们对心理干预认知匮乏、意识淡薄，怎样调配全国的心理干预专家资源、如何开展工作，尚缺乏具体的周密计划和配套举措，对灾后儿童的心理干预尚处于摸索阶段"②。尤其是对于地震灾后恢复重建中的心理重建如何可持续地开展三年、五年、十年乃至二十年，预防 PTSD 所带来的人生长期影响，依然缺乏长效机制与救助体系。

（五）成效分析

总体上说，汶川地震灾后，心理救助与重建工作迈入了一个新的时期。但在发挥积极作用的同时，灾后心理重建工作也存在以下的不足：一是由于汶川地区特殊的地理地貌以及灾后危机干预理念的缺失，导致了心理卫生工作者及相关专业人士错失灾后紧急心理救助的最佳时机。二是灾后心理危机干预与心理重建相关政策和制度体系的缺乏，导致众多心理卫生工作者进入灾区开展服务受阻，在服务过程中信息和资源缺乏有效沟通和协调的平台，现状是看上去参与的人多，真用上劲的起到实效的很少；心理危机干预专业机构、人员以及实战经验的缺乏，无疑将影响危机援助的效果。三是灾后心理重建缺乏可持续性的协调和服务机制，有不少心理危机干预人员一股热血到灾区，却在灾区民众需要持续性的心理关怀的时候离开了灾区，同时又没有相应的工作人员跟进服务，致使灾区民众的心理康复进程武断中止，心理重建的效果不升反降③。四是部分心理卫生工作者未能秉持专业价值、理念和方法，"不经意"地给灾区民众造成"二次心理伤害"④。例如，某些记者反复让亲历地震的儿童讲述灾难发生时的场景，无异于迫使幼小的心灵再次经受生离死别时那撕心裂肺的痛苦，而这种强迫回忆很可能造成严重的心理伤害，应规避或预防。

---

① 张侃、王日出：《灾后心理援助与心理重建》，《中国科学院院刊》2008 年第 4 期。

② 何侃：《震灾后儿童心理重建的复杂性与长效机制》，《现代预防医学》2008 年第 23 期。

③ 罗泽民：《借鉴国际经验，健全我国"灾后心理危机干预"机制》，《西部广播电视》2008 年第 6 期。

④ 何侃：《震灾后儿童心理重建的复杂性与长效机制》，《现代预防医学》2008 年第 23 期。

三、灾后青少年心理重建的政策体系构建

(一)目标体系

一是为灾后青少年提供心理支持。心理支持是面向所有灾后青少年所提供的服务,也是心理重建的基础与前提。一方面,对于所有灾后青少年而言,地震及其创伤会带来巨大的恐惧感和后续心理压力。因此,需要通过信息提供、情感陪护以及系统脱敏等方法,消除青少年的恐惧心理,并逐步接受地震及其所带来的灾难后果。另一方面,地震所带来的巨大压力可能会造成 PTSD 的症状,因此需要通过哀伤辅导、危机干预以及心理辅导等方法,减轻或消除因突发事件而造成的心理上的冲击与失衡,让灾后青少年能够从危机状态中走出来,看到人生的希望并坚持生活的信心。其中,“危机干预的主要目标是降低急性、剧烈的心理危机和创伤风险,稳定和减少危机或创伤情境的直接严重后果,促进青少年从危机和创伤事件中恢复或康复”①。

二是为灾后青少年提供资源协调服务。对于灾后青少年而言,心理重建是一个较为长远的战略性目标,往往通过一些实用性的目标来加以实现与达成。一方面,为灾后青少年提供及时的医疗救护、稳定的住所、基本的生存物资以及及时准确的地震信息,能够较好地缓解地震所带来的心理创伤②;另一方面,还需要通过与外界建立更为积极紧密的社会支持网络来保障灾后青少年心理成长的环境因素,这包括为青少年家庭争取适当的资源和帮助、为青少年联络相关的志愿者网络、为青少年提供更为亲密的自助小组服务,以及提供学业辅导和就业服务等。

三是促进灾后青少年的潜能开发和优势复原。心理重建的本质是心理潜能的开发与优势的复原。因此,灾后青少年心理重建要充分重视挖掘青少年自身人格以及生命历程中本身就有的治疗性、成长性以及复原性要素,通过个人的增能来实现心理复原。一方面,要充分挖掘灾后青少年自身成长过程的优势和潜

① B.E.Gilliand 等:《危机干预策略》,肖水源等译,中国轻工业出版社 2000 年版,第 69—71 页。

② 于爱英等:《重大灾难之下,如何切实有效开展心理危机干预工作》,《现代预防医学》2009 年第 18 期。

能,激发青少年求生和奋斗的本能,弘扬青少年在灾害救援以及恢复重建中的积极行为和思维,引导灾后青少年认识到"地震本身并不可怕,可怕的是失去了面对困难的信心",并从抗震救灾行动中寻找生命成长的真谛;另一方面,也可以引导灾后青少年加入恢复重建的实践活动,组织青少年开展自助小组、志愿服务小组以及任务小组,在帮助他人的实践中升华自身的价值,认识自身所具有的价值和力量,从而提升其自信心和力量感。

(二)制度体系

一是制定和完善相关的灾后心理重建法律法规。世界上许多国家都为灾害的防治制订了相应的法律法规,将灾后心理援助和心理重建纳入国家紧急事务应急预案当中。通过紧急预案确立国家灾难心理卫生服务系统,明确为受灾民众提供物资、劳务、医疗、生计以及心理服务,并通过完善的心理援助人才队伍建设、资源筹集制度、服务提供模式等保障心理救助与心理重建的实施。其中,日本早在1961年就出台了《灾害对策基本法》,并通过后续相关的法律法规,建立了完整的防灾减灾法律体系,并明确心理援助与重建作为灾后援助的重要组成部分。具体来说,灾后心理重建法律法规就是要充实和完善目前已有的《精神卫生法》《突发事件应对法》等法律法规,将心理援助与心理重建纳入这些法律法规和政策中,并明确灾后心理救助与心理重建的基本目标、原则、机构、人员、内容以及保障措施等。其中,青少年应该成为灾后心理重建的关注群体之一。

二是健全和完善目前已有的各类灾害应急预案。一方面,"国家目前所制定的《国家突发公共事件总体应急预案》《国家自然灾害救助应急预案》《突发公共卫生事件应急条例》《国家突发公共卫生事件应急预案》《全国自然灾害卫生应急预案(试行)》以及地震灾后的《恢复重建条例》都需要不断的充实和完善,将灾后民众的生活重建、社区重建尤其是心理重建作为其重要的重建内容"①;另一方面,要充分借鉴美国灾后心理卫生服务的经验,政府相关组织和部门要做好平时的准备,针对灾害发生制定相应的心理救助预案,积极做好灾难前的日常预防、灾难中的紧急介入、灾难后的评估与检讨等阶段的安排,并通过一系列的宣传教育活动,提高全民的防灾减灾意识以及灾后心理自助理念。

① 陈丽:《关于构建地震灾后心理救助综合体系的思考》,《社会科学研究》2009年第4期。

三是要建立有中国特色的灾后心理卫生服务体系，深入调研并不断满足灾后民众的多方面需求尤其是心理层面的需求。应该从“确立灾后心理卫生服务在灾害应急救援以及灾后恢复重建中的法律地位、完善相应的行政法规和工作预案，以及修改完善规章和工作规范这三个层面开展工作”①，以确保在灾害应急救援和灾后恢复重建中能够科学、有序和有效地开展灾后心理救援与心理重建工作。

（三）服务机制

一是建立政府宏观统筹灾后心理重建的有效机制。政府应该充分重视心理救助在救灾工作中的重要意义，将地震灾后的心理重建与基础设施重建、产业重建、社区重建、生活重建以及文化重建并列为恢复重建的重要内容。可以在国务院应急管理办公室下成立相应的心理重建部门，负责国内灾后救援与恢复重建中的心理援助与心理重建工作，发挥政府在有计划统一管理和协调灾后心理救助和心理重建资源的优势，加强民政、教育、医疗卫生部门以及工青妇等社会团体之间的协调与沟通，在宏观上加强心理危机干预工作的计划性、组织性、规范性。

二是成立全国性的民间灾后心理援助与心理重建的资源协作平台，并作为心理重建的指导组织。通过该平台招募国内灾后心理重建方面的专家，开展系统性的灾后青少年心理状况调研，组织培训心理危机援助方面的人才，建立心理危机援助人才库，开发灾后心理重建的模式，探索灾后心理重建的方法与技术，在地震及其他灾害发生时，可以迅速组织相关的队伍从事灾后心理援助与心理重建工作。

三是将灾后心理重建纳入《灾后恢复重建条例》并作为其重要内容，相应地在各级抗震救灾指挥系统中设立“心理援助与心理重建指导小组”，以统一组织、协调与运作心理援助与心理重建工作。

四是在地震灾区乡镇、街道或者乡村、社区一级设立相应的心理援助与心理重建服务站，对安置点灾区民众开展心理救援。比如，汶川地震灾后，中国科学院心理研究所就连同中国心理学会在灾区建立了多个心理援助站，并取得了很

① 黄宣银等:《完善灾后心理卫生服务法律体系的思考》,《中国减灾》2012 年第 2 期上。

好的心理重建效果。

除此之外，各级民间社团、非政府组织以及学校、医院和社区，都可以成立相应的灾后心理重建服务中心，通过多面向、多系统、多层面的服务体系提升灾后青少年心理重建的可行性和易受性。一方面，可以充分整合全社会资源，加强民间灾后心理重建专家的资源整合，引导和扶持非营利性的灾后心理重建机构与组织[①]；另一方面可以建立"灾后公众心理健康服务平台"，通过统一的平台资源共享与信息发布[②]，为地震救援部队、民政部门、当地社区、红十字会、各心理服务机构和其他机构提供网络与信息交流的机会，通过资源整合大大提升灾后心理危机干预的效果。

（四）服务模式

从国外及我国港台地区灾后社会福利服务发展的经验来看，政府购买是适应新时期灾后青少年心理重建需要的基本服务模式。所谓政府购买模式是指政府购买灾后青少年心理重建这一公共服务项目的行为。其中，政府公共管理部门不仅要当好服务项目的策划者，还要当好服务项目的监管者，保障服务对象得到专业高效以及人本化的精神救助服务，为此还必须做好以下几方面的配套工作[③]：

首先，要建立灾后青少年心理重建中政府购买服务的监管机制，具体包括：一是定期报表制。按服务项目的实际情况，实行月报、季报或年报制，由服务机构就其服务情况进行自我评估，让政府公共管理部门随时掌握服务执行情况。对在合同期间的违约行为，及时采取措施，给予警告、限期整改乃至终止合同。二是服务质量责任制。在与灾后青少年心理重建服务提供者签订购买服务合同时，应同时签订服务质量责任书，实行经营者负责制。三是服务对象监督制。灾后青少年作为服务对象可以随时反馈服务质量情况，提出建议，政府公共管理主管部门应根据反馈情况，调查核实后，督促服务提供者改进服务质量。四是国有资产的监管。灾后心理重建服务机构在委托经营后，其所有权并不改变，还是属

① 罗泽民：《借鉴国际经验，健全我国"灾后心理危机干预"机制》，《西部广播电视》2008 年第 6 期。

② 张介平等：《灾后心理危机干预的现状及优化体系》，《社会心理科学》2011 年第 5— 6 期。

③ 刘斌志：《政府购买社会工作服务模式探讨：以灾难性突发事件精神救助为例》，《陕西行政学院学报》2008 年第 3 期。

于国有资产，经营者有对国有资产保值增值的义务，委托者也有对其监管的权利。五是自身监督机制。制定清晰、透明、科学的程序，包括规范通告、招投标、公示、监督等各个环节；科学确定服务指标、购买价格、投标者资格条件等内容[①]；严格审查服务机构的资格，包括审查其服务宗旨、目标、内部管理制度、财务状况、机构资信、人力资源情况等，公正地选拔合适的灾后青少年心理重建服务的提供者；加强舆论监督、社会监督，强化对政府公共管理部门自身权力的监督。

其次，要加强对灾后青少年心理重建中政府购买服务的考核评估，应建立一个科学、公正、专业化的评估考核标准体系，其主要内容包括：一是评估主体。政府公共管理部门应成立一个服务项目评估考核工作机构，其成员组成包括公共管理部门（主管部门）、行业管理部门、专业人员、灾后青少年代表以及第三方的代表。二是评估内容。政府公共管理部门应制定各项心理重建服务的考核评估指标体系，并尽可能细化服务质量的各项参数，提高考核评估标准的专业性、公正性和科学性。评估的基本内容包括服务标准、服务质量、服务效果，具体内容可参照各自的行业标准，如殡葬行业标准、福利行业标准等，以及双方签订的服务质量要求[②]。三是评估方式。包括：服务质量调查，内容包括灾后青少年及其相关人员对所提供服务的满意度、社会的认可程度、行业管理部门的评价意见；对照量化的服务评估标准，进行技术测评；对心理重建服务的社会效益和经济效益综合性考核，进行定性评估。

最后，要推行灾后青少年心理重建中服务机构的市场准入和资质认定制度，只有具备资质条件的服务机构才能申请成为灾后青少年心理重建服务的提供者，它是对非政府组织承接政府职能的最低要求。实行资质等级评定制，对具备准入条件的服务机构进行评级，确定不同级别的服务机构的经营范围，具体办法可参照现有的福利机构的评级标准。

（五）支持体系

一是心理重建的人才队伍建设。鉴于灾后青少年心理的复杂性与创伤性，

① 陈子敏：《实现政府购买建立可持续性社区卫生服务筹资机制》，《中华医院管理杂志》2005 年第 10 期。

② 汤赤：《教育评估在政府购买教育服务中的作用：上海市浦东新区的探索与实践》，《教育发展研究》2007 年第 7 期。

心理重建工作不仅需要有利他主义和助人自助的价值理念，更需要心理卫生工作者具备成熟的人格特质和熟练的工作技巧。除此之外，奔赴地震灾区提供心理重建的工作人员，还必须接受专门的培训，以适应灾区独特的地理、民族、宗教以及文化习俗。“筛选和培训灾后心理卫生工作队伍是做好灾后心理重建的关键，挑选出人员后，必须设计特殊训练方式，以培养工作人员适应灾区心理卫生工作的特殊性”①。一方面，可以选择国内心理咨询机构、高等院校以及相关医院里受过专业训练的精神科医生、心理咨询师、心理辅导人员、心理学家、社会工作者等组成灾后心理重建团队；另一方面，需要制定灾后心理援助与心理重建的培训大纲，并按照统一要求编写教材，对该团队的成员开展心理危机干预的培训。

二是心理重建志愿者队伍建设。鉴于灾后青少年心理重建的整合性、系统性以及持续性，仅仅依靠专业心理重建团队成员提供服务难以满足现实的需要。因此，必须建设一支合格的志愿者队伍。一方面，要对志愿者进行严格的筛选，对志愿者的价值理念、助人动机、性格特征、身体状况、沟通技巧以及心理危机干预的经验进行严格的考察，选择那些人格健全、身体健康、乐于助人以及具有沟通技巧的人担任志愿者；另一方面，还需要对志愿者提供系统的培训，不仅要让他们了解灾后心理援助与心理重建的基本知识、价值、方法以及技巧，还要让他们熟悉地震灾区的地理气候、风俗习惯以及灾区青少年的民族宗教和社会心理特征，从而更有针对性地开展工作。

三是不断深化灾后青少年心理重建的理论研究与实践探索，从而提升心理重建服务的理论水平与实践成效。一方面，要积极借鉴美国灾难心理卫生服务、日本灾后心理救助以及我国台湾地区在九二一地震和八八水灾后心理重建中的经验，分析这些经验的有益启示；另一方面，可以在我国近年来一系列灾难事件后心理重建服务的基础上，总结我国本土相关经验，形成具有本土特色的灾后心理重建模式。

四是营造和建立积极的灾后心理重建氛围和社会支持网络。一方面要通过报刊、电视、互联网等多种方式在全社会开展“积极人生观”“珍爱生命”“关注心灵”等主题的宣传普及与讨论；另一方面需要建设灾后青少年的社会支持网络，

① 刘萍：《灾难心理服务研究》，硕士学位论文，北京林业大学科学技术哲学专业，2007 年，第 89 页。

通过社会的大力支持、周围人的关怀、学校教师的正确引导、家长的积极心理应对等,理解和支持灾后青少年的发展与成长,让其在积极安全的心理氛围中增强生活的信心和勇气,从而引导其积极乐观地对待今后的学习和生活[①]。

① 何侃:《震灾后儿童心理重建的复杂性与长效机制》,《现代预防医学》2008 年第 23 期。

第七章　社会工作介入灾后青少年心理重建的技巧

第一节　灾后青少年心理重建的阅读治疗技巧

对于地震灾后青少年心理重建而言，除了充分利用传统心理干预的方法之外，还需要结合青少年认知发展以及学业成长的需求和特征，发挥诸如阅读治疗等其他干预技巧的作用。结合地震灾后帐篷学校等灾后学校重建的实际情况，本节重点论述阅读治疗在地震灾后青少年心理重建中的运用。

一、阅读治疗及其相关研究

（一）定义及其特征

阅读治疗的英文译名为 bibliotherapy，是“书（biblio）”与“治疗（therapy）”的合成词，也可称为阅读疗法、读书疗法或书目疗法。阅读治疗的核心在于阅读，而对于阅读的过程和目的则详细地揭示了阅读治疗的概念及其特征。首先，阅读的目的在于让阅读者通过阅读或辅助性阅读来实现心理治疗以及精神康复，这是阅读治疗的临床特征。这一特征强调阅读服从于诊断分类以及疾病康复的主体，认为阅读者存在诸多难以克服的心理问题，阅读的目的在于辅助疾病治疗。其次，阅读的目的在于协助阅读者阅读相关素材、集体讨论阅读心得以及净化、平衡和领悟等作用机理，促进阅读者的认知完整、情绪调适、能力发展和社会适应。这体现了阅读治疗的发展性特征，强调的是通过阅读治疗来协助阅读者能够更好地克服所遇到的自身心理困境和外界社会障碍,从而达成问题的解决。最后,阅读的目的在于协助阅读者更好地认识自我内在以及外在环境,通过共鸣、暗示和升华等作用机理促进个体认知、态度以及行为的转变,发掘阅读者的潜能,提升阅读者的抗逆力。这体现了阅读治疗的预防性特征,强调的是以阅读者为中心和能力为本,促进个体健康人格的发展。

综合而言,阅读治疗是基于阅读者与各种形式的阅读历程之间的交互作用,通过阅读以及反思的过程,激发阅读者的心理作用机制,最终产生治疗、发展以及预防性的辅导效果,实现阅读者与社会之间的相互适应。对于地震灾后青少年的心理重建而言,阅读治疗重在协助灾后青少年在阅读过程中认识自己、接纳自己、完善自己,并实现自我与外在社会环境之间的平衡和发展。

(二)阅读治疗的目的

首先,阅读治疗的首要目的在于协助服务对象个体心理层面的成长,协助其认识并了解自己,促进其心理及行为康复和潜能的激发。一是要通过适当材料的阅读让服务对象明白自身并不是世界上最悲惨的人,也不是问题的唯一遭遇者,克服自己的孤单和寂寞情绪。由此产生出面对问题的勇气和信心,并更愿意接受进一步的咨询、辅导和治疗。二是要通过引导服务对象阅读适当材料来了解人们在特殊情境中的动机,理解人类一些可贵的价值观,从而强化服务对象的自我存在感和价值感。三是引导服务对象与故事主人公实现同感,通过想象和心灵感受的同步,增进其对情感的认知与了解,改善其情绪反应能力。四是通过阅读达成服务对象的情绪宣泄和理性思考,并为其提供认同、补偿、反思和成长的机会。

其次,除了协助服务对象自身成长和发展之外,阅读治疗还需要协助服务对象认识问题本身以及造成问题的外在社会环境,并能够形成对问题及环境的正确认知、态度和行为。具体来说,一是要引导服务对象在阅读过程中形成看待问题的新方法和新视角,尤其要让服务对象掌握以多元化、外化的观点来看待自己的问题,认识到人生际遇的多元复杂性,摒弃完美主义、绝对主义、问题等于自身等非理性思维。二是要为服务对象提供更多的关于问题产生、形成及其发展的信息,通过阅读促进服务对象掌握问题解决的方法和技巧。三是通过阅读让服务对象分享、交流和反思故事主人公的问题处理策略,并反思和发展自身的问题应对技巧。

最后，促进个体自身与社会环境之间的良性沟通和互动，并在这种互动过程中实现个体潜能和问题解决，应该成为阅读治疗的最终目的。一是要透过阅读后的讨论和分享，增进服务对象与故事主人公、服务对象与治疗者、服务对象之间以及服务对象与社会之间的积极关系，并强化服务对象社会互动的动机和态度。二是通过小组沟通与互动，帮助服务对象在阅读中与他人沟通分享，促进其社会适应能力。三是透过阅读后的讨论和反思，引导服务对象将在虚拟故事中学习到的技巧和信心，积极转移和运用到现实社会问题的处理中，实现个体内外世界的统一，实现个体社会适应的目的①。

（三）相关的研究

在国外，阅读治疗重在对于儿童辅导方面。Prouty 使用读本教导四年级的学生关于死亡主题的尝试性研究发现，儿童能够超越自身的经验限制，通过阅读来体会死亡作为生命循环的一部分，并加以理解和接纳②。Delisle 和 Woods 发现透过阅读治疗的认同、宣泄和洞察三个心理历程，可以有效地帮助青少年处理死亡事件所引发的情绪问题③。Kligman 则强调透过对读本故事中的角色认同，可以促进青少年情绪的宣泄，促进其学会问题解决的方法④。Molnar-Stickels 进一步地认为阅读治疗可以帮助青少年处理关于临终、哀伤、灾难以及宠物死亡等问题⑤。Smith 的研究也发现小说的阅读能够显著提升青少年对死亡与哀伤事件的接受力和应对能力⑥。总的来看，国外研究比较一致地认为透过适当素材的阅读，可以帮助青少年树立死亡是不可避免的认知，并能够以感恩和积极的态度生活。

---

①　黄加如：《读书治疗对中等学校教师心理特质之影响》，硕士学位论文，彰化师范大学教育研究所，1999 年，第 43 页。

②　Prouty，D.，"Read about Death? Not me"，*Language Arts*，Vol.53，1976，pp.679－682.

③　Delisle，R.G.& Woods，A.S.，*Children and Death*：*Coping Models in Literature*，H.E：Lehman Collection，1977，p.223.

④　Kligman，A.，"Death Education through Literature：A Preventive Approach"，*Death Education*，Vol.24，1980，pp.315－320.

⑤　Molnar-Stickels，L.A.，"Effect of a Brief Instructional Unit in Death Education on the Death Attitudes of Prospective Elementary School Teachers"，*Journal of School Health*，Vol.55，No.6，1985，pp.234－236.

⑥　Smith，A.G.，"Will the Real Bibliotherapy Please Stand up"，*Jouranl of Youth Services on Libraries*，Vol.2，No.3，1989，pp.241－249.

国内关于阅读治疗的研究主要集中于图书馆专业和医疗护理专业。宫梅玲于2000年起在泰山医学院图书馆阅览室开展阅读治疗，通过成立阅读治疗研究小组、开办“书疗小屋”博客、创建“大学生阅读治疗研究协会”等形式，采用阅读治疗、音乐疗法、朋辈辅助疗法、心理咨询等方法，针对大学生的网络成瘾、抑郁症、恋爱和性苦恼等问题开展辅导，取得了很好的效果①。其研究也成为我国阅读治疗实践领域零的突破，为大学生心理健康教育开辟了一条新路。台湾大学的陈书梅教授积极关注阅读治疗在自然灾害后青少年心理重建中的运用，并就此发表了一系列的研究论文，包括《阅读与情绪疗愈——从书目疗法的观点探讨》《图书馆与书目疗法服务》《书目疗法、公共图书馆与青少年之疗愈阅读》《受虐儿童与绘本书目疗法》《后SARS时代与书目疗法》等。汶川地震发生后，陈书梅教授积极参与灾后青少年心理重建的实践，呼吁发起“送儿童情绪疗愈绘本到四川”的公益活动，并亲自遴选50种绘本书送给灾区青少年。陈书梅教授汇编的《儿童情绪疗愈绘本解题书目》强调通过认同、净化和共鸣三项心理机制，集中辅助青少年处理“情绪”“儿童形象”“生命历程”“人际关系”“家园重建”五大主题，并对地震灾后青少年的心理创伤、肢体残疾、死亡认知、关系变迁以及文化适应等问题进行了专门论述②。南京师范大学文学院的万宇博士，围绕“阅读育心”的目标在南京钓鱼台小学开展探索性实践研究，就阅读治疗在小学生群体中如何构建团体、如何选择适宜的阅读材料，以及种种具体而微的互动环节等主题进行了深入研究，成为阅读治疗实践的一个新亮点。

除此之外，国内还有几篇关于阅读治疗在灾后青少年心理重建过程中如何运用的研究成果。一是祝振媛等在对地震灾后儿童心理创伤进行调查的基础上，通过自制四期汇编的儿童文学材料作为阅读素材，面向地震灾后儿童开展了行动研究，并就实施阅读治疗的优势、体系、过程以及障碍进行了探讨③。二是曾庆苗、李桂华、刘艳等针对汶川地震灾后青少年心理创伤的现状，充分挖掘阅读治疗所蕴含的心理治疗的优势，深入探讨了阅读治疗辅助灾后青少年心理重

① 王学云:《宫梅玲及其团队对阅读治疗的研究与实践》,《图书馆论坛》2012年第1期。

② 周燕妮:《阅读之光映童心》,《图书情报研究》2011年第1期。

③ 祝振媛:《阅读治疗在儿童创伤心理治疗的应用初探》,《晋图学刊》2010年第1期。

建的具体方法、思路和步骤[①]。

二、灾后青少年心理重建中阅读治疗的意义

（一）阅读治疗运用于灾后青少年心理重建的可行性

首先，青少年认知发展阶段的特征和需要为阅读治疗提供了心理动力支持。地震灾后青少年仍然具有好奇、探索、假设、推理和重构的心理特质，并希望在阅读他人的故事中找到自己存在的价值和意义。因此，阅读治疗所推荐的感人的寓言故事、鲜艳明快的图片彩绘、趣味十足的文化知识，极大地满足了青少年认识自己、了解世界，并逐渐形成自我价值观和世界观的现实需要，也更能有效地协助他们树立自信、独立、勇敢和自尊的人生态度和价值。

其次，灾后青少年的健康状况及其充裕的时间为阅读治疗提供了身体素质基础。虽然灾后的青少年遭遇到心理的创伤，但这些隐性的心理创伤并不一定带来生理上的疼痛，也不会影响其参与阅读治疗的过程。加之，地震导致的校舍损坏和教学进度的被打乱，许多青少年没有地方开展课外学习和娱乐，家长也担心他们的安全和学习。此时，阅读治疗的开展反而让青少年有更多机会参与集体活动，并在其中达成心理的疗愈。

再次，地震灾后大量的板房学校、重建校舍、专业人员以及志愿者为阅读治疗的开展提供了场地以及人员条件。一方面，在灾后安置以及重建过程中，为了确保灾区青少年能够及时入校读书，校舍被作为优先考虑。因此，对于灾区青少年而言，教室成为其十分重要的活动场所，而开展阅读治疗正好可以成为其心理重建的主要方式。另一方面，地震灾后进驻的大量心理学家、社会工作者、教育工作者以及其他志愿者的专业水平良莠不齐，盲目开展心理治疗和心理辅导往往会给灾后青少年带来“二次心理伤害”，而通过阅读治疗的培训和推广，可以充分发挥这些志愿者的力量。

最后，灾后心理重建的阅读治疗研究成果以及阅读治疗的形式更容易被当地政府、学校以及家长接纳和支持，从而为阅读治疗的开展提供了社会支持。一

① 曾庆苗等:《阅读治疗在青少年灾后心理重建中的运用思路》,《图书馆》2009 年第 6 期。

方面,国内外阅读治疗运用于灾后心理重建的成功经验,尤其是相关专家学者为灾后青少年罗列的阅读书目和治疗程序,保证了阅读治疗能够被相关的教师、心理工作者以及社会工作者所掌握,并得到学校和学生的认可。另一方面,通过阅读的形式来实现心理重建,更能克服传统的心理咨询和治疗所具有的负面影响,更容易获得当地政府、学校领导和学生家长的支持和认可。

(二)阅读治疗运用于灾后青少年心理重建的优势

第一,相对于传统心理治疗和药物治疗而言,阅读治疗的介入性较弱,而是以书籍、图画、绘本等内容取代药物和心理访谈,更便于青少年的自主选择。一方面,虽然阅读治疗的效果出现得比较慢,但是更少副作用,也更安全可靠和具有持久影响。另一方面,虽然阅读治疗强调非强迫性和非介入性的人本中心理念,但其通过文字语言和图片来表达思想和传递信息的针对性很强,能够更好地针对青少年的焦点问题开展服务。

第二,阅读治疗强调从全人健康的层面,通过阅读来提升灾后青少年对灾难及其后果的认知、态度和行为,体现了其在治疗目标和要求方面的优势。一方面,阅读治疗的素材是社会工作者根据灾后青少年的感知记忆、想象思维、情感意志以及情绪性格的特点,在大量阅读素材中选取汇编而成的。最终阅读的不同故事和绘本都是针对某一具体心理问题和发展主题而设计的,能够充分满足灾后心理重建的现实需要。另一方面,阅读治疗的焦点不是围绕灾后青少年的个别心理问题和主题,而是促进他们在阅读过程中学会去认识自己、认识灾难、体味人生并积极地做出调整和改变。因此,阅读治疗的目标就是个体知情意、价值和道德的整合升华,实现其综合素质和全人健康。

第三,阅读治疗的灵活性、宽泛性及其所提倡的综合性服务内容更适合于灾后青少年的心理重建。一方面,阅读治疗的过程不受时间、空间的限制,既可以在课堂内部开展,也可以在课外开展,阅读素材的选择也十分广泛。既可以选择寓言故事、童话故事、绘本小说,也可以选择诗词、散文和歌词等,极大地适应了青少年阅读兴趣广泛和形式多样性的特征。另一方面,阅读治疗不仅在阅读引导的过程中陪伴、倾听、理解和鼓励灾后青少年,让他们感受到自己被关爱和重视,重拾生活的信心;同时还在指导阅读过程中对他们进行生活的照顾、知识的教育、价值的引导和道德的提升。可以说,阅读治疗的过程也是一个综合性的社会工作服务过程。

第四,阅读治疗方法和形式上的多元性,可以有效地满足青少年群体性阅读和活动的需要,更有利于面向有特殊需要的个体的心理重建。一方面,阅读治疗既可以以一对一的个案方式进行,也可以以一对多的小组方式进行。通过个别阅读的辅导,可以满足青少年对于自我心理的隐私性和自尊的需要。而一对多的小组阅读则更有利于调动青少年阅读的兴趣和参与度,并在阅读后的讨论中更好地发挥沟通和分享的作用。另一方面,阅读治疗既可以以阅读为中心,也可以以交互式阅读为中心。在以阅读为中心的方法中,治疗者只负责选择和提供文献和后期的评测效果,青少年在阅读过程中充分发挥自我能动性,自我管理,自我领悟。而交互式阅读治疗则强调治疗者通过发信件、打电话、定期会面、布置家庭作业等方式指导、监督和管理青少年的阅读全程,保证读者阅读的素材、数量、强度和领悟的方向。这种更深入、更专业、更高级的阅读治疗方法,对于灾后青少年的心理重建具有更为明显的效果和优势。

第五,阅读治疗不仅为灾后青少年提供一个认识自我、挖掘潜能和启迪思维的阅读平台,更为他们提供了一个轻松随意的休闲娱乐空间。通过阅读治疗,丰富了青少年的课余生活,促进了其朋辈之间的交流互动,并引导了乐于读书、善于读书的社区氛围,让书本成为灾后青少年成长的良师益友。

三、灾后青少年心理重建中阅读治疗的心理历程

综合而论,从认知和情绪体验的角度来解释阅读对心理影响的心理学派,成为阅读治疗最为主要的作用机制。弗洛伊德的精神分析学派认为阅读对于个体心理的作用主要表现为认同、净化和领悟。其中,认同即是阅读者将书中他人的境遇和特征与自身相对比而获得一致性的认可,从而产生心理上的共鸣和情感的支持;净化即是读者通过与书中他人遭遇同感而体验书中人物的心理特征,从而达到心灵的契合和疏解;领悟则是读者在经过认同、共鸣和净化之后,对书中的故事以及个人的人生进行适度的反思与升华。此后,不同学者对阅读治疗的心理作用机制和历程进行了进一步的探索和阐释①。Hynes 与 hynes-Berry 认为

① 曾庆苗等:《阅读治疗在青少年灾后心理重建中的运用思路》,《图书馆》2009 年第 6 期。

读书治疗主要经历以下四个心理阶段:一是通过了解故事中所涉及的经验,认知和体会书中主人公的心理和情绪;二是结合自己的感觉和情绪,体会这些感觉和情绪对自己的真正意义;三是比较阅读前后的感觉、情绪和观念,并思考如何调整自身的状态;四是将书中故事所反思出的经验运用在生活中①。而 Pardeck 等认为阅读治疗的心理作用历程主要经历认同与投射、发泄与宣泄、洞察与整合三个阶段②。综合国内外学者的研究,阅读治疗作用于灾后青少年心理重建需要经历以下几个心理历程与机制:

1. 涉入阶段

所谓涉入阶段,即通过书中故事情节的构思和图片文字的设计,吸引阅读者关心故事内容并选择自己适合的主人公和事件进而与故事产生关联。在对灾后青少年开展阅读治疗的过程中,一方面需要让他们能够对阅读的材料感兴趣,并专注于故事的内容。因此,治疗者需要选择难度适中、图文并茂以及情节具有吸引力的书籍,并在适当的时机介绍给他们。尤其要选择那些青少年在遭遇生活困境和突发灾难后经历一系列曲折最终获得圆满结局的故事,故事涉及的主题应该包括“灾难”“变化”“勇敢”“成长”“死亡”等主题。另一方面,任何故事都有诸多角色和事件,而要想发挥阅读治疗的心理辅导功效,还必须让灾后青少年在阅读故事中选择适当的主人公和事件,以便于他们能够从故事角色和事件中吸取力量。涉入阶段虽然没有真正发挥心理辅导与治疗的效果,但却是整个阅读治疗的起点和基础。

2. 认同阶段

所谓认同阶段,即阅读者对故事的背景、事件、人物以及情节发展有进一步的了解和认知,并结合自身的知识、经验以及情感经历对故事的关键要素进行理解和阐述,聚焦于那些与其自身有类似经历和情感体验的角色和事件,进而产生喜怒哀乐等情绪感受。在认同阶段,阅读者的主要任务是了解故事的主要概况,并与自身的经验和情感相联系,从而达到身临其境的效果。在对灾后青少年开展阅读治疗的过程中,需要做到以下三点:一是要让灾后青少年对书

① Hynes, A. M., & Hynes-Berry, M., *Bibilotherapy—The Interactive Process: A Handbook*, Boulder, CO: Westiview Press, 1986, p.151.

② Pardeck, J.T., & Pardeck, J.A., “Bibliotherapy: A Tool for Helping Preschool Children Deal with Developmengt Change Related to Family Relationships”, *Early Child Development and Care*, Vol.47, 1989, pp.107-129.

中故事有适当的理解和认知。这就需要治疗者态度要和蔼可亲,要有亲和力,要有对象感,要让阅读者参与进来,或听,或看,或说,或思考,这样才能达到治疗的目标。二是要帮助灾后青少年较为深入地理解故事,并达到与自身经验相结合的目的。这就要求治疗者准确地掌握故事的中心思想,确定阅读治疗的目的,并分析出故事的重点段落、重点词和重点句。尤其要对那些故事内容很好,但情节、语言偏深奥的故事进行适当的改编,去掉一些次要的情节,把较难的词句改为阅读者能够接受的语言。其中,治疗者需要帮助灾后青少年进行故事的角色分析,区别角色之间的细微差别,帮助他们揣摩各个角色不同的性格特征、动作、表情、心理活动和语言特征等。三是要促进灾后青少年的情感投入,对故事产生自己独特的情感共鸣。治疗者需要引导灾后青少年掌握故事情节的开端、发展、高潮和结局,帮助他们分析不同角色性格特征和感情经历,帮助他们透彻地、正确地理解故事并使他们自己的感情和故事的角色产生共鸣。

3. 投射阶段

阅读者在理解并认同故事中不同人物角色的性格及其情感后,会进一步试图结合自身的经历和情感体验,重新理解故事中人物角色的遭遇和行为,并通过积极主动的投入过程,将自我情感和智慧投射到故事中人物的身上,从而形成自我参与故事中的问题解决和困境克服的过程。在认同之后,阅读治疗进入了投射阶段。在阅读治疗过程中,治疗者比较容易通过故事分析来引导青少年了解和理解故事,但却很难把握他们解释故事的角度和方向。一方面,治疗者需要围绕灾后心理重建的目的,引导灾后青少年以积极乐观的态度解释故事中主人公的行为和遭遇,避免他们选择故事中失败或者消极退缩的一方作为自己的共鸣的对象;另一方面,治疗者还需要引导灾后青少年以主动、积极、投入、开创性的态度扮演故事中主人公的角色,参与故事情节的发展。

4. 净化阶段

在阅读者认同故事中的角色,并以同感的心理参与故事情节发展的时候,读者便对故事产生了一定的移情作用,暂时忘记了自己现实的身份和角色,进入故事所设计的虚拟世界中。在这个虚构的故事中,阅读者体会用故事中主人公的五官和心理去感受故事中的情节发展、情绪波动、人际变迁,通过这种心灵的契合和沟通释放内心的消极情绪,升华自我的情感。最终将这些情感经验回归并省察现实生活，从而净化自我心理和情绪。弗洛伊德学派把净化和精神结构学说联系起来，认为："读者在作者设定的情境中体验恐惧和悲痛时，内心的焦虑就被导向外部，并通过把悲剧主人公当作自己而受到净化。"[①]当地震灾后的青少年阅读一个悲剧故事时，他们一方面会顺着情节的发展与故事的主人公一起经历灾难、毁灭、孤单、无助、彷徨、忍痛、挣扎以及求生等艰难的心路历程，通过这些心理历程来释放自我内心类似的情绪，从而达到宣泄和发泄的效果；另一方面，他们也会与故事的主人公一起在灾难中奋起、觉醒和创造，在废墟中认识人的伟大、人生的意义以及重建的使命。可以说，净化阶段就等于阅读者受到一次心灵的洗礼和净化。

5. 洞察阶段

当从故事主人公的奋斗历程中体验到灾难后的重生，并再次回到现实世界以后，阅读者将自身处境与故事主人公的处境进行比较，从而对自身的问题和困难有了新的认识，并按照故事主人公的角色来探索和调适自身的动机、需求和感受，最终构建出故事中所预示的观念和行为模式。这就是阅读治疗的洞察阶段，也可以称为领悟阶段，具体是："阅读者在经过认同、净化之后，对故事深层意蕴的追问、思索和领悟。"[②]这种领悟，有可能是阅读者的突然悟有所得、豁然开朗、大彻大悟，但更多的是通过认知的改变、情绪的疏导、信念的比较、态度的反思，最终达成思维和行为方式的转变。就灾后青少年的心理重建而言，治疗师一方面需要促进灾后青少年与故事主人公进行正向比较。通过阅读治疗来促进灾后青少年的心理重建，主要依赖于他们将自我与故事中主人公进行比较，从而通过故事中主人公的带领而领悟生命的真谛和灾难的意义。因此，治疗师需要让灾后青少年能够与故事主人公遇难的时候释放悲伤情绪，在故事主人公奋起的时候鼓舞生存的斗志，在故事主人公获得成功幸福的时候反思自我的角色。可以说，所谓的正向比较就是促进灾后青少年能够与故事主人公同心、同向、同行，最终共同成长。另一方面，治疗师需要促进灾后青少年在自我认知、态度、情感和行为方面的调适，并重新建构新的自我形象。对于任何故事，阅读者都会有不同的领悟方向。"例如，同样是阅读《老人与海》，有人领悟到人生就是迎接挑战，

① 王波、傅新：《阅读疗法原理》，《图书馆》2003 年第 3 期。

② 王波、傅新：《阅读疗法原理》，《图书馆》2003 年第 3 期。

奋斗就是乐趣；有人领悟到人生就是受难，拼搏也是白搭。”①相反的领悟会把情绪和行为向相反的方向调适，阅读治疗所带来的效果也就截然不同了。有鉴于此，治疗师需要结合灾后青少年的阅读兴趣，为他们选择适当的书籍，既能让他们充分认识到地震发生乃是自然现象的一部分，又能让他们认识到苦难和失去同样作为生命的一部分，并在悲伤宣泄的过程中释放情绪，重建对于未来生活的信心，最终将之演化为类似故事主人公的积极态度和行为。

6. 应用阶段

在阅读者形成对于困境、人生以及世界的新观念、新态度和新方法以后，将之变成自身行为的一部分，并将之付诸现实生活当中。此时，治疗师主要的任务在于促进阅读者将认知变成态度，将态度付诸行动，将行动落实到生活当中。就灾后青少年的阅读治疗而言，治疗师的任务包括以下三个方面：一方面强化他们所形成的新认知、态度和行为，强化他们的自我概念。二是为他们开展类似的游戏活动，通过角色扮演的方式协助他们运用所形成的行为模式。三是促进更好地融入社会环境，以利于他们在现实环境中获得成长的机会和自信。

纵观以上六个心理阶段，第一、二个阶段是阅读者准备并正式进入故事的阶段；第三、四阶段则是阅读者与故事中主人公进行互动和沟通的阶段；第五、六阶段则是阅读者走出故事，重新认识自我并走向社会的阶段。因此，经历阅读治疗的六个阶段，阅读者从自我内心封闭退缩，通过故事主人公的带领，构建出一个全新的自我，并走向社会互动与人际发展，达成了心理重建的目的。

四、灾后青少年心理重建中阅读治疗的策略

（一）准备阶段的策略

首先，要选取适当的阅读治疗师。在我国，目前还没有取得专业资格的阅读治疗师。只能从心理治疗师、社会工作者、临床心理学家、图书馆员、教师以及具有专业背景的志愿者中进行遴选并加以培训，使之成为相对合格的阅读治疗师。

① 王波、傅新：《阅读疗法原理》，《图书馆》2003 年第 3 期。

无论从何而来,被遴选出来的阅读治疗师不仅应该具备心理辅导与咨询的基本知识和技能,还应该具有较高的文化素养和教育技巧,并且有健全的人格特质和对于青少年工作的热情和热心。其中,具有较高文化知识和志愿服务意愿的高校大学生,以其与青少年具有较亲近的关系而成为阅读治疗师队伍的最佳人选。

其次,要对遴选的阅读治疗师进行专业的培训和考核,以帮助他们符合以下要求:一是要有对于灾区青少年发展的文化敏感度,熟悉当地的风土人情和民族宗教禁忌,了解当地基本的风俗文化;二是要对灾后青少年的心理特征有所了解,尤其要能同感到他们灾后心理上的恐惧、无助、失落和哀伤;三是自身具备健全的人格特质、助人意愿和对于青少年工作的热情;四是具备开展青少年工作的方法和技巧,能够有效地处理他们的心理和情感问题;五是对于相关阅读材料有详细的了解和掌握,并能够适当地引导青少年开展阅读过程。

再次,要组建阅读治疗的专业团队,以为后续的工作提供更为专业的支持。针对地震灾后青少年可能出现的诸多情况,需要邀请相关的心理学家、教育学家、社会工作者、医生、特殊教育工作者以及教师队伍作为团队的一员,以提供更为综合的服务。特别是当阅读治疗效果达不到预期目的的时候,需要通过转介提供其他更为适合的心理支持服务。

最后,为了保证阅读治疗的持续顺利开展,治疗团队需要事先与地震灾区的相关教育机构或者灾区安置点工作人员联系,以获得适当的场地支持。同时,与灾后青少年的父母或监护人联系也是十分必要的,尤其是对于儿童的阅读治疗过程需要来自家庭成员的陪伴与支持。

(二)预估阶段的策略

准备阶段之后,阅读治疗团队将会与需要服务的灾后青少年联系,并在第一次见面过程中了解他们并争取建立一个良好的伙伴关系。一方面,治疗师需要获取青少年的生理、心理、家庭关系以及社会生活环境方面的资料,尤其需要了解他们的灾后经历,以避免某些言语动作给服务对象所带来的二次伤害。此时,治疗师可能会从其他专业人员处获取相关资料,也可能会通过心理测评、对话访谈或实地探访来了解情况。另一方面,治疗师还需要与灾后青少年建立一个真诚友善、合作互信的伙伴关系。虽然阅读需要达到治疗的效果,但在实际过程中,治疗师与青少年却是相互陪伴、信任、友善与共同进步的关系。此时,治疗师更多地被看作是一个情感陪伴者、阅读引导者、思维启发者、态度反思者和成长协助者。

(三)计划阶段的策略

一是确定阅读治疗的目的、目标及次数。就灾后青少年的心理重建而言,可以依据服务对象的生理、心理以及社会生活情况来具体分析。对于灾后一般儿童而言,目的是协助其认识地震前后生活的变迁,可以开展数周的活动;而对于那些面对亲人死亡和自身伤残的青少年,治疗的目的则是哀伤辅导以及生命教育,需要开展数月的治疗过程。

二是确定阅读治疗的媒介及材料。总体而言,阅读治疗的素材形式多样,既可以是那些印刷成文字的各种书籍和宣传材料,也可以是多媒体资料等,具体来说包括小说、童话、寓言、神话、绘本、传记、诗歌、散文、新闻、广告、录像带、光盘、录音和幻灯片等。具体来说,阅读的素材应该充分结合青少年的阅读能力、阅读习惯、年龄特征、生活经历和民族宗教特征而有所取舍。

对于灾后儿童来说,最好是选取简明扼要、图文并茂、色彩明快、内容客观、积极向上的书籍,以让儿童喜欢读、读得懂,并有所收获。如“配有精美插画的小诗、感人的寓言故事书、附图片的天文地理科普读物等。其中,“童话绘本以其丰富的想象力、短小精悍的篇幅、色彩多样的图片和通俗易懂的文字本能地吸引了儿童的注意力”①。汶川地震后,台湾心理咨询界、图书资讯界、儿童文学界等合力选出了50本适合灾区儿童阅读的绘本读物,并为每一本书进行解题,形成了《儿童情绪疗愈绘本解题书目》,该书可以作为灾后儿童阅读治疗的首选材料。

而对于灾后青少年而言,其阅读素材的选取相对较为宽泛,一般的文学著作、小说和散文等都能引起他们的兴趣。但在选取过程中,要充分考虑灾后青少年是否认同书中的人物、书中主人公所遇到的问题是否与灾后青少年的遭遇类似、书中故事是否能够被灾后青少年理解并具有启发和反思的意义。因此,类似《老人与海》《乞力马扎罗的雪》《钢铁是怎样炼成的》《活着》等中篇短篇小说就具有一定的代表性。

① 祝振媛:《阅读疗法在儿童创伤心理治疗的应用初探》,《晋图学刊》2010年第1期。

三是确定阅读活动的内容设计。阅读治疗活动的进行,有赖于适当的方式与方法。对于灾后青少年而言,阅读治疗的主体活动内容是围绕治疗目的开展的阅读、讨论、分享、撰写心得等内容,同时也要设计一些其他辅助性活动,包括游戏、互动、影片观看等,以保持阅读过程中有一个相对轻松愉快的氛围。

(四)实施阶段的策略

首先,治疗师需要为阅读过程营造一个相对温馨和相互支持的氛围。一方面,在治疗师的引导下开展适当的暖身活动有利于灾后青少年逐步进入治疗的情境,并在暖身活动中与其他组员相互认识和熟悉,建立起一个具有支持性的互助小组。另一方面,治疗师需要在活动开始时,简要介绍自己的角色和责任,还要介绍清楚整个活动的时间和进度、阅读材料的基本情况、阅读的规则和隐私保护等。

其次,治疗师需要有针对性地引导灾后青少年开展阅读活动。一方面,治疗师需要将阅读的规则、阅读的进度、阅读的指导意见告诉他们,以便于他们在阅读的过程中有选择性地提取故事的主要内容、主人公、情节发展以及关键词语。对于灾后儿童,治疗师需要给予全程辅导阅读。另一方面,治疗师在指导阅读过程中,需要随时注意灾后青少年的心理和情绪变化,防止他们由于过度移情、阅读时间过长以及情绪过度宣泄而导致的负面影响。

再次,治疗师需要在青少年阅读后引导他们进行适当的讨论和分享,旨在解决他们在阅读过程中所产生的心理冲突和困扰,促使他们获得心理的领悟和个人的成长。协助青少年讨论的主题应该包括以下五个方面[①]:一是回忆或摘要故事,重点探讨故事所谈论的是什么?故事中发生了什么事?二是确认故事中主角的心理感觉,重点讨论的是主角做了什么事?他觉得如何?你为什么认为他会那么想?三是促进青少年与故事主角的比较,重点讨论你曾经遇到过相同的问题和境况吗?你曾经有与主角相同的感受吗?四是探寻故事的结果,重点讨论故事中主角的行为是不是引起了改变?他做了其他事情吗?五是归纳故事阅读的结论,重点讨论这个故事告诉我们什么?你同意主角这么做吗?如果是

① Schrank, F. A., "Bibliotherapy as an Elementary Guidance Tool", *Elementary School Guidance and Counseling*, Vol.16, No.3, 1982, pp.218-227.

你，你的做法和故事主角会有什么不同？如果你遇到相同的问题，你会和故事主角有一样的做法吗？

最后，在讨论结束之后，治疗师可适当开展一些游戏活动、画画、剪贴、雕塑、戏剧、角色扮演、诗歌朗诵或创造性的文艺活动，提高灾后青少年对自我认知、情感、态度、价值以及行为的觉醒和反思，并通过活动来强化讨论所带来的成长。

（五）评估阶段的策略

在阅读过程结束后，为了了解灾后青少年在阅读过程中所获得的成长，可以开展适当的评估活动。既可以通过心理量表来测量他们在阅读前后的心理和情绪变化，也可以通过观察和访谈等方法来了解他们的进步；既可以通过灾后青少年的自我表述和分享或者监护人所看到的进步来把握阅读治疗的效果，也可以通过治疗师或者其他专业人员的测评来了解阅读治疗的成效。在评估过程中，需要充分尊重灾后青少年的个人意愿和隐私，要始终坚持以服务对象为中心。

（六）追踪阶段的策略

依据前面评估的结果，治疗师需要决定是否结束治疗活动。对于那些未能通过阅读治疗而缓解心理和情绪问题的青少年，需要通过适当的转介服务，促使他们能够接受其他专业人士的协助；对于那些顺利结束阅读治疗的青少年，治疗师也需要与他们的父母、监护人、教师以及其他重要相关人保持密切联系，以协助青少年能够更好地在现实环境中运用所学习到的新知识、新态度和新行为模式，真正实现心理重建的目的。

第二节　灾后青少年心理重建的艺术治疗技巧

相关研究表明，无论是灾后的儿童还是青少年，由于其生理、心理发展和传统文化表达习俗的限制，在遭受地震的重大创伤后，往往很难用语言顺利而准确地表达自己内心的复杂体验，就算对于成年人而言也是如此。那些沉痛的创伤记忆深深地印刻在了我们的右脑。思维的左脑其实是力不从心的。正如美国心理学家 Ley 说：“用左脑的钥匙打不开右脑的锁”。经历创伤的人，右脑中往往印刻着很多的灾难图景与情绪，而艺术治疗则可以作用于右脑，起到不同于言语性的治疗方法的作用[①]。因此，探讨艺术治疗在地震灾后青少年心理重建中的功能及其运用策略，具有十分重要的理论和现实意义。

一、艺术治疗及其相关研究

早在远古时代，人类的祖先就在岩洞石壁上通过绘画来描述与世界的关系，抒发思想与情感，并探讨生命的意义。因此，艺术最早便可认为是一种心理和情绪的治疗方式。1900 年以后，艺术的方式逐渐被用来辅助精神疾病患者的康复。最初，心理分析学大师弗洛伊德强调以艺术的形式分析患者的心象，强调意识和象征化的作用。20 世纪 30 年代，Naumburg 建立了运用艺术的表达作为治疗的模式，强调通过分析和动力的过程来鼓励病人绘画，并通过对绘画的分析来达致治疗的效果，树立了艺术治疗在精神分析疗法中的主角地位。20 世纪 50 年代，艺术治疗师 Edith Kramer 的研究进一步证明了创造性艺术的过程本身就具有治愈特性，主张让当事人参与艺术活动。20 世纪 50 年代后期，Lowenfeld 基于皮亚杰的儿童发展理论，发展出“绘画发展阶段说”，开创了艺术教育治疗的新模式。1960 年 Naumburg 和 Ulman 共同创立了《美国艺术治疗》期刊的前身——《艺术治疗公报》。而 1969 年成立的美国艺术治疗协会则建立了一套规范的艺术治疗课程标准，培养专业的艺术治疗师并建立了专业的登记制度。20 世纪 70 年代，艺术治疗进一步扩大到家族治疗以及小组治疗等领域。总体而言，作为跨艺术与治疗领域的一种新兴辅导方法，虽然早期主要适用于精神病院、特殊教育机构增强病患的心理复原功能，但艺术治疗的表现形式不断包括了视觉艺术、音乐、舞蹈、戏剧、诗词等，其相关理论也得以发展以臻成熟，并显示出越来越重要的地位[②]。

（一）概念及其含义

美国艺术治疗协会认为：“艺术治疗就是利用艺术媒介、艺术创造过程及当

① 马毅、张敏：《艺术治疗中形象思维的运用对地震中受创儿童应激障碍的康复作用》，《音乐探索》2010 年第 4 期。

② 陆雅青：《艺术治疗团体实务研究》，五南出版社 2000 年版，第 23—25 页。

事人对所创作的艺术作品的反应,实现对个人的发展、能力、个性、兴趣以及内心关注点与冲突点的反思的服务。”[①]这一定义蕴含着两个方面的含义:一是强调艺术创作即是治疗,而创作过程可以缓和情绪上的冲突并有助于自我认识和自我成长;二是把艺术应用于心理治疗中,则其中所产生的作品和作品的一些联想,对于个人维持内在世界与外在世界平衡一致的关系有极大的帮助。因此,该定义认为艺术治疗就如艺术教育一般,可以教导当事人技巧及使用材料的方法,通过治疗师给个人的指示,可以提供给当事人自我表现、自我沟通和自我成长的机会,并在此过程中反映出个人的人格发展、人格特质和潜意识。

综合而言,艺术治疗是指在心理辅导与治疗的过程中,通过整合多种艺术形式的表达与创作要素来促成当事人知情意的表达和探索,藉此实现个体情感宣泄、行为改变、关系协调与潜能开发,最终达致个人问题的解决与人格的成长。时至今日,艺术治疗已经发展出了多种形态。从艺术形式来分,包括了游戏疗法、阅读疗法、箱庭疗法、剪纸贴画疗法、绘画疗法、音乐疗法、心理剧疗法、舞蹈疗法、风景构成疗法以及诗歌疗法等;从理论取向来分,包括了精神分析取向、发展取向、调适取向、认知取向、认知调适取向、行为导向艺术取向等。但综合而言可以分为以下几种模式:

一是心理动力取向艺术治疗,该模式受到弗洛伊德等心理学家的影响,特别强调潜意识和象征化的作用。一方面认为艺术活动提供一种具体的媒介,藉由图画心象的方式远比透过口语的自由联想,更容易将个体潜意识冲突、梦和恐惧,直接且具体地呈现,并得以在意识层面里加以理解、领悟和统整;另一方面,认为艺术治疗就是透过艺术媒材的表达,帮助个人自我探索、自我接纳、自我了解、表达思想和内在需求,并提升认知能力、自尊和自我控制情绪的过程和方法[②],以此达致情绪稳定、情感升华和增进行为适应的效果。

二是行为取向艺术治疗,该模式结合艺术治疗的理念与行为治疗的技术,通过结构化的艺术媒体表达和系统化运用行为来改变活动策略,以达到治疗的目标。该模式十分强调行为评估、治疗目标、治疗计划、客观评量技术。比如,Roth就曾经提出现实塑造(reality shaping)的行为导向艺术治疗技术,采用行为改变

① 范琼方:《艺术治疗:家庭动力绘画概论》,五南出版社1996年版,第14页。
② 范琼方:《艺术治疗:家庭动力绘画概论》,五南出版社1996年版,第18页。

技术和模范①。为此，首先要找出受辅导者在治疗前模糊的、未完全明确的重要概念，再透过艺术治疗活动和行为塑造、增强、示范及提示等系统方法，协助受辅导者发展清楚的图画概念、认知及行为改善。其具体过程包括了艺术治疗前评估、艺术媒体探索游戏、确定艺术治疗活动的目标行为、现实塑造技术的运用、讨论及回馈活动、结束活动等一系列活动。

三是人文取向艺术治疗，该模式秉持人文主义的哲学，其治疗目标不在排除恐惧、不快乐或焦虑，而是让当事人的这些情感诚实的表达于艺术形式上，以喜乐的心态表达源自于生活的真实情感，促进当事人追求心理和生理的福祉或生活意义，取代寻求逃避疾病的心理。因此，在艺术治疗过程中，治疗师和个体一起探索图像与创作，关注每个个体的独特性，相信艺术创作的过程及作品是与生俱来的健康行为。迄今，该模式已发展出现象学取向艺术治疗、完形取向艺术治疗和当事人中心取向艺术治疗等具体方法和技术②。

四是发展取向艺术治疗，该模式主要奠基于心理发展阶段论与美术发展阶段论，特别是受到皮亚杰的认知发展论及艺术教育治疗理念的影响，以儿童的艺术与心理发展知识为基础，作为了解障碍儿童的发展与问题的参照。该模式一方面强调儿童心理发展的阶段特征及其绘画表达能力的呈现，另一方面强调要适应不同艺术媒体的特性而采取不同的介入技术。最终通过建立关系、实施治疗前评量、介入处理策略、实施治疗后评量以及结束活动五个阶段来完成治疗的目的。

（二）艺术治疗的特色

艺术治疗体现了以下几个方面的特征③：一是强调个人心象思考的运用，易于激发个体想象的灵感，促进个体思维的领域及个人成长；二是充分利用艺术及其创作的过程，有利于协助个体降低自我防卫机制，在自我开放中建立良好的治疗关系；三是通过艺术活动可以协助个体宣泄不良的情绪甚至是敌意，以减少对

① 侯祯塘：《行为导向艺术治疗法对国小多重障碍儿童行为问题及图画概念之辅导效果之研究》，《屏东师院学报》2000 年第 6 期。

② 陆雅青：《艺术治疗》，心理出版社 1993 年版，第 125 页。

③ Krammer, E., *Art as Therapy with children*, New York: Schocken Books, 1971, p.181; Wadeson, H., *Art Psychotheraphy*, New York: John Wiley & Sons, 1980, p.230.

社会的冲击和伤害;四是个体可以通过艺术创作过程来缓解和处理情绪问题;五是艺术及其创作过程有利于协助个体呈现、分析并整合其认知、情感和意志;六是艺术创作过程可以为治疗师提供进入个体心理和情绪状态的通道,而避免了心理上的二次伤害;七是艺术治疗过程中的艺术成品不仅为个体带来成就感,更为治疗师提供了丰富的、可以长期保存的评估素材;八是艺术治疗非常便于开展团体治疗,促进成员间的交流与合作,并增进团体的互动和凝聚力;九是艺术治疗通过对个体感官、知能以及时空的整合促进心理的复健与成长;十是艺术表达过程能够较为便利地表达个体内心状态及其社会关系,并由此引出社会工作服务的方法和技巧;十一是艺术活动过程能够有效地激发个体创造的潜能,并由此带来社会工作的优势视角介入;十二是强调非语言沟通的特质,具有较广泛的适用性,尤其对于重大创伤后的儿童青少年具有针对性。

(三)相关的研究

从实证研究的成果来看,艺术治疗主要应用于一般教育、特殊教育、临床医疗机构等。从国外研究部分来看,Orr 以内容分析法将那些发表于国际期刊上的有关艺术治疗的实证研究进行整理,包括了 Klingman 等 1987 年对巴士与火车事故的校园儿童进行的研究、2003 年 Carr & Vandiver 对庇护所的创伤儿童青少年的研究、2005 年 Malchiodi 对地震海啸中的受创伤儿童进行的研究、2005 年 Kim 对卡特里娜飓风中的儿童青少年的研究、2005 年 CNN 对地震海啸中的儿童青少年的报道①。通过综合研究,Orr 认为艺术治疗对于 PTSD 的介入,确实有其效果,对于 PTSD 的儿童,使其在没有危险性的状态下(例如以绘画方式)体验创伤经历是必要的②,因为儿童的艺术创作就如同能够包容情绪的容器,藉由艺术过程的情绪性表现,便能达到治疗的效果。

关于艺术治疗介入儿童青少年 PTSD 的行动研究也较为丰富。Roje 通过三个月的研究发现,1994 年洛杉矶地震的 PTSD 儿童青少年,藉由艺术治疗大都数的儿童青少年皆可重返正常生活。Gregorian 等通过三年的研究发现,艺术治

① Orr, P.P., "Art Therapy with Children after a Disaster: A Content Analysis", *The Arts in Psychotherapy*, Vol.34, 2007, pp.350-361.

② Malchiodi, C.A., *Understanding Children's Drawing*, New York: Paterson Marsh Ltd and the Guilford Press, 1998, pp.230-234.

疗鼓励儿童青少年透过绘画沟通其经历，结果成效相当良好，儿童青少年的受压抑情绪得以释放。Chapman 等通过一个月的研究发现，以 PTSD 分数的图标显示接受艺术治疗族群症状减轻。Kozlowska 与 Hanney 通过持续几周的研究发现，群体艺术治疗使 PTSD 儿童青少年知道他们不孤单，处于远离双亲暴力的安全环境，儿童青少年倾向参与艺术使用并开始陈述分享其情绪。Buck 通过六个月的研究发现，“911 事件”后，提供儿童青少年艺术材料创作有助于稳定情绪。Howie 等通过几周的研究发现，“911 事件”之后，艺术治疗的介入对无法以陈述方式表达情绪的 PTSD 儿童青少年有效且显着。Pifalo 通过持续十周的研究发现，以统计检定灾后儿童青少年焦虑、PTSD 症状及解离情形皆是相当显着的（显着水平皆在 5%以内）。Berberian 通过几个月的研究发现，“911 事件”后，藉由观看国际面孔的人像展示，PTSD 儿童青少年的心情得以平和①。

我国台湾地区也有将艺术治疗应用于灾后儿童青少年辅导的相关研究，认为艺术治疗团体结合儿童青少年自身能力及团体支持来帮助他们心理的复原有积极成效。其中，游丽蓉的理论研究认为：“儿童哀伤治疗的重点在于对儿童情感反应及表达的支持，即是以非口语表达的方式，让儿童能在创作中投射、宣泄相关情绪，允许儿童以自己的方式表达悲伤。”②赖念华的研究中发现：“以艺术媒材介入团体治疗可以充分发挥类似游戏的创作过程、象征性、自我内在表达、情绪宣泄、自我觉察与了解等优势。”③赵彗攸、曾馨仪、黄郁娟将艺术治疗运用在儿童青少年悲伤团体辅导上，实践表明确实有助于其处理自己的悲伤情绪，使情绪有不同于传统的抒发管道，并且藉由团体讨论的方式，儿童青少年心中的疑惑将会被彻底澄清④。郭修廷的研究也发现艺术治疗非常适用于儿童身上，可以激发儿童的潜意识或意识，也可藉此收集儿童的资料，更可作为发泄情绪与揭露儿童需求之用⑤。

---

① Eaton, L.G., Doherty, K.L.& Widrick, R.M., “A Review of Research and Methods Used to Establish Art Therapy as an Effective Treatment Method for Traumatized Children”, *The Arts in Psychotherapy*, Vol.34, 2007, pp. 256-262.

② 游丽蓉：《阅读治疗在死亡教育中的应用》，《谘商与辅导》2006 年第 11 期。

③ 赖念华：《成长团体中艺术媒材的介入：一个成员体验的历程分析》，《教育心理学报》1997 年第 29 期。

④ 赵彗攸等：《达性艺术治疗在儿童悲伤辅导团体疗效因子之探讨》，《台湾心理谘商季刊》2010 年第 1 期。

⑤ 郭修廷：《一个艺术媒材介入儿童人际历程谘商案例》，《辅导季刊》2003 年第 2 期。

中国大陆地区关于艺术治疗应用于灾后儿童青少年心理救助的研究还不多。覃唐曾经报道了在对印度洋海啸幸存孤儿的救助中，绘画、拼贴、捏塑等艺术活动能发挥出意想不到的作用①。刘倩针对灾后儿童青少年的心理需要，制定了一套为期半年的艺术治疗方案，通过音乐治疗、绘画治疗以及涂鸦游戏等方式开展了灾后儿童心理干预，取得了一定的成果②。石林、陈芝蓉、王玉凤通过专家评分、作品分析和深度访谈对地震孤儿团体实施以同伴交往为主题的绘画艺术治疗，发现地震孤儿在艺术治疗中所表现的三个空间特征与三种人际交往意识产生对应关系，包括：基底线表现了秩序意识、重叠表现了去自我中心意识、透明表现了开放意识，而艺术治疗对地震孤儿的空间表达能力发展产生了显着的积极影响③。另外，卢勤通过团体辅导形式对灾后有 8 名同学死亡的班级学生进行了艺术治疗，实践证明以团体辅导的形式开展艺术治疗对于灾后青少年心理重建具有积极意义④。

综合国内外研究可以发现，艺术治疗透过一些艺术媒材的表达，可以将灾后儿童青少年内在的问题具象化，而作品的完成有助于统合个人内在的情感与想法，从而实现其心理重建的目标。因此，艺术治疗以其非口语性的特征适切了灾后儿童少年的心理需要，并越来越受到实务工作者的重视，成为未来灾后儿童青少年心理重建的重要手段。

二、灾后青少年心理重建中艺术治疗的意义

（一）艺术治疗作用于灾后青少年心理重建的机理

一是生理机制。生理机制的主要学科基础是神经生理学，该理论认为通过艺术的方式可以促进个体获得更加愉悦、积极的情感和情绪体验，从而提高并调节大脑中枢神经以及其他神经单元的兴奋度，通过大脑分泌的 β-内啡肽来促进个体各系统、器官和组织的平衡，在这种身心协调的状态下改善个体的心理状

① 覃唐：《艺术疗法拯救海啸孤儿》，《中国新时代》2005 年第 8 期。

② 刘倩：《以儿童艺术治疗为主的灾后心理干预实施方案》，《中小学心理健康教育》2008 年第 16 期。

③ 石林等：《艺术治疗：培育地震孤儿同伴交往意识的新尝试》，《南京社会科学》2010 年第 9 期。

④ 卢勤：《团体辅导在有同学丧失班级中的运用》，《中国健康心理学杂志》2010 年第 6 期。

况，实现个体心理的重建目标。一方面，现代脑神经科学的研究证明，个体在积极参与音乐、绘画、文学欣赏等艺术活动过程中，脑电波的活动状态呈 α 波形。此时，大脑处于一种自由放松的安宁状态，身、心、灵处于一种动态平衡的和谐状态，其各项生理和心理机能都达到巅峰状态，能够很好地处理内在和外在的困难。另一方面，大脑的偏侧化理论强调人的大脑左右两半球存在着优势分工的状况。左半球主要负责思考、象征性关系以及逻辑分析等理性思维，右半球则是负责空间性与图像性等感性思维，两个半球基于各自的分工优势共同协调控制个体的思维和情感活动。但由于现代社会逻辑思维、数理分析以及理性判断的需要，个体的左半脑获得优先发展，以形象、直觉以及自我本能等感性活动为主的右半脑则越来越退居次要地位。在对精神分裂症侧化损害的研究也发现，精神分裂症患者大脑右半球功能亢盛，表现为负性情感活动异常，这也说明右半球功能损害影响患者情绪机能。因此，对于那些处于精神分裂症状的患者来说，基于语言和逻辑思维改变的理性认知疗法往往失效，而以音乐、绘画、戏剧等为媒介的艺术治疗则能够更好地作用于右脑，从而改善患者的情绪机能障碍[①]。对于地震灾后的儿童青少年而言，一方面地震灾害所带来的负向心理创伤和 PTSD 经验都储存于右脑，另一方面其受教育程度、逻辑思维、理性思考的能力都较低。因此，灾后心理创伤往往难以通过左脑主司的语言逻辑表达出来，必须要通过右脑主司的情感和艺术的方式来发泄和引导，而其内在心理冲突和创伤也需要通过艺术创造的方式来引导和重塑，达致心理重建的目的。可见，综合认知重塑、行为引导、人文关怀与成长发展取向的艺术治疗对于灾后青少年心理重建应该有较为积极的效果。

二是心理机制。与传统心理治疗方法不同，运用非语言艺术的象征方式来表达个体潜意识中隐藏的内容更为容易，也更易于缓解患者的焦虑，升华其心灵。在精神分析理论看来，个体的心理可以分为意识、前意识和潜意识三个层面，而行为和情绪往往受到潜意识的重要影响。作为情感和情绪表达的重要工具，艺术活动往往能够超越个体内在心理防御机制，有效地深入人们内在的潜意识层面，并将潜意识的信息（心理意象）投射到艺术作品中。这主要表现为心理

① Munns, E., *Theraplay: Innovations in Attachment-enhancing Play Therapy*, Northvale, NJ: Aronson, 2000, pp.121-123.

学中的投射理论。所谓投射，即个体将自身内在的价值、态度、情绪、性格结构不自觉地反应于外界事物的一种心理过程，也是个体感知、表达和解释内在人格结构与外在社会环境的一种方式。投射作为个体潜意识及前意识的一种心理防御机制，一方面是个体内外在统一和平衡的桥梁，另一方面也是个体减轻焦虑、缓解压力及保卫自我以维持内在的人格结构的途径。对于灾后青少年而言，地震所带来的心理创伤往往深入其内心深处的潜意识层面，并通过梦魇、幻觉、内心纠结、情绪问题等形式表达出来，而参与艺术活动以及创作艺术作品是一种情感表达的方式，不但能够将其内在的、潜意识层面的创伤信息（心理意象）表现为外在视觉化的形式，更可以越过意识的障碍，不自觉地把内心深层次的动机、情绪、焦虑、冲突、价值观和愿望等投射在艺术作品中，而且在绘画的过程中，个体可以进一步理清自己的思路，把无形的东西有形化，把抽象的东西具体化为心理意象。这样就为治疗师深入灾后青少年的潜意识开展创伤心理的分析、治疗和重建提供了极好的途径和方式。早期的罗夏墨迹测试、主题统觉测试，其在本质上也是一种绘画艺术的治疗方法，并且已经被证明是有效、科学的心理测验、咨询和治疗的工具。其他的研究①也发现，艺术活动能促进人的感知能力的发展，提升人的注意力品质，促进人的记忆力品质的发展，震撼人的心灵，影响人的情感。

三是社会心理机制。地震灾后，青少年如果一直没有机会参与社会活动，往往会陷入自怨自艾的悲情情节当中，并会将自身的悲剧及消极情绪不断扩大，从而陷入一种心理上的过度自我防卫状态。因此，灾后鼓励青少年参与各项小组艺术活动，成为促进其心理重建的重要内容之一。这样的判断是基于美国心理学家勒温所提出的场论和小组动力学理论。该理论认为，个体的心理和情绪状态往往受到周围他人及社会环境的影响，其中发挥作用的主要是小组的氛围和小组互动。因此，以小组的方式开展艺术治疗不仅有助于灾后青少年的非口语沟通、情感宣泄与净化、彼此互动与同感、彼此灌输希望、彼此分享信息②；更有助于通过艺术创作活动中的互动，促进彼此的相互倾听和分享，减少孤独感和悲

① 刘淑霞：《艺术治疗对提升智障儿童交往能力的研究》，硕士学位论文，山东艺术学院，2011 年，第 22　26 页。

② 赖美言、游锦云：《艺术治疗团体应用在 ADHD 儿童之人际适应辅导初探》，《国小特殊教育》2010 年第 50 期。

痛情绪，增强彼此的信息分享和人机学习，使小组成员在安全的小组氛围中创作、分享与统整生命经验，最终实现治疗小组整体的心理重建。

（二）艺术治疗在灾后青少年心理重建中的优势

Gregorian 等人以及 Johnson，Roje、Stronach-Buschel，Zambelli 等人都认为艺术治疗是灾后青少年心理重建的一种有效模式①，其具有的独特优势包括：

其一，艺术治疗非语言的技巧特征，更容易突破语言的限制而被青少年所接受。地震灾后，创伤经验与记忆被压抑至青少年大脑深处，很多痛苦的记忆难以用语言来系统表达。而丰富多彩的艺术形式，为灾后青少年提供了广阔的想象空间，尤其对于那些不愿意说出创伤经历的个体而言，通过涂鸦便可以很好地表达内心的感受。

其二，艺术治疗过程中所特有的安全和自由氛围，有利于降低青少年的心理防卫机制。灾后青少年尚未做好去重新经历害怕、恐惧、焦虑情绪的心理准备，往往会采取各种防卫机制来保护自己，包括否认、认同、退化、替代、幻想逃避、幻想到安全位置、幽默、理性化等。在此种情况下，治疗师往往很难和他们谈及过往的经验，更毋论如何进行辅导与治疗了。艺术治疗允许青少年创造出一个适合于他自己的“保护罩”②，以便使他们在地震灾后创伤失落的经验中增加一些正向和积极的力量，当他们相信自己有能力保护自己时，也代表他有控制的能力，并准备采取措施克服消极情绪了。

其三，艺术治疗丰富多样的表达形式为灾后青少年悲伤情绪的宣泄提供了良好的通道。通过艺术创作的过程，灾后青少年可以揭露他们自身无法或不敢探索的内在情绪，并借助操纵过渡性的客体，将这些情绪以创造性的艺术抒发出来，将已僵化的负向感觉透过艺术创造活动舒缓，克服其阻碍进而发展出成功的因应行为。有些灾后青少年需要借助象征性的图画、玩偶来产生一些心理上的距离，以此来表达自己内在失落的感受。有些灾后青少年也会产生愤怒、无助和无力感。如果能够用象征性的绘图或游戏方式来帮助他们正视自身的痛苦，进

---

① 赖念华：《灾后心理重建历程的合作行动研究》，硕士学位论文，台湾师范大学教育心理与辅导学系，2002 年，第 28—29 页。

② 刘斌志：《论艺术疗法在地震灾后青少年精神救助中的适用性》，《上海青年管理干部学院学报》2009 年第 6 期。

而帮助他们自由地表达出来，内在悲伤失落的情绪就会得以抒发①。

其四，艺术治疗具体化和多样化的艺术呈现形式，有利于唤醒青少年新的自我想象空间和创造活力，为心理重塑做好准备。通过艺术制作过程营造一个安全信任的“过渡空间”，可以帮助灾后青少年将内在心理与外在世界链接起来。“也唯有在这样的空间中，他们才可以重复的将自己的创伤感受在艺术创造中不断实验并表现出来。”②因此，艺术治疗让灾后青少年有能力去处理自己的艺术工作并将之完成，并从中慢慢学会可以有越来越多的感受表达在艺术中，同时更可以激发他们的创造能力。

其五，通过艺术治疗的形式能促进灾后青少年之间及其与外界的相互交流、沟通，从而提升他们相互同感和支持的能力，进而促进整个治疗小组的进步。通过小组中艺术形式的介入，能够促使成员抒发情绪，启发创造思考的活力与想象力，增进愉悦感，并能减少防卫心，是一种极好的沟通与表达途径③。

其六，艺术治疗所具有的建构、复演和重构的过程特色，有利于灾后青少年心理的诠释与重构，最终实现心理重建的目标。面向灾后青少年的艺术治疗，至少需要经历探索、省察分享、回馈等过程，不仅包括了通过艺术的方式探索其内心世界，还包括了从不同的方式去诠释和引导艺术创作的过程，最后还通过各种具体化的技术，统整其情感和意念。通过这一过程可以达成灾后青少年的自我了解与自我觉察、具体化抽象的概念与感觉、投入创作与缓和情绪、完成未尽事务与新生的力量、赋能并获得自我掌控感。

最后，艺术治疗具有形式多样、方式灵活、沟通直接、交流互动以及超越时空限制的特点，被治疗者几乎可以采取一切可能的方式进行自我表达，这就使其具有全息沟通的特点。这不但满足了地震灾后不同地区、不同机构、不同青少年类型的需要，更是满足了灾后青少年多层面的认知、行为以及情感需求，为灾后青少年心理重建提供了更为在地化的方法。

① 刘斌志：《论艺术疗法在地震灾后青少年精神救助中的适用性》，《上海青年管理干部学院学报》2009 年第 1 期。

② 刘斌志：《论艺术疗法在地震灾后青少年精神救助中的适用性》《上海青年管理干部学院学报》2009 年第 1 期。

③ 侯祯塘等：《团体艺术治疗活动对国小儿童之同侪关系影响》，《台湾艺术治疗学刊》2010 年第 1 期。

（三）艺术治疗在灾后青少年心理重建中的功能

人是身心合二为一的整体，其内在情感和情绪的生命经验是有形的语言和逻辑所无法到达的，而艺术的方式可以帮助我们去了解、复原和治疗这内心之所，并实现生命的重整。这就是将艺术作为治疗方法最为显著的价值①。正如美国宾夕法尼亚州 Marywood 大学艺术治疗课程的主任 Bruce L.Moon 所认为的："艺术创作为青少年展示自我能力，肯定自我价值提供了较好的平台和机会。通过充满能量、经历和变化的艺术作品，青少年分享了他们内心的悲痛和喜悦，更展示了他们对社会的愤怒或企盼。"②在治疗师开放、真诚、信任和尊重的态度下，透过艺术创作的过程与其作品的想象性互动，艺术治疗可以有效地协助灾后青少年认识自我、了解自我、肯定自我并超越自我③。

首先，艺术治疗为灾后青少年提供了情绪表达和辅导沟通的有效渠道。地震所造成的创伤记忆往往被个体的防卫机制压入潜意识中，并将创伤经验独立于自我的生命经验之外，以致于与个人生命流产生断裂的现象④。也就是说，在防卫机制的作用下，灾后青少年更偏向于否认或低估创伤事件对自我造成的影响，主要原因是源自于个体自我保护的本能，避免再一次受到创伤经验的伤害。但创伤并没有随时间而去，经常还可以通过青少年的梦境或潜意识反射出来，并持续地对其人格发展与反应能力造成影响。断裂的创伤记忆、无法言说的创伤心理以及灾后青少年的否认，都会给心理辅导与心理治疗工作带来困难。此时，以艺术创作的形式与灾后青少年积极沟通，可以协助其表达内心的创伤经验和心理，具体包括：一是艺术创作以具体化的心象思考方式，能够帮助灾后青少年克服心理防卫机制的作用，主动表达潜藏在潜意识里面的地震及其创伤经验；二是艺术创作的过程能够降低灾后青少年的心理抵触，促使其积极投入到治疗的活动中，从而促进互信合作的专业关系建立；三是艺术创作过程为灾后青少年提供了开放自我心理的安全空间，从而避免了二次心理伤害；四是通过对成形艺术

---

① Rubin, J.A., *Child Art Therapy*, Hoboken, N.J.: Wiley, 2005, p.72.

② Bruce, L.M.:《青少年艺术治疗》，许家绫译，心理出版社 2006 年版，第 35—36 页。

③ 陈理哲：《艺术治疗在特殊教育之应用：以音乐治疗、舞蹈治疗为例》，《台湾体育学院学报》2001 年第 9 期。

④ Thompson, V.& Laubscher, L., "Violence, Remembering, and Healing: A Textual Reading of Drawings for Projection by Wiliam Kentridge", *South African Journal of Psychology* Vol.36, No.4, 2006, pp.813-829.

作品的分析,可以作为治疗过程中的评估素材,并通过艺术作品系列来了解灾后青少年心理重建的历程;五是艺术治疗的非语言沟通特质,可以最广泛地满足不同灾后青少年的需要。

其次,艺术治疗为灾后青少年提供了发泄情感和疏解焦虑的空间和机会。对于灾后青少年而言,地震所带来的心理创伤往往造成内在思维、情绪和人格的冲突,并常常以愤怒、自杀、报复等危险性行为表现出来。此时,通过自由、自在、不规范的艺术创作形式,可以让灾后青少年暂时忘记社会、文化以及环境的诸多心理限制,随意地表达自己内心的焦虑和情绪纠结,从而将其内心的消极情绪引导出来,具体包括:一是通过自发、自控、随意的艺术创作过程,可以打破传统治疗中对灾后青少年的专业权威压迫,让其感受到自身作为艺术创作的主体地位,从而使其情绪得以缓和;二是可以协助灾后青少年通过艺术的行为,直接或间接地发泄对于自然灾害和人生际遇的愤怒,舒缓其对于未来的焦虑;三是保证灾后青少年以一个较为安全而不危及自身和他人安全的方式发泄愤怒,并且通过对艺术作品的分析来反观自我内心的状况。

再次,艺术治疗为灾后青少年提升自我整合能力和创造能力提供了方式和途径。地震灾害破坏的不仅是青少年的家园和生活,更是以一种突发的形式打破了青少年对自我、对世界和对人生的平衡认知,从而使其内在认知、情感和价值处于失衡状态。通过艺术的象征形式,可以促进灾后青少年统整灾后破碎的家园、残缺的家庭、孤独的心灵与断裂的生活,在此基础上重新建立自我认知系统,并通过艺术创作的形式引导出灾后重建的心理和行动。在这一过程中,艺术治疗具体有以下功能:一是有助于灾后青少年通过心象思考来启发丰富的想象和创作灵感,促进治疗中创作及领悟的产生,并在领悟过程中实现自我认识和成长;二是艺术治疗的作品具体化并统整了灾后青少年的情感与意志,并通过艺术作品引导其形成积极的灾后认知;三是艺术治疗的作品还包含了灾后青少年的各种社会关系状态,青少年可以通过对这些作品的重新诠释来引导社会关系的重建;四是在艺术创作过程中,灾后青少年能够经历心理能量的转变,并由此释放更多的创作激情;五是艺术治疗通过对感觉、认知、情感的整合,达到心理的复健。

最后,艺术治疗为灾后青少年心理复原和人格重整提供了支持与动力。地震灾后,有些青少年可能在自身的复原力、环境支持或医疗介入下获得恢复,但也有部分青少年虽然没有达到创伤压力的临床诊断标准，但这些潜在性的创伤却可能严重影响其日后的生活适应与人格发展，并被生活中的其他压力事件所引发，提高了其他身心症状共病的危机①。因此，艺术治疗可以提供一个安全、自由、支持性的环境，让灾后青少年以非语言的方式呈现创伤，在图像投射的引导下重新进入创伤情境，将创伤事件赋予意义并整合进入意识流中，进而让幸存者对事件产生觉察、重新诠释、重新赋予意义，最终实现心理重建与生命重建的功能。在这一过程中，艺术治疗的功能包括：一是通过艺术的形式将灾后青少年的创伤认知、情绪与思想联结到过去事件、现在行为和未来活动，协助青少年实现生命故事的完整串连，形成一个连续的基模，以有效的处理与同化创伤的相关经验②；二是通过小组方式开展艺术治疗，可以有效地促进灾后青少年彼此间的支持氛围、感同身受、共同分享和彼此鼓励，从而实现有效地小组互动和艺术创造力，通过小组氛围和小组互动促进组员的情绪疏导、心理统整与能力提升；三是通过促进灾后青少年艺术治疗与学校教育、朋辈辅导、社区活动、家庭治疗相结合，从而促进具有综合性、交互性、治疗性的社区艺术氛围的形成，最终实现青少年心理重建的可持续发展。

三、灾后青少年心理重建中艺术治疗的过程

大部分研究者认为艺术治疗介入创伤事件心理重建都需要经历以下三个历程③④⑤：一是透过幸存者对创伤事件的自我觉察；二是重述创伤故事探寻自我价值与生命的意义；三是重新建构与社会的联系。综合国内外相关的实务与研究经验，地震灾后青少年心理重建中的艺术治疗可以包括以下几个阶段：

---

① Bonanno, G.A.& Mancini, A.D., "Resilience in the Face of Potential Trauma: Clinical Practices and Illustrations", *Journal of Clinical Psychology*, Vol.62, No.2, 2006, pp.971-985.

② 李梅花等：《艺术治疗在改善精神疾病患者应对能力中的运用》，《赣南医学院学报》2008 年第 4 期。

③ 洪素珍等：《台籍前慰安妇戏剧治疗团体在情绪创伤处理之初探》，《台湾艺术治疗学刊》2009 年第 2 期。

④ Hermam, J.：《从创伤到复原》，施宏达等译，远流出版社 2004 年版，第 234—235 页。

⑤ 吕旭亚、张美涓：《以书写开创人生新局：一个台湾婚姻受暴妇女表达性书写治疗团体的行动研究》，《台湾艺术治疗学刊》2009 年第 1 期。

（一）治疗关系的建立与介入阶段

艺术治疗的初期，灾后青少年往往心存戒备与试探的态度，并希望能够找到适当、自在、安全的沟通方式与治疗师接触。此时，治疗师的主要任务是帮助引导灾后青少年以适当的方式进入治疗过程中，建立适当的专业关系，并通过艺术的过程了解青少年的基本情况，做好初期的评量工作。

一方面，对于社会工作而言，建立专业关系是服务过程的核心和关键。对于艺术治疗而言，关系也是治疗取得成效的核心和必要条件。此时，作为开展艺术治疗的艺术家、治疗师、老师、陪伴者，治疗师需要提供一个安全的环境，并与青少年形成一个治疗同盟关系。另一方面，治疗师需要给予灾后青少年以适当的引导与支持以鼓励其透过随意涂鸦、自由画等创作方式进入治疗的情境，并与治疗师互有初步的认识。如果青少年对于艺术创作的形式有所抗拒与排斥，治疗师可视情况给予结构性的引导，让青少年能够愿意尝试。

在这一阶段，治疗师要完成治疗情境的引入，需要做好以下几方面的工作：一是准备好各种艺术治疗的环境与工具，诸如安静清爽舒适的空间、各种绘画的材料、充裕的时间等。二是使灾后青少年感受到安全感、尊重感、秩序感和被支持感。无论灾后青少年是否愿意参与艺术创作过程，都需要给予鼓励与支持，要相信灾后青少年有表达其情感的能力，而避免操控青少年的艺术创作行为。三是要积极引导灾后青少年的艺术性表达。不批判艺术作品的优劣，增强当事人透过绘画表达个人经验，同理或澄清当事人的期望、感受等，引导当事人在自我探索的过程中达致新的领悟。四是要坚持保密的原则。对于灾后青少年不愿意公开其作品的情况，要做好隐私保密的工作，尊重青少年的自我决定权力。五是可以透过相关艺术手法（比如：线条、色彩选择、画面分割、房屋画、树木画、人物画、家族画、风景构成法、架构法、圆与家族、心像绘画、摄影、团体绘画等）来做中介，与他们共同创作、游戏涂鸦、拼贴图片、搓揉黏土，在创作互动的过程中展现治疗师的尊重与信任。六是要积极进行资料收集与评量工作，探讨灾后青少年及其作品主观经验，以求理解其自身的思维情感与社会环境脉络。

（二）创伤经验的回顾与再现阶段

在与灾后青少年建立了一个真诚互信的专业关系的基础上，治疗师能够协助其在一种自由自在的氛围下进行艺术创作。此时,艺术治疗进入了创伤经验的回顾与再现阶段,治疗师的主要任务是逐渐增加灾后青少年对自身心理和情绪的表述,引导其通过艺术创作行为来探索自身的感觉、想法及行为。儿童青少年在表达悲伤情绪时,可能会透过非口语的方式,如夸大创作动作、在画中尽情挥洒或是涂鸦、在黏土上用力搓打,甚至愤怒的撕去象征物等形式来呈现;也可能通过语言的分享、描述作品中的图像和故事来宣泄其内在的情绪,无论何种方式我们都应尊重他们所做的选择,以期能够尽量让他们的创伤经验得以再现,并给予适当的安慰和同感①。

此时,治疗师需要给予灾后青少年一定的指导,促使其能够更充分地表达自身的情绪。参考我国台湾地区艺术治疗的经验,类似的活动设计可以包括②:一是六张画说艺术,即透过六张图画纸及粉蜡笔的媒材,让灾后青少年体验非惯用手涂鸦→惯用手涂鸦→情绪线条→灾难图形→灾难图画→未来图像等六张作品,并通过小组彼此的分享与反馈统整创伤、灾难、危机对心理的冲击,透过参与、启发与重新诠释,重新建构创伤、灾难与危机对自身新的意义;二是小组创作,即在小组成员轮流涂鸦的过程中,体验灾后心理创伤既有自然灾害的外在原因,也可以通过自我的心理调节和成长来度过危机;三是家庭雕塑的黏土创作,即教导灾后青少年如何将广告颜料融入白色黏土中,通过彩色黏土块的加工来塑造个人的家庭雕塑,最后通过分享及回馈,诠释家庭雕塑其中的寓意;四是艺术拼贴,即使用过期报章杂志、粉蜡笔、双面胶、剪刀等媒材,教导灾后青少年如何珍惜拥有,如何对待舍弃与选择,进而拼贴出提升个人动力的艺术创作;五是以画会友,即使用图画纸及粉蜡笔当作媒材,希望透过彩绘曼陀罗丰富参与者心灵;六是彼此轮流说话与倾听互动,即准备全开图画纸七张、广告颜料及水彩笔等媒材,让灾后青少年以小组的形式在没有交谈的情况下接力画画,然后诠释团体画的主题③;七是个人艺术创作展,即让灾后青少年能够了解彼此的压力源,在放松训练的教导下,学习与压力和平共存;八是提升幸福的感恩方案,即请灾

① 刘斌志:《论艺术疗法在地震灾后青少年精神救助中的适用性》,《上海青年管理干部学院学报》2009 年第 1 期。

② 洪宝莲、陈绯娜:《“表达艺术与情绪管理”之课程回馈与省思》,《台湾艺术治疗学刊》2010 年第 1 期。

③ 赵彗攸等:《达性艺术治疗在儿童悲伤辅导团体疗效因子之探讨》,《台湾心理谘商季刊》2010 年第 1 期。

后青少年除了写下对他人的恩惠、辛劳的感谢外，还要当面向他人“说”出感谢，以提升其幸福感；九是逆境与危机探讨，即让灾后青少年集中讨论地震灾难、亲人去世等逆境及其创伤，以增强青少年对此类事件的应对技巧与能力；十是可以结合当地许多特定节日与民风民俗来开展艺术创作活动，使灾后青少年更容易引发其悲伤情绪进而加以处理。

（三）创伤经验的同理与回应阶段

在引导灾后青少年有适当的艺术创作过程后，治疗师需要对艺术作品中所体现出的创伤经验及心理进行必要的同理与回应，并对艺术作品有适度而非过度的解释。此时，治疗师既可以直接对青少年的心理进行同感，也可以透过作品的解释来表达同感，更可以对作品的创作过程进行回应，以促进青少年自由自在的发挥。通过不同层面的同感与回应，治疗师一方面可以接纳灾后青少年内在的创伤经验及情绪，尤其是他们难以表达的内心的无助、愤怒与哀痛等；另一方面，在回应的过程中，治疗师需要有更敏感的优势视角，要帮助青少年找到他们创伤经验中的意外事件和成功时刻，引导他们更多注意到自身内在的正能量及资源，并通过艺术创作的方式加以表现出来。

此时，治疗师的适度同感与回应需要基于以下几个方面的前提：一是对于灾后青少年艺术创作中所表达的诸如哭闹、踢打、谩骂、无理取闹等负向情绪，要给予积极的接纳与疏导，实现情绪宣泄的目的；二是对于灾后青少年所表述的创伤心理，要秉持一种支持性且诚恳的态度去倾听，让其感受到被尊重、被支持的氛围；三是在对灾后青少年艺术作品进行分析与回应的时候，必须要充分考虑多样性的作品、作品创作的过程、青少年的发展脉络、青少年社会环境等诸多因素，除非在迫不得已的情形下，才利用一张图画来做诊断；四是治疗师应遵循灾后青少年的陈述方向，让灾后青少年陈述图画中的内容，并对画中含糊不明之处或陈述不清之处加以澄清，以达到双方都能真正了解画中的含义，促进其自我情绪的探索，而不妄加推断或猜测；五是治疗师要充分尊重灾后青少年对艺术作品的所有权，若需使用其艺术作品或挪做他用时，必须取得青少年或其监护人的允许。

（四）创伤经验的统整与超越阶段

灾后青少年在安全、包容与接纳的氛围下，逐渐解除潜在意识的抗拒与防卫后,则可顺利进入心理创伤的统整与重构阶段。Carlson 认为艺术治疗本质就是通过象征性手法,通过投射将潜意识的创伤记忆外化与形象化出来,从而促使灾后青少年能够分析自身创伤的脉络以及创伤之外的诸多可能。艺术创作不仅重述了创伤经验,更是重新诠释和理解了这些创伤记忆,并整合这些创伤记忆中的碎片成为一个新的故事,超越旧的悲情故事。在这个过程中,艺术治疗帮助灾后青少年在回忆创伤的过程中,先勾勒出创伤事件的轮廓,接着从不同的角度重新检视与述说创伤故事,当这些原来固着的情绪片段拼凑在一起时,创伤事件的记忆变得清晰,并将过去的创伤事件与现在的生命做连结,让创伤经验重新进入灾后青少年的生命脉络之中,松动固着的记忆,让生命经验得以整合而重新流动,疗效因此发生①。

可见,这一阶段治疗的目标在于协助灾后青少年继续探索、重新诠释、重新整合地震创伤记忆,从而在艺术创作的过程中重新建构未来的人生故事。要达成这一目的,实现生命意义的统整与超越,可以通过以下几种具体方法:一是通过语言的形式引导灾后青少年表达出潜意识中的创伤记忆,使其将过去经验、现在环境、未来盼望重新整合并以语言方式重新述说一个新的故事,从而重新建构地震创伤的历史记忆;二是通过书写的方式引导灾后青少年用文字、写作、日记等形式,完整而详尽地对地震创伤后的经验重新叙述成为新的生命故事,让创伤记忆得以转换成为生命的祝福和礼物;三是通过象征性的艺术重新创作形式,协助灾后青少年找回自己并与自己和解,协助其运用想象力和幻想对原来表达创伤经验的艺术作品进行修订和重新创作,从而打破过往创伤经验的宰制,逐渐接纳与统整自身所遭遇的痛苦,并通过新的艺术作品来建立新的生命意义;四是通过重述自我一生的故事,来达到自我确认与自我统整的目标,并由此确认自我的主体性,而确认自我的过程离不开与他者(社会)的辩证性交往,于是在自我确认的过程中,也就会显现对自己人生价值的澄清与取舍②;五是通过引导小组动力的发展,使灾后青少年在安全、互助的小组氛围中创作、分享与统整生命经验,达到治疗功效。“艺术治疗小组的特性不仅包含了个别性艺术治疗中所蕴含的非口语沟通功效、情感宣泄与净化、灌输希望、普同感、传达信息等疗愈因子,同

① Carlson, T. D., “Using Art in Narrative Therapy: Enhancing Therapeutic Possibilities”, *The American Journal of Family Therapy*, Vol.25, No.3, 1997, pp.271-283.

② 翁开诚:《觉解我的治疗理论与实践:通过故事来成人之美》,《应用心理研究》2002 年第 16 期。

时还兼具了小组治疗中所特有的分享与倾听经验、减少孤独感、小组凝聚力、人际学习与人际模仿等疗愈因子”①，而这正是实施个别性艺术治疗者无法获得的治疗因子。

（五）生命意义的重建与扩展阶段

针对灾后青少年的心理重建，艺术治疗在此阶段的主要任务是将青少年新的生命故事从个体拓展到小组、家庭、社区乃至社会，“通过重建灾后青少年的社会联系，增强其自我概念、自我认同、小组互动以及社会关系网络”②。一方面，治疗师在此阶段需要通过作品来邀请灾后青少年为自己找到生活中的支持系统和有效的因应方式，让他们可以重新面对灾难后的生活。另一方面，治疗师需要妥善处理灾后青少年所创造的作品，或者交给青少年自己珍藏，或者作为治疗记录加以妥善保存，绝对不可以将作品蹂躏或撕去。

为促进灾后青少年生命意义的重建，可以通过以下几种方式拓展其治疗的意义：一是通过艺术治疗小组的方式，让青少年在叙述创伤经验与生命故事时，在相互回馈中获得的同理、接纳与支持，在安全支持的人际互动与人际环境中重新建构安全的人际经验，进而重回正常的生活轨道；二是促进灾后青少年的家庭、教师以及相关人群能够参与见证艺术作品的创作，并能够对新的艺术作品及生命故事给予赞美、鼓励与支持，让青少年能够以更积极的心态融入新的家庭、学校以及社区环境；三是通过小组互动、家庭支持以及社区参与，让灾后青少年发现自己并不孤单，进而重新建立与家庭、社会的联系与归属感。

最后，透过结构性的游戏方式，艺术治疗以线条、色彩及图像创作作为故事叙说的蓝本，在创作之后进行口语表达或文字书写，灾后青少年可以叙述属于自己的创伤故事，受到压抑的情绪与情感得以用图像、口语或文字的表达被觉察、被整理，并以第三者的立场反观自我的内在世界，让感情与情绪被看见、被接纳、被了解，使得身心灵得以整合，进而改变自我的心灵图像与自我概念③。

---

① Waller, D.& Gilroy, A., *Art Therapy: A Handbook*, Buckingham: Open University Press. 1994, p.148.

② Ackerman, J., “Art Therapy Intervention Designed to Increase Self-esteem of an Incarcerated Pedophile”, *American Journal of Art Therapy*, Vol.30, No.4, 1992, pp.143–150.

③ Shovlin, K.J., “Discovering a Narrative Voice through Play and Art Therapy: A Case Study”, *Guidance & Counseling*, Vol.14, No.4, 1999, pp.7–12.

第三节 灾后青少年心理重建的叙事治疗技巧

叙事治疗建基于后现代主义的社会建构理论，摆脱了传统意义上将人看作为问题的治疗理念，强调通过“故事叙说”“问题外化”“由薄到厚”等方法，“使问题从个体自身脱离出来，从而实现人的解放和发展，使其变得更加自主和有动力”①。通过叙事治疗来开展灾后青少年的心理重建，不仅可以让青少年从地震及其所造成的心理创伤中走出来，更可以激发青少年战胜困难、抗震救灾的勇气和斗志，从而以更为积极的心态实现持续的心理重建。

一、叙事治疗及其相关研究

（一）概念及其涵义

叙事治疗是由澳洲的 Michael White 和新西兰的 David Epston 所发展出来，他们将“叙事”当作一种心理治疗运用于家族治疗中，透过协助个体对其生命故事的重新叙述，以故事叙说的方式从当事人的故事中发现新的意义；摆脱过去将人视为“问题”的偏误，而去看问题对人的影响，以及人可以知道如何去影响困扰已久的问题，从而协助个体找到对自己的新认同以及对问题的新观点。在叙事过程中，个体不断地叙说自己的生命历程，会将过去零散的记忆和经验做一个统整，藉此理解自己的生命意义，并重新对自我的生命产生新的体验和领悟。

除了受到后现代主义和社会建构理论的影响，叙事治疗也受到系统理论、埃里克森、福柯思想的影响，强调人与社会环境之间的相互影响。基于此，叙事治疗遵循以下几个基本假设：一是许多“问题”并不是个体本身所天然具有的，而是个体所处的社会文化环境所创造并附在个体身上的。二是人不是问题，“问题”才是问题，人与“问题”是分开的。三是每个人都是自己故事的主体和主宰，也是自我生命的专家，对于问题的解决具有天然的优势，没有人比他更了解他自

① 叶舒宪：《叙事治疗论纲》，《西南民族大学学报（人文社科版）》2007 年第 7 期。

己。在叙说自我故事的时候,个体会寻找各种遗忘的情节,有利的资源、成功或例外经验,以创作可能的替代性故事,从而在故事中创造个人生命的意义。四是反对对个体的病理化、标签化、规范化以及药物治疗的取向,主张在平等与合作的关系中协助个体的成长①。五是强调对于个体的赋权和增能,通过社会支持来协助个体实现自我潜能激发,并获得自我生活的主导权,最终脱离问题的辖制。六是问题不会完全百分百地操纵个体,个体有许多珍贵的例外经验和意外事件,可以协助个体实现自我的解放与发展。

叙事之所以能够改变生命,乃是基于我们的生命正是通过不同的叙事来建构和完整的,而其中的素材就是我们过往的经验。唯独素材适当、方向正确,才能构建出我们完美的人生;否则,生命便是一个梦魇。因此,作为治疗的关键,叙事包含了以下几方面的涵义②:

首先,叙事是理解生命的媒介。在后现代观看来,生命就是一个长长的故事。个体的一生正是通过不断地叙说自己的故事来塑造生活,而不断发生的新的情境和经验也会被整合进这些故事中,作为其中的情节。通过自我故事的叙述,我们得以进入自我的主观经验,并从中发展自我的形象。不同的情节选取、叙事方式提供了对事件、情感以及个人生命脚本的多向度的理解,不断回忆着过去,也展望着未来。但是,个体在构建自我生命故事的时候,往往会由于各种原因遗漏、忽略了自身存有的许多偶然的而又可贵的情节,难以看到一个多面的自我。因此,生命故事是个人如何看待自己的展现,透过叙说的建构,人们以特殊的形式编织生命。透过情节的起伏,我们藉以分析故事情节的结构来理解其被忽略的生命意义。当要理解脉络中的自我或是对他人表达感受的时候,个人必须建构一种叙说,联结建构中的自我与他人的关系,并统整、凝结为一个整体,并以时间序列的引导,产生连贯性。进一步地说,人们在自身生命故事叙述的背后是经验与生命间的三种关系,包括:以情节来彰显生命;以故事来吸引观众;以论述来发出声音。

其次,叙事是形成生命意义的方式。可以说,个体正是通过适当的叙事来不

---

①　吴熙娟:《叙事治疗:解构并重写生命故事工作坊讲义》,张老师文化事业股份有限公司,2001 年,第 25 页。

②　萧景荣:《叙事取向生涯谘商中当事人之改变历程》,硕士学位论文,台湾师范大学教育心理与辅导学研究所,2003 年,第 87 页。

断地创造出有意义的生命，并着重以下三方面的要素：一是强调叙事的情节。要想把纷繁复杂的人生经验上升为意义，必须从中选择出构成故事的诸多要素，包括主题、目标、人物、事件、开端、过程、结果以及行动等。二是强调叙事的时序结构。对人生经历的叙事，必须要遵循开始—中间—结果的时序和因果关系，清晰地解释清楚一个特定事件是如何开启和结束的，其间的历程如何等。三是强调叙事的逻辑结构性①。有意义的生命故事，需要具有连续性、整体性和整合性，故事要符合因果关系、经验世界以及自我期望。

最后，叙事还是进入个体生态社会与文化系统的中介。地震灾后，青少年原有生命故事被骤然中止，突如其来的灾难场景和生活经验还没有被有效地整合进新故事中，给个体的心理及社会发展带来障碍。除了个体生活的变化外，家庭关系与互动、社区生态文化、学校教育与重建、外来专业人员、政府救助体系以及整个社会的氛围与态度，都在交叉影响着灾后青少年的知信行以及生命故事。这些不同的信息和经验，给灾后青少年的叙事带来了丰富的素材。这些要素可能带来了个体内心冲突和挑战，引导其发生错误或者消极的叙事，最终阻碍其灾后心理的重建；但通过适当的整合，也可以构建更加具有复原及治愈意义的叙事，促进心理重建的进程。

有鉴于此，社会工作者可以从灾后青少年所处的社会生态系统入手，充分挖掘其个体自身经历以及外在社会文化脉络的闪光点，将其具有复原力的社会经验通过叙事的方式整合进新的生命意义中，将个体从灾难创伤的悲伤故事中解脱出来，重构抗震救灾、重建家园的辉煌故事，从而达到灾后心理重建的目的。

（二）叙事治疗的特色

叙事治疗强调个体所谓的问题往往是藏匿于其经验、实践及其文化信念中，内化的结果常常使人自我打击、自我贬低，认为“我就是问题，问题就是我”。因此，叙事治疗的主要目的就是通过外化对话，试图将个体与已经内化了的问题分开，进而反思性地解构原有故事，重构具有自主力量的新故事。这一过程体现了以下几个方面的特色：

一是去专家化的辅导态度。叙事治疗强调从多方面去尊重、理解个体的生

① Cochran, L., *Career Counseling: A Narrative Approach*, CA: SAGE, 1997, p.23.

命故事,并认为最了解问题及其解决之道的人还在于个体本身。因此,治疗师在服务过程中不再是一个高高在上的专家,而是与个体同行的倾听者、陪伴者、引导者以及欣赏者。二是强调从社会建构的观点去看待问题。既然叙事治疗认为所谓的问题往往是来自于社会、文化以及政治、经济方面的产物,而不是个体本身。因此,叙事治疗非常强调透过对话和个体共同探索其生活中的社会脉络,并从中找到意义。三是不过分追求个体问题本身的原因和发展,更多地聚焦于个体独特经验的挖掘和肯定。叙事治疗强调个体积极的、正向经验中所蕴藏的力量,不分析、不诊断、更不治疗个体所谓的问题,反而将焦点放在个体例外的成功经验以及生命中难得的经历。通过对于生命中那些成功的、特殊的闪光点的强调来协助个体找回原有的自主力量,去对付困扰问题,让生命产生新的可能。四是重视问句与解构。叙事治疗非常重视倾听以及“问句”的作用,通过问句来引导个体反思问题背后的假设,了解自我被建构的过程,找回被主流文化压制的地方性知识及宝贵的生命力。具体来说包括诠释性问句、外化问句、相对影响、独特结果问句、重新入会问句、未来远景问句、隐喻问句、时空转移问句等。五是治疗的手段是书信、证书以及反馈团队等。叙事治疗会运用会谈摘要或写信给个案,分享对个案的欣赏或新的观点,尤其是独特经验的叙说,这些不仅有“见证”的功能,也能让个案真实的感受到它的存在,以发展出不同的故事情节。另外,叙事治疗也会运用证书的形式来肯定个案的成功经验或对问题的宣战,以强化个案改变的力量;或者利用家庭成员、朋友、同学、老师等组成的反馈团队,透过结构化的对话运作来“认可”及“丰富”个体的生命故事,这些都是叙事治疗中对个体增能的特别方式①。六是强调治疗的目的不在于问题解决,而在于故事重构②。与传统治疗理念不同的是,叙事治疗的目标不在于问题的解决,而在于与个体一起挖掘其独特的成功经验,并在此基础上重构其生命的故事,引领个体发现生活中的新故事,发掘个人的潜能和力量,进而创造出新的生命故事。

(三)相关的研究

Etchison 和 Kleist 回顾有关叙事治疗的四篇研究报告,其探讨主题分别为:

① White, M., *Reflections on Narrative Practice: Essays and Interview*, Adelaide: Dulwich Center Publications, 2000, p.342.

② 严健彰:《叙事在出狱人更生辅导上的运用》,《谘商与辅导》2008 年第 8 期。

探讨叙事治疗对伴随子女有所谓偏差行为的亲子冲突的效用及治疗师使用之策略;在叙事家庭治疗中当事人的经验及有帮助事件的分析;叙事治疗在小孩对父母婚姻关系及亲子关系间争执的归因或叙说的转变,以及叙事治疗在初次会谈中当事人建构问题的观点转变。研究结果发现,叙事治疗能减少亲子冲突及改变儿童问题的归因与叙说观点①;同时由当事人或家庭的经验中也能对应到叙事治疗的基本假设与做法,如合作接纳的关系、问题的外化、发现独特结果、获得个人能力及邀请观众。

国内关于叙事治疗的研究时间较短,主要集中于理论引荐和探讨。一方面,许多学者发文探讨了叙事治疗的西方哲学渊源、本质、功能、过程、原则及其方法;另一方面,也有诸多学者开始将叙事治疗运用到不同的领域,包括大学生、灾害救助、精神疾病、思想政治教育、生涯咨询、婚姻关系调适、进食障碍、自闭症等。其中,也有学者开始研究叙事治疗在灾后心理重建以及青少年社会工作中的运用。卫小将、何芸认为"青少年的许多问题往往取决于他们自我建构的、内化了的生命故事,在青少年社会工作实务中,我们应协助当事人解构这种主宰其生命故事的不合理的主流叙事,重写生命故事,以便开启另类生命故事的发展空间"②。刘红的研究将叙事治疗的叙事理念、外化、解构技术、特殊意义事件的寻找、由薄变厚等技术应用于创伤治疗稳定化工作、资源地图的寻找与建立、患者自我叙事的疗愈等方面,从治疗理念与具体应用两方面,探索在更安全稳定的情况下帮助患者通过重新体验、经历脱敏、认知重构、情感宣泄以及对创伤进行哀悼与告别等方式,将创伤事件变成一个可以讲述的故事,内化为自己生命中宝贵的资源。研究实践证明,叙事治疗理念可以更好地帮助患者达到稳定化,更容易让患者找到内在资源③。赵兆、方莉、杜文东的研究发现,在创伤领域叙事治疗通过识别来访者对创伤的回应,发展替代人生故事和身份认同,使来访者获得心

---

① 萧景荣:《叙事取向生涯谘商中当事人之改变历程》,硕士学位论文,台湾师范大学教育心理与辅导研究所,2003年,第68页。

② 卫小将、何芸:《叙事治疗在青少年社会工作中的应用》,《华东理工大学学报(社会科学版)》2008年第2期。

③ 刘红:《叙事治疗在EMDR创伤治疗中的应用探索》,《西华大学学报(社会科学版)》2012年第1期。

理和情感的安全感，并促使创伤记忆被整合进替代故事中，从而消除创伤影响①。在儿童创伤领域，生命树技术通过生命树、生命森林、当暴风雨来临以及证书和歌曲四个部分，帮助患儿发展替代人生故事。

二、灾后青少年心理重建中叙事治疗的意义

（一）叙事治疗视阈下的灾后青少年的心理特征

首先，地震灾害及其所带来的破坏性后果是青少年所未曾经历的，这些突如其来的外界刺激未经大脑的适当处理便直接进入潜意识层面，并在后续的生活中不断重现，由此形成青少年瞬间的经验重现或频繁的噩梦情境。因此，青少年关于自我的叙事并没有准备好接受地震灾后所呈现的现实世界，急需通过新的叙事方式来容纳灾后尸横遍野、亲人去世、山河破碎的社会现实。其次，地震中所形成的各类景象在青少年个体思维内会产生剧烈冲突，部分创伤记忆可能会形成强烈的对立，甚至产生羞愧或罪恶感。青少年的思想意念还停留在地震当时的情境中不得解脱，并时常幻想是自己害死了亲人朋友，或者总自责为什么自己活着而亲友去世。这也是灾后青少年对于亲人去世的错误归因，由此形成过于自责的消极叙事模式。再次，地震所造成的变化以及心理冲突往往会给青少年关于生命的假设和信念带来巨大挑战。当青少年的心理难以应对这些挑战和冲突的时候，往往更容易陷入一种假设性叙事，表现为总怀疑"为什么会这样，如果没有地震多好""为什么死的人不是我""是不是因为我的错误而导致那么多的亲友死亡""他们都去世了，我活着还有什么意思"。这种将地震、死亡、亲友与自我紧紧地联系在一起的过程，就是问题内化的过程。问题内化的结果就是青少年在心里为天灾及其所造成的悲剧负责，认为问题就等于自己。最后，地震及其创伤往往会造成青少年原本蕴涵的人生意义的生命故事突然断裂，原来联结在过去故事情节和各种生活行动上的诸多意义（如生命的意义、存在的意义、工作的意义、死亡的意义）骤然消失。而青少年尚未建立新的关于自我、社会以及生命的故事来解释地震灾后的变迁。透过重构叙事可以协助青少年形成

① 赵兆等：《叙事治疗在创伤领域的应用及其与 EMDR 的异同》，《医学与哲学（临床决策论坛版）》2013 年第 3 期。

一个新的更有意义的生活世界来整合地震的现实,并由此导向灾后重建的方向[①]。因此,每一位青少年都可以结合其自身的生活变迁和情感体验去重构意义世界,无论是劫后余生,或者目睹他人遭受不测,还是平安无事,灾难经验都冲击了他们的情感,促成其与生命意义的对话与反思。生命意义也会随着不同的生命阶段而改变,这不但意味着他们会在一个反身的层面上被建构起来的,同时也透露出个人的情感反思经验,并与社会中他人的情感反应产生直接或间接的对话与互动。换言之,地震中受创伤青少年的心理正是他们自身在对地震灾难的叙事中逐渐被解构与再建构出来的。

(二)叙事治疗在灾后青少年心理重建中的功能

第一,有助于协助灾后青少年舒缓心理压力并学会情绪管理。地震灾难所带来的变迁已经远远超出了普通的生活世界和接受范围,因此灾后青少年的创伤心理往往表现为生活的无助感和不安全感。此时,通过叙事治疗中信任合作关系的建立,以不批判的态度尊重和接纳青少年灾后的心理特征,并通过陪伴让他们获得对自我的控制感,更能掌控创伤情绪、记忆等信息处理过程,避免他们自顾自怜或者怨天尤人的消极情绪泛滥,重新找回对灾后生活的适应感。

第二,有助于辨别出灾后青少年的消极情绪,并识别其对创伤经历的回应。地震灾后,青少年会有一系列的情绪反应来表达内在的心理创伤,但有时也会丧失这种情绪的预警能力,并陷入更为严重的创伤后应激障碍。一方面,治疗师可以通过言语叙事协助青少年说出灾后的情绪感受,通过相应的知识教育引导青少年承认自身的消极情绪并将之与自我进行分离,并让他们理解灾后的心理反应是神经心理学过程,会随着创伤的修复而自动消失。另一方面,治疗师可以通过更为积极的外化技巧协助灾后青少年将有关情绪、身体的创伤记忆以文字符号、沟通表达的方式来呈现,并将非语言形式的创伤记忆转化为个人故事的文字记忆。如此,关于地震中的创伤被重新述说,被处理成个人自传中的一件历史事件,而且创伤记忆是被述说而非再经历。

第三,有助于直接减缓并外化处理灾后青少年的危机情绪。经历过地震灾

① Freedman, J.:《叙事治疗:解构并重写生命的故事》,易之新译,张老师文化事业股份有限公司 2002 年版,第 55 页。

害后，灾后青少年原有的恐惧、焦虑反应可能已经被不断强化甚至固化为他们思维的一部分，以致类化到其他相似的刺激（如地震时东西掉落地面的声音，或者生活上其他相似的东西碰撞声），都会引起他们紧张、焦虑的情绪反应。这时候，透过对当时细节的详细描述，便将灾后青少年恐惧反应连结到地震当初的刺激，而不是在日常生活中经常出现的类化后的刺激。这种再制约会通过故事叙说中的再暴露过程而被催化，以减少灾后青少年类化制约所造成的情绪困扰，如焦虑、恐慌发作等①。更进一步地，叙事治疗可以通过外化对话强化灾后青少年对于自我与问题相对独立的态度，并通过对灾后心理创伤的描述和命名，认识到心理创伤只是一种情绪反应，而并不是自身的全部。

第四，有助于引导灾后青少年以专家的态度理解自身问题。叙事治疗强调的是通过增能促进个体成为自身问题的专家和解决者。一方面，治疗师可以采取平等、协作、磋商和信任的态度，肯定青少年在灾后所表现出的情绪和行为特征，并特别留意其具有积极导向的言行，促进其越来越多地体会到掌控自己的权力。另一方面，需要通过技能的教育与训练协助青少年分辨自身的情绪信号，通过日记、故事等方式找回遗失的重要记忆片段并赋予其新的意义。因此，引导灾后青少年把地震创伤经历适当地口述出来，经由文字的精致描述，具有非常好的治疗效果②。

第五，有助于促进灾后青少年以正常化和积极的态度应对创伤心理。一旦灾后青少年将创伤心理内化为自身的一部分，其个人能力会不断消失。叙事治疗则可以通过外化技术、生命线技术、重写故事技术以及特殊意义事件的运用，帮助青少年对抗“狡猾的创伤、讨厌的地震和故意吓人的恐慌症”。随着叙事治疗的开展，灾后青少年被鼓励、引导、探询，而在自己的创伤故事中创造出“我是故事里的英雄”的情节，让“地震灾害不再是羞愧与屈辱的故事，而是自尊与美德的故事”；使“地震灾难不再是恐惧与无助的场景，而是勇气与胜利的战场”；让地震中的灾后青少年感觉“见证是存活的光荣”③。

① 刘斌志：《论叙事治疗在地震灾后心理重建中的作用》，《苏州科技学院学报（社会科学版）》2009年第2期。

② 刘红：《叙事治疗在 EMDR 创伤治疗中的应用探索》，《西华大学学报（社会科学版）》2012 年第 1 期。

③ 刘斌志：《论叙事治疗在地震灾后心理重建中的作用》，《苏州科技学院学报（社会科学版）》2009年第2期。

第六,有助于协助灾后青少年重建新的生活意义。正如迈克·怀特所强调的:“意向性理解可以帮助来访者缓解孤独感、迷茫感、缺失感、徒劳感、沮丧感等。”①在促进灾后青少年对于创伤心理有较为积极的认知和态度并成功实现问题剥离之后,叙事治疗的重点在于促进其整合新的社会环境,重塑对当前生活和未来生活的投射的认同,重构人生故事和生命意义,实现其对现在及未来世界的意向性理解。叙事治疗将引导灾后青少年从自身过往的成功经验、光辉事迹以及梦想和追求中获得力量,将并不完美的现实和被剥离的创伤心理重新建构成一个完整连续、更有意义的故事,形成积极地自我定位②。

(三)叙事治疗在灾后青少年心理重建中的优势

第一,以“叙事”为隐喻极富创造性。“叙事”又称“叙述”,简而言之即“讲故事”,其本质就是通过讲故事的方式把人生经验的本质与意义传示给他人。叙事治疗以“叙事”为隐喻,把人们的生活经验当成故事,以有意义的方式,体验人们的生活故事。大部分地震受创伤者对于地震前后的故事叙述都是天壤之别的。地震前是山清水秀、安居乐业、家庭幸福的美好景象,地震后却是山河破碎、尸横遍野、混乱、恐惧的悲惨场景。而在地震灾后青少年心理重建的叙事治疗中,治疗师带领灾后青少年重新回到地震的当时,让他们回忆地震中的自己是如何保护家人、如何协助他人逃生、解放军是如何英勇抢险、乡亲是如何团结等动人故事。通过治疗师的引导和暗示,让灾后青少年从地震中看到一幅英雄史诗般的悲壮动人画卷。一旦这样的新故事、新景象进入个体的思维和意念中,地震就不仅仅是一场灾难,更是一个新生的契机。简言之,叙事治疗的过程就用语言来表述,通过叙说将那些灾后青少年意念中的悲惨情节结构替换成为积极向上的情节结构,并强化新的积极向上的情节结构而淡化原来的消极的情节结构③。

第二,叙事治疗非常适合在华人文化传统的社会中应用。中国人认为地震灾后心理重建要解决人的心理问题,不是揭人伤疤而是抚平伤痛。灾后青少年的心理问题和疾病是在社会以及大众都对地震恐惧以及负面评价的基础上形成的,也是社会悲伤绝望的集体意识的反映,而且这种心理问题更是受到他们认知

① 迈克尔·怀特:《叙事治疗实践地图》,李明等译,重庆大学出版社2011年版,第65页。

② 王菊:《灾区民众心理障碍的叙事治疗应用》,《民族学刊》2012年第4期。

③ 海登·怀特:《新历史主义与文学批评》,张京媛译,北京大学出版社1993年版,第78页。

结构与理解能力的支配，可以说是个人纠结于悲伤问题而强化悲剧的结果。叙事治疗认为，人是人，问题是问题。永远不能因为地震及其所带来的伤害而否认人类生存的延续性和积极性。因此，灾后青少年能够从地震及其所造成的悲惨情境中走出来，将地震看作是对人的警醒和挑战，更加激发人自我反思和挑战困难的豪情，树立积极面对生活的信心。另外，叙事治疗更多的不是关注灾后青少年如何被地震所摧残的悲惨，而是关注他们如何机智地从地震中逃生的英勇，引导他们重构并转换对地震的认识。通过这种方式引导和充分利用地震中受创伤者在特定情境中的能力和资源，淡化其无助感，为其赋权。“这也符合我们中国人乐意听好话、乐意与人谈论自身的闪光点与优良品质的观念与做法。”①

第三，叙事治疗过程简短、方便实用。在灾后青少年心理重建过程中，叙事治疗的重点是将个人的思想意念与地震所造成的创伤心理分开，让他们认识到自身在地震灾害中不仅仅是受害者，更多的是积极的应对者，并且在积极应对的过程中具有英雄般的气质，具有非常让人骄傲的品质。通过这个过程强调青少年的自我改变与发展的能力及潜质，并尊重自我的价值观与个人品质。叙事治疗真正体现了青少年心理重建过程中“助人自助”和“以人为本”的基本精神，较适应中国人讲面子、不乐意直面问题的特点，且缩短了疗程，减少了治疗成本。

三、灾后青少年心理重建中叙事治疗的阶段

综合 Freeman 和 Combs②，Freeman 和 Couchonnal③，Epston 和 White④，Judith L.Herman⑤ 以及 Carr⑥ 等所阐述的叙事治疗的处理策略，针对地震灾后青少年心理重建开展叙事治疗可以包括以下几个历程：

① 方必基等：《叙事心理治疗述评》，《神经疾病与精神卫生》2006 年第 1 期。

② Jill Freedman 等：《叙事治疗：解构并重写生命的故事》，易之新译，张老师文化事业股份有限公司 2000 年版，第 78 页。

③ Freeman，Couchonnal，“Narrative and Culturally Based Approaches in Practices with Families”，*Families in Society*，Vol.87，No.2，2005，pp.198-208.

④ Neimeyer，R. & Raskin，J.，*Construction of Disorder：Meaning-making Framework for Psychotherapy*，Washington：American Psychological Association Publisher，2000，p.286.

⑤ Judith Herman：《创伤到复原》，施宏达等译，远流出版社 2004 年版，第 168—170 页。

⑥ 何雪松：《社会工作理论》，上海人民出版社 2007 年版，第 181 页。

(一)建立共同合作、书写和分享故事的关系阈

在开展叙事治疗之前,一再强调治疗关系和态度十分必要。因为叙事治疗的过程开始于双方的接触过程。治疗师对于灾后青少年相关事宜的了解,就已经开启了叙事过程,并且其所表现出的态度和价值十分关键。从一开始,治疗师就必须避免以"专家"身份自居,不要试图影响灾后青少年的思想和认知,以一种类似"不知道"和好奇的立场倾听。这里的"不知道",指的是治疗师对于青少年生活的内容和意义保持一种价值无涉的态度,协助青少年去体验选择的感觉和历程。"不知道"的立场可以促进治疗师好奇灾后青少年自己对于生活的独有答案,并鼓励他们把这些答案发挥到淋漓尽致,尤其是那些处于大家意料之外的方向,更是值得去探索和深挖。由此,治疗师可以在一种平等、尊重与透明的氛围下,试着去了解和厘清青少年的生活经历、问题及其建构的过程,进而去探索案主的独特答案,鼓励青少年往自我偏好的方向去发展,促使青少年成为自我问题的专家。

在这个过程中,一些问话可以促进治疗师非专家和"不知道"的立场,包括:"我询问的是许多描述,还是一个事实?""我倾听时,是否能了解青少年体验的现实是如何通过社会建构出来的?""此时此地,谁的语言拥有特权?我是否秉持了尊重和接纳的态度?""有哪些故事和情节支持青少年的问题?""我是否把焦点放在意义上,而不是'事实'""我是否从青少年的社会文化脉络来评估他?""我是否以自己的个人经验提出意见的?""我是否落入了区分病态或正常思考的陷阱了?"

(二)通过故事的外化而实现个人与问题的分离

无论是在社会论述还是灾后青少年自身,往往都倾向于作为受害者以及弱势群体来求助。社会工作者进入灾区也往往难以摆脱外来专家和救援者的心态和角色。在叙事治疗之初,灾后青少年往往是处于一种病理叙说、充满心理创伤的灾难故事中,地震、创伤、青少年与问题往往交互缠绕,并形成为一种社会氛围。此时,治疗师最重要的就是要寻找出灾后青少年主流叙事中的问题故事,并通过解构和外化的方式,从而实现人与问题分离的阶段性目标。具体来说,应该包括以下几方面的任务:

首先，治疗师需要基于“不知道”的立场，以“解构性”倾听来了解灾难对青少年的意义。同大部分其他社会工作治疗技术一样，倾听是我们了解服务对象基本情况并得以开展服务的重要基础与前提。倾听的主要任务一方面是了解灾后青少年自身身心的情况、所遭遇的事件的情况、外在社会文化脉络环境的状况及其如何理解这些要素的；另一方面的任务则是通过倾听来引导灾后青少年对于生命不同要素的理解和诠释。此时，治疗师也需要保持两个方面的敏感：一是需要以尊重和接纳的心态了解灾后青少年的生命故事，思考他们叙事中可能蕴含的意义和信念，当治疗师与青少年对于故事秉持不同理解的时候，适当地进行摘要和求证，以清晰双方在故事意义理解上的鸿沟及其原因，并询问对方要如何解决这些不同之处。二是要适当地打断青少年对于故事的叙说，并引导他们有可能的其他理解方式，以寻找可供开启的其他诠释空间。因此，所谓“建构性”的倾听，并不是说治疗师只是单纯地倾听，而是要基于深入倾听的基础去进行适当的诠释和求证，通过适当的问话和评论，协助灾后青少年以新的方式检视自己的故事，并由此探讨新诠释、新故事以及新意义的可能性。通过这种“解构性”的倾听，灾后青少年或许会发现自己原有对于灾难和创伤的叙说并不完整，其中有许多并未填满的空白之处，并需要他们从自己的生活经验中找出适当的细节来补充。细节的寻找、故事的补充和叙事的完善，就带来了问题外化和建构新故事的契机。

其次，治疗师需要以“问题外化”的问句来使问题客体化。在个体漫长而不间断的社会化过程中，已经习惯了将社会固有的观念、态度和规范内化为自身的一部分。灾后青少年同样也在将宏大的地震创伤叙事内化为自身的一部分，在内心中臣服于这些灾难，并由此影响他们对后续生活实践的诠释，陷入一种“悲情纠结”的灾后创伤生活状态。在映秀地震灾后的一年之中，整个镇上都弥漫着一种消极、悲观、绝望的气息，让每一个人都难以露出笑脸。宏大的灾难叙事让沉迷悲伤和哀痛成为民众灾后的唯一选择，并彼此强化为一种惯常的生活状态，并使每一个进入其中的人臣服于它。而在 Adams-Westcoot 等人看来，当人把局限自我于狭隘描述的对话内化时，就会发展出问题，这些故事会成为压迫的经验，因为这些经验会限制人去认识有用的选择①。而叙事治疗则将这一具有压

① Adams-Westcott, J., Dafforn, T.& Sterne, P., *Escaping Victim Life Sotres and Co-constructing Personal Agency*, New York: Norton, 1993, pp.258-271.

迫性的内化过程反转为外化的解放过程，将问题从人身上剥离下来，恢复人成为主体的过程。外化的目的就是让依附在灾后青少年身上的心理创伤、消极情绪、恶劣环境、行为症状等问题客体化为现实的一个实体，具体的技术包括客观化、命名、拟人化、“形象化”等去探索问题的“生活方式”“生命过程”，建构出它活生生的生命历史，建构出它活生生的“真实”。

再次，治疗师需要以“偏好问句”来确认灾后青少年的自我控制权。为了避免治疗师对于叙事过程的过分干预以及专家角色的显露，治疗师需要十分重视灾后青少年叙事的选择、偏好、关心的方向，并从中去理解其灾后的生命故事。让灾后青少年在剥离问题之后自主地寻找到新的关注焦点，找到生命新的偏好。比如，治疗师可以问青少年更喜欢讨论的话题，或者在灾后救助过程中比较开心的事情等。

在将心理创伤的问题成功与青少年本身脱离后，如何重建青少年对于灾难的叙事和对于重建生活的希望，是叙事治疗的关键所在。因此，本阶段的最后工作是通过“立新”的方式做到“破旧”，也就是如何通过“相对影响问句”来打开新叙事的空间。此时，治疗师可以通过探索创伤的延续时间、创伤控制的生活层面、创伤后果对当事人影响的程度以及创伤发挥作用的方式四个主题，了解问题对灾后青少年的影响，并进一步引导出更为积极的故事情节。

（三）通过发现、浓化与联结独特结果重构叙事

在电影阿甘正传中有这么一句话：“生命就像一盒巧克力，你永远不知道下一个是什么颜色”。的确，纵然我们的生活遭遇了困难，但未来仍然是值得期待的。同样，纵然过去让人悲伤，但依然有许多光辉的时刻，成为那悲伤故事中的闪亮之星。因此，叙事治疗最终的目的就是协助灾后青少年跨过那记忆中的重重灾难，寻找到生命的星星之火，将其丰富、厚实和弘扬成为燎原之势的未来。作为叙事治疗核心的故事重构，需要包含以下三个可能循环往复的阶段：

首先，治疗师需要通过适当的引导发现青少年灾难历程中的独特结果。所谓独特结果指的是生活中那些与主流故事不相符的、偶然的，甚至是矛盾的事件、情节与经历，也可以理解为“绝望大山上一块希望的小石”。独特结果既可以表现为生活中各种被遗忘的有力资源、成功经历、闪亮事件、快乐时刻或者和谐关系等；也可以是青少年积极的想法、态度、行动以及不受问题困扰的反应和

状态。挖掘灾后青少年的独特结果可以通过以下五种方式：一是通过“独特结果问句”来直接地探索青少年在地震灾后没有感受到心理创伤或者创伤减弱时刻的心态、意愿、希望和行动。比如，可以直接询问“我想你在灾后还是有过心情比较好的时候，或者你试着让自己心情更好一些的时候吧，我倒是对此很好奇呢？”二是通过“独特说明问句”来引导青少年回忆生活中那些重要事件和闪亮时刻的具体故事、经验、场景以及细节，并将之系统完整地梳理为青少年对抗灾难的动力泉源。比如，可以询问青少年“你当时是如何从地震中逃脱，是如何忍住悲痛，又是如何帮助他人的？”三是通过“独特重述问句”来协助青少年从他人的、现在的角色和心态来重新回到独特结果的故事中，并尝试理解当时独特故事中的自己与社会环境及其两者的关系，并从中发展出新的价值和意义。比如，可以询问青少年“你可以从这段经历中看出你当时是什么样子吗？从旁观者来看，你当时是怎么做到的呢？”四是通过“独特可能性问句”来引导青少年对生命中英勇的时刻做出进一步的假设，邀请他们去好奇、想象、猜测从独特结果中所可能衍生的未来情景。通过这种形象的引导，让闪亮事件保持鲜活并且被放在故事中，也藉此让青少年能够将想象的美好变成现实，比如，可以询问青少年“如今你也可以发现自己当年也是那样英勇，那么如果一直英勇下去会怎么样呢？”五是通过“独特循环传播问句”来不断强化灾后青少年生命中的闪亮故事和独特结果，并将周围的人际关系和环境放进这些故事中，引导青少年能够将这些生命中的闪光时刻变得更加丰满而有更多情节，从而发展成为新的故事。比如，可以询问“你愿意跟哪些人去说你现在的状态和对未来的打算”。

其次，一旦我们能够挖掘青少年自身喜欢的闪光事件，并通过一定的仪式空间将之变为较为有趣和鼓舞人心的故事，青少年便可融入其中，并由新故事来引导其积极思维和行动。这种通过多重特征、观点的详细描述来发展故事的技术便是浓化，简而言之就是通过附加上具体的细节、情绪、意义和行动，让灾后青少年新的叙事变得更加具体而真实。因为较为微弱的独特结果的火花，往往会在灾后不如意的生活中而渐渐消失，治疗师必须通过丰富、详细而有意义的故事细节来继续发展新的叙事，才能实现叙事的重构。具体的技术包括：一是循环问句，即将独特结果的故事情节，扩大发展成解决之道的新故事；二是未来情节问句，即引导灾后青少年去模拟未来情况，去检视新故事对未来的可能描述，看看新建构的意义对未来行动的指引是否更有适应性；三是赋权问句，即适时引导灾后青少年思考过去如何运用资源、能力或未来将如何运用来“借力使力”，目的在使其重新拾获力量，甚至“力上加力”；四是意义问句，即运用非指导性、非灌输的态度来陪伴灾后青少年，促进他们反思，自主的寻求意义与创造意义；五是经验问句，即邀请灾后青少年成为自己故事的听众，再次透过其重要他人的眼睛来看待自己，听听他(她)们怎么看待自己；六是历史化问句，即发展出更具可供记忆的历史感、存有希望的未来感，并使之拥有不断推陈出新的故事情节；七是“咨询顾问”问句，即是让灾后青少年站到专家地位上，而能对其他有类似困扰问题的人们提供其个人因应的经验。

最后，要想实现灾后青少年人生故事的重写，不仅要体现在意识层面，更需要体现在行动层面。因此，治疗师需要以双重图景和交叠重写故事的方式，让新故事融入现实生活之中，从而协助青少年形成一个关于自我的新叙事。一方面，在 Bruner 看来，(故事)的成分就是行动的内容，包括行动者、意图或目标、处境、工具，以及与故事逻辑结构相关的事情①。也就是说，我们要对一个新闻有清晰而感同身受的理解，必须要清楚“谁”于“什么时间”在“什么地方”发生了“什么事情”，结果又是“如何”了。有了这些行动的要素，故事就变得更加清晰而真实起来。行动图景的运用，有助于治疗师协助灾后青少年生动地体验新故事，并发展出新故事的时间顺序。其主要技术是问“如何”或者隐含“如何”的问话。比如，可以问青少年“你当时是如何做的?”“你做了什么，使你感到这种英勇的感觉?”“你这种英勇的感觉在什么情况下发生的?”另一方面，无论故事中的行动的图景是多么生动而具体，如果这些行动不能便成为灾后青少年的生命意义，那也达不到心理重建的目的了。因此，“治疗师还需要通过引导灾后青少年以想象的方式来描绘独特结果及事件的意义、欲求、意向、信念、承诺、动机、价值观，以及其他与行动图景经验有关的东西，这就是所谓的意识图景”②。通过双重图景的运用，最终将独特结果与过去和现在的其他事件联系在一起，真正实现灾后青少年的心理重建。

① Bruner, J., *Actual Minds/Possible Worlds*, Cambridge: Harvard University Press, 1986, p.14.

② Jill Freedman 等:《叙事治疗:解构并重写生命的故事》,易之新译,张老师文化事业股份有限公司 2000 年版,第 155 页。

（四）通过文件形式记录和强化新的叙事和实践

David Nylund 通过实证研究发现一封信的平均价值等于 3.2 次会谈[①]。因此，善用文件记录，能够有效地表达治疗师的反馈，见证灾后青少年的心理成长，并赋予其更多的力量。一方面，治疗师可以通过会谈摘要的方式总结上次会谈的经验，以激励青少年重新进入到新叙事当中，并顺利地开展最后的会谈工作；另一方面，通过为相关情节、问题以及计划命名，可以有效地帮助灾后青少年将叙事治疗的经验生活化和现实化，从而实现故事与现实的联结。具体来说，文件的形式包括笔记、录音、录像、写信、会谈摘要、证书、卡片、奖状等多种方式。通过阅读治疗师的笔记，青少年会看到一个全新的自我，并看到自己的活力和进步；通过录音和录像，青少年更倾向于通过更多时间思考某个特别的问话，并反复咀嚼其中的意义；通过写信，青少年有更多机会思考自己的言行，并引出许多新的想法和故事，达到阅读治疗的效果。可见，通过故事、见证、写作等艺术性方式，可以为内在生命和外在世界带来更多体验、更多故事以及更多可能，赋予人们去“重写”自己生活与关系的特权[②]。

（五）通过邀请他人见证和分享成功叙事的意义

人们总是通过叙述自己喜欢的故事来塑造喜欢的自我。因此，只要有了听众，就形成了相互影响的场域与文化，由此建构出新的知识，并通过社会互动将新观念、新事物传递给了听众，而听众反过来又强化了叙事者的故事和价值。因此，通过适当的方式将灾后青少年所形成的关于克服灾难的英勇故事传播开来，无论对于青少年本身，还是青少年朋辈、社区心理氛围，都具有十分重要的意义。其具体方式既然可以包括治疗过程中的回响团队的建立，也包括邀请与青少年相关的人参加治疗过程中的总结、见证和庆祝环节，还包括灾后青少年形成相互支持的小组和联盟。通过多种方式，强化灾后青少年对于新叙事的认同、实践，也帮助那些具有同样处境的灾后青少年，在这种良性互动中真正实现灾后青少年的心理重建。

---

① Nylund, D. & Thomas, J., “The Economics of Narrative”, *Family Therapy Networker*, Vol. 18, No. 6, 1994, pp.38–39.

② White, M. & Epston, D., *Narrative Means to Therapeutic Ends*, New York: Norton, 1990, pp.126–128.

参考文献

边慧敏等:《灾害社会工作的现状、问题与对策:基于汶川地震灾区社会工作服务开展情况的调查》,《中国行政管理》2011 年第 1 期。

蔡汉贤:《社会工作词典》,社区发展杂志社 2000 年第四版。

蔡山彤:《优势视角下的亲子小组研究:以北川儿童友好家园小组活动为例》,硕士学位论文,华中科技大学,2012 年。

蔡素妙:《九二一受创家庭复原力之变化分析研究》,硕士学位论文,彰化师范大学辅导与谘商学系,2002 年版。

柴定红、周琴:《我国灾害救援社会工作研究的现状及反思》,《江西社会科学》2013 年第 3 期。

车文博:《西方心理学史》,浙江教育出版社 1998 年版。

车文博:《心理咨询大百科全书》,浙江科学技术出版社 2001 年版。

陈淑惠等:《九二一震灾受创者社会心理反应分析》,《中大社会文化学报》2000 年第 10 期。

陈振明:《政策科学:公共政策分析导论》,中国人民大学出版社 2003 年版。

陈向明:《质性研究与社会科学研究》,教育科学出版社 2000 年版。

陈若乔:《单亲小孩上大学:优势观点探讨青少年时期经历父母离异事件的生活历程》,硕士学位论文,台湾大学社会学研究所,2001 年。

杜高明:《心理咨询与治疗理论》,四川大学出版社 2008 年版。

杜景珍等:《个案社会工作:理论与实务》,知识产权出版社 2007 年版。

范明林、张洁:《学校社会工作》,上海大学出版社 2005 年版。

范琼方:《艺术治疗:家庭动力绘画概论》,五南出版社 1996 年版。

房列曙等:《社区工作》,合肥工业大学出版社 2005 年版。

风笑天:《社会学研究方法》,中国人民大学出版社 2013 年第四版。

关信平:《社会政策概论》,高等教育出版社 2009 年版。

韩大元、莫于川:《应急法制论:突发事件应对机制的法律问题研究》,法律出版社 2005 年版。

何雪松:《社会工作理论》,上海人民出版社 2007 年版。

胡欣怡:《创伤后成长的内涵与机制初探:以九二一震灾为例》,硕士学位论文,台湾大学心理学系,2005 年。

黄承伟、何晓军:《自然灾害与贫困:国际经验及案例》,华中师范大学出版社 2013 年版。

黄加如:《读书治疗对中等学校教师心理特质之影响》,硕士学位论文,彰化师范大学教育研究所,1999 年。

黄琼慧:《九二一地震组合屋家庭凝聚力之研究》,硕士学位论文,台湾师范大学人类发展与家庭学系,2009 年。

黄荣村:《台湾九二一大地震的集体记忆》,印刻文学生活杂志社 2009 年版。

黄维宪等:《社会个案工作》,五南图书出版公司 1985 年版。

侯杰泰:《青少年自杀:特征、防止及危机处理》,中华书局(香港)有限公司 1996 年版。

贾晓明:《地震灾后心理援助的新视角》,《中国健康心理学杂志》2009 年第 7 期。

柯佳敏等:《精神救助·社工介入·系统构建:专业社会工作介入社会性突发事件精神救助系统构建研究》,中国社会科学出版社 2013 年版。

孔令帅:《灾难与儿童:美国卡特里娜飓风的教训》,《中国青年研究》2008 年第 8 期。

赖念华:《灾后心理重建历程的合作行动研究》,硕士学位论文,台湾师范大学教育心理与辅导学系,2002 年。

李静、杨彦春:《灾后本土化心理干预指南》,人民卫生出版社 2012 年版。

李永祥:《什么是灾害:灾害的人类学研究核心概念辨析》,《西南民族大学学报(人文社会科学版)》2011 年第 11 期。

梁茂春:《灾害社会学》,暨南大学出版社 2012 年版。

廖文干:《地震灾后国民小学实施心理复健的探究:一所灾区小学的个案研究》,硕士学位论文,台中师范学院国民教育研究所,2003年。

林胜义:《学校社会工作理念及实务》,学富文化事业有限公司2007年版。

林万亿、黄韵如:《学校辅导团队工作:学校社会工作师、辅导教师与心理师的合作》,五南图书出版公司2005年版。

林冠馨:《优势观点运用于高风险家庭青少年情绪及行为问题》,硕士学位论文,暨南国际大学社会政策与社会工作学系,2007年。

林文婷:《运用优势观点探讨青少年之贫穷生活经验》,硕士学位论文,台湾师范大学社会工作研究所,2008年。

刘梦等:《小组工作》,高等教育出版社2003年版。

刘萍:《灾难心理服务研究》,硕士学位论文,北京林业大学经济管理学院,2007年。

刘斌志:《震后儿童社会工作的日本经验与本土思考》,《社会工作》2008年第15期。

刘斌志:《汶川地震灾后青少年心理重建的研究综述》,《青年探索》2011年第2期。

刘斌志:《论阅读疗法在灾后青少年心理重建中的优势及策略》,《国家图书馆学刊》2014年第3期。

刘斌志:《震后失依青少年哀伤经验的社会工作研究:基于汶川地震灾区的深入访谈》,《社会工作》2013年第1期。

刘斌志:《优势与策略:震后灾区青少年心理重建中的艺术治疗》,《华东理工大学学报(社会科学版)》2013年第6期。

刘斌志:《叙事治疗:地震灾后青少年心理重建的新范式》,《重庆师范大学学报(哲学社会科学版)》2014年第3期。

刘淑霞:《艺术治疗对提升智障儿童交往能力的研究》,硕士学位论文,山东艺术学院,2011年。

陆雅青:《艺术治疗团体实务研究》,五南出版社2000年版。

陆雅青:《艺术治疗》,心理出版社1993年版。

孟昭华、彭传荣:《中国灾荒词典》,黑龙江科学技术出版社1989年版。

民政部社会工作司:《灾害社会工作理论与实务》,中国社会出版社2012

年版。

沈黎:《灾后重建中的青少年需求评估:以都江堰幸福家园安置点为个案》,《上海青年管理干部学院学报》2009 年第 1 期。

史柏年、费梅苹:《社会工作实务(中级)》,中国社会出版社,2010 年版。

石林等:《艺术治疗:培育地震孤儿同伴交往意识的新尝试》,《南京社会科学》2010 年第 9 期。

宋丽玉、施教裕:《优势观点:社会工作理论与实务》,社会科学文献出版社 2010 年版。

宋丽玉等:《社会工作理论:处遇模式与案例分析》,洪叶文化出版公司 2002 年版。

陶鹏、童星:《灾害概念的再认识:兼论灾害社会科学研究流派及整合趋势》,《浙江大学学报(人文社会科学版)》2012 年第 2 期。

谭祖雪等:《社会工作介入灾害救援机制研究》,《天府新论》2011 年第 2 期。

童敏:《从问题视角到问题解决:社会工作优势视角再审视》,《厦门大学学报(哲学社会科学版)》2013 年第 6 期。

卫小将、何芸:《叙事治疗在青少年社会工作中的应用》,《华东理工大学学报(社会科学版)》2008 年第 2 期。

王思斌、阮曾媛琪:《和谐社会建设背景下中国社会工作的发展》,《中国社会科学》2009 年第 5 期。

王思斌:《社会工作实践权的获得与发展:以地震救灾学校社会工作的展开为例》,《学海》2012 年第 1 期。

王思斌:《中国社会工作的嵌入性发展》,《社会科学战线》2011 年第 2 期。

王思斌:《社会工作综合能力(中级)》,中国社会出版社 2010 年版。

王菊:《灾区民众心理障碍的叙事治疗应用》,《民族学刊》2012 年第 4 期。

王绍玉、冯百侠:《城市灾害应急与管理》,重庆出版社 2005 年版。

王文忠、王世卿:《灾后社区心理援助手册》,科学出版社 2009 年版。

文军:《社会工作模式:理论与应用》,高等教育出版社 2010 年版。

吴淑贞:《集集大地震对中部灾区组合屋居民身心状况及三县市死因变化之影响》,硕士学位论文,中国医药学院环境医学研究所,2001 年。

吴熙娟:《叙事治疗:解构并重写生命故事工作坊讲义》,张老师文化文化事业股份有限公司 2001 年版。

萧景荣:《叙事取向生涯谘商中当事人之改变历程》,硕士学位论文,台湾师范大学教育心理与辅导学研究所,2003 年。

萧珺予:《创伤事件经历者复原历程之探讨:以九二一受创者为例》,硕士学位论文,彰化师范大学辅导与谘商学系,2001 年。

许莉娅等:《个案工作》,高等教育出版社 2004 年版。

许莉娅:《专业社会工作在学校现有学生工作体制内的嵌入》,《学海》2012 年第 1 期。

谢明:《公共政策分析概论》,中国人民大学出版社 2011 年版。

杨雅榆:《震灾失依青少年的哀伤反应与因应策略过程研究》,硕士学位论文,南华大学生死学系,2002 年。

杨艳杰等:《地震灾区青少年学生心理健康状况调查》,《中国公共卫生》2008 年第 12 期。

叶浩生:《西方心理学的历史与体系》,人民教育出版社 2002 年版。

叶舒宪:《叙事治疗论纲》,《西南民族大学学报(人文社科版)》2007 年第 7 期。

曾月娥:《优势观点团体工作运用于暴力循环中妇女复元之研究》,硕士学位论文,暨南国际大学社会政策与社会工作学系,2007 年。

曾宁波:《地震灾区学校心理援助机制初探》,《中国特殊教育》2008 年第 6 期。

张惠芬、郭妙雪:《工作与家庭》,扬智文化出版公司 1998 年版。

张静等:《四川地震灾区中小学生积极心理品质调查研究》,《中国特殊教育》2009 年第 12 期。

张侃:《国外开展灾后心理援助工作的一些做法》,《求是》2008 年第 16 期。

张侃、王日出:《灾后心理援助与心理重建》,《中国科学院院刊》2008 年第 4 期。

张宇莲等:《社会工作实务(下册)》,上海社会科学院出版社 2005 年版。

赵成根:《国外大城市危机管理模式研究》,北京大学出版社 2005 年版。

赵东梅:《心理创伤的治疗模型与理论》,《华南师范大学学报(社会科学版)》2009 年第 3 期。

赵芳:《团体社会工作:理论与实务》,知识产权出版社 2009 年版。

赵勇、侯建:《国外大城市危机管理模式研究》,地震出版社 2007 年版。

邹其嘉:《唐山地震灾区社会恢复与社会问题研究》,地震出版社 1997 年版。

周月清:《家庭社会工作:理论与方法》,五南图书出版公司 2001 年版。

B.E.Gilliand 等:《危机干预策略》,肖水源等译,中国轻工业出版社 2000 年版。

Bruce,L.M.:《青少年艺术治疗》,许家绫译,心理出版社 2006 年版。

Charles, A.等:《死亡与丧恸:青少年辅导手册》,吴红恋译,心理出版社 1996 年版。

Donald Collins 等:《家庭社会工作》,魏希圣译,洪叶文化事业有限公司 2009 年版。

Freedman,J.:《叙事治疗:解构并重写生命的故事》,易之新译,张老师文化事业股份有限公司 2002 年版。

Gerald Corey:《心理咨询和治疗的理论及实践(第七版)》,石林等译,中国轻工业出版社 2004 年版。

Hermam,J.:《从创伤到复原》,施宏达等译,远流出版社 2004 年版。

Judith Herman:《创伤到复原》,施宏达等译,远流出版社 2004 年版。

Patricia, A.等:《接受与实现疗法:理论与实务》,方双虎等译,重庆大学出版社 2011 年版。

Saleebey,D.:《优势视角:社会工作实践的新模式》,李亚文等译,华东理工大学出版社 2004 年版。

Victoria, M.等:《找到创伤之外的生活》,任娜等译,中国轻工业出版社 2009 年版。

戴安·梅尔斯:《灾难与重建:心理卫生实务手册》,陈锦宏等译,心灵工坊文化 2001 年版。

戈夫曼:《日常生活中的自我呈现》,冯钢译,北京大学出版社 2008 年版。

海登·怀特:《新历史主义与文学批评》,张京媛译,北京大学出版社 1993

年版。

迈克尔·怀特:《叙事治疗实践地图》,李明等译,重庆大学出版社 2011 年版。

梅里亚姆-韦伯斯特公司:《韦氏词典》,世界图书出版公司 2001 年版。

Adams-Westcott, J., Dafforn, T., &Sterne, P., 1993, *Escaping Victim Life Sotres and Co-constructing Personal Agency*, New York: Norton.

American Heritage Dictionary, 1992, *American Heritage Dictionary of the English Language*, Boston: Houghton Mifflin.

Anthony, E. J., 1976, "The Syndrome of the Psychologically Invulnerable Child", in *The Child in His Family: Children at Psychiatric Risk*, E.J. Anthony, & C Koupernik (eds.), New York: Wiley.

Bruner, J., 1986, *Actual Minds/Possible Worlds*, Cambridge: Harvard University Press.

Cochran, L., 1997, *Career Counseling: A Narrative Approach*, CA: SAGE.

Collin, A.H. and Pancoast, D.L., 1976, *Natural Helping Networks: A Strategy for Prevention*, Washington, D.C.: National Association of Social Workers.

Delisle, R.G.& Woods, A.S., 1977, *Children and Death: Coping Models in Literature*, H.E.: Lehman Collection.

Erikson, K.T., 1976, *Everything in Its Path: Destruction of Community in the Buffalo Creek Flood*, New York: Simon and Schuster.

Farberow, N. L. and Frederick, C. J., 1978, *Training Manual for Human Service Workers in Major Disasters*, Rockville, Maryland: National Institute of Mental Health.

Fischer, J., *Effective Casework Practice: An Eclectic Approach*, New York: McGraw-Hill, 1978.

Hynes, A.M., & Hynes-Berry, M., 1986, *Bibilotherapy-the Interactive Process: A Handbook*, Boulder, CO: Westiview Press.

Kemp, S., Whittaker, J. & Tracy, E., 1997, *Person-Environment Practice: The Social Ecology of Enterpersonal Helping*, Aldine De Gruyter.

Kiyuna, R. S., Kopriva, R. J. & Farr, S. J., 1993, "The Experiential Learning

Model as a Conceptual Framework for the Treatment of Post Traumatic Stress Disorder", in *Handbook of post-disaster interventions*, R.Allen, Washington, D. C.: Mineralogical Society of America.

Krammer, E., 1971, *Art as Therapy with Children*, New York: Schocken Books.

Malchiodi, C.A., 1998, *Understanding Children's Drawing*, New York: Paterson Marsh Ltd and the Guilford Press.

Munns, E., 2000, *Theraplay: Innovations in Attachment - Enhancing Play Therapy*, Northvale, NJ: Aronson.

Neimeyer, R., Raskin, J., 2000, *Construction of Disorder: Meaning - Making Framework for Psychotherapy*, Washington: American Psychological Association Publisher.

Rubin, J.A., 2005, *Child Art Therapy*, Hoboken, N.J.: Wiley.

Swenson, C.C., Powell, P., Foster, K.Y.& Saylor, C.F., 1991, "The Long-Term Reactions of Young Children to Natural Disaster", presented at the annual convention of the American Psychological Association, San Francisco: American Psychological Association.

Tierney, K. J. and Baisden, B., 1979, *Crisis Intervention Programs For Disaster Victims: Souce Book and Mannual fo Smalle Comunities*, Rockville, Mayland: Naional Institute of Mental Healh.

Wadeson, H., 1980, *Art Psychotheraphy*, New York: John Wiley & Sons.

Werner, E., & Smith, R.S., 1992, *Overcoming the Odds: High Risk Children from Birth to Adulthood*, Ithaca: Cornell University Press.

White, M., 2000, *Reflections on Narrative Practice: Essays and Interview*, Adelaide: Dulwich Center Publications.

White, M., & Epston, D., 1990, *Narrative Means to Therapeutic Ends*, New York: Norton.

Young, B.H., Ford, J.D., Ruzek J.I., Friedman M.J., and Gusman, F.F., 1999, *Disaster Mental Health Services*, The National Center for Post-Traumatic Stress Disorder.

Yule, W., 2001, "Post - Traumatic Sterss Disorder in Children and Adolescents", *International review of psychiatry*, No.19.

后　记

2008 年 5 月 12 日，对于汶川地震经历者而言，是一个值得永远纪念的日子；对于中国而言，也是一个公民社会意识觉醒的时刻；对于社会工作专业而言，更是一个发挥专业角色和功能的号角。也是在这样的一个日子，我经历了有生以来第一次的地震逃难经历，从摇晃的 32 层楼房中赤脚一口气跑下 21 楼，并遭遇足部的轻微骨折。地震发生后的三年内，以力所能及的方式参与到震后灾区儿童青少年的社会服务中，并经历了生理和心理的病痛折磨。而今已过去九年的光阴，回顾那段生活、工作和研究的历史，才深刻地感受到时任国务院总理温家宝在北川中学所题写的“多难兴邦”四个字。这不仅适用于汶川地震灾后的恢复重建，更适用于地震灾难经历者的心理复原，也适用于本课题三年多的研究经历。

三年多的时间，在与灾区儿童青少年同行的一千多个日日夜夜，课题研究者们藏起背后的艰辛，扬起嘴角的微笑，为青少年放飞一个又一个的梦想，实现了心理重建的一次次跨越。在灾难救援时期，他们和解放军、当地民众、各行专家一起，为儿童青少年筹集物资、安排住处、处理创伤、抚慰人心；在重建阶段，他们走进灾区城镇农村、学校医院、家庭社区，深入儿童青少年的日常生活和心理世界，让身体伤残的得以医治，让失学辍学的得到辅导，让心灵疲惫的得以安慰，让悲伤失望的得以坚强。社会工作者，与他们一起痛苦、一起欢笑、一起经历灾后的林林总总，既倾听他们灾后软弱的需要，更欣赏他们在灾难中所体现出的坚韧和希望，以自己的微薄之力和点滴服务，实现了灾后儿童青少年的“凤凰涅槃”“浴火重生”；践行了在心理重建的路上“有你有我，有社工”！

三年多的时间，在都江堰玉堂镇板房区，社会工作以生命教育入手，以“身、心、社、灵”的生态系统视野促进儿童青少年的全人健康发展；在绵竹市汉旺镇，社会工作以建设开放和包容性的社区环境为依归，与康复治疗师进行跨专业的合作，促进伤残学生的生理康复、心理康复与社区融合；在灾区8个地州市先后建立的40所儿童友好家园，社会工作与当地政府、社区、民众等力量合作，为受灾儿童提供游戏、娱乐、教育、卫生和心理支持的一体化服务，倡导和传播儿童保护、儿童友好空间/环境的概念和理念，探索了紧急事件中儿童保护的模式。

三年多的时间，从文献综述到研究设计，从问卷制作到实地访谈，从重庆到汶川到重庆，从助人者到同行者，从理论分析到模式构建。我们度尽的年岁，好象一声叹息，如飞而去。成书之际，我们能做的便只有珍惜眼前，深深感恩！

感谢重庆师范大学柯佳敏教授在突发事件精神救助研究领域的带领与指导。2006年，我得以参加柯老师主持的2006年度国家社会科学基金项目“专业社会工作介入社会性突发事件精神救助系统构建研究”，不仅深入学习了关于社会工作服务精神健康的理论与知识，更是跟随柯老师学到了严谨的科研精神和踏实的调研作风。以此为契机，增强了我的科研兴趣，并不断学习与前行。

感谢香港理工大学应用社会科学系的诸位导师给我深入学习社会工作的机会。要特别感谢阮太一直以来对我们硕士班的宽容关爱和倾力付出，感谢亲爱的导师阿古和师兄张和清，是您们让我有机会学习到您们在映秀镇服务的经验；感谢叶嘉宝老师让我有到理县服务的机会并给予莫大的鼓励和包容。要特别感谢北京大学的王思斌教授，以春风般的笑容和激励人心的言语，不但给我以社会问题学理探究的深厚底蕴，更以大家之风给我们最有力的精神支持。

感谢中国社会工作硕士班的相互支持与精诚合作。我们共同结成一个中国社会工作发展的网络，为着中国社会工作的发展与教育事业精诚合作，在多元知识中相互欣赏，相互包容，共同进步。特别要感谢邓拥军、王丹丹、陈会全等同门对于本书相关资料收集和服务行动所做出的贡献。

感谢中国社会工作教育协会前任会长王思斌教授和史柏年秘书长带领中国社会工作界积极参与灾后恢复重建的伟大工程，并为全国各大高校社会工作师生参与灾后重建工作提供了资源、平台以及智力支持，让我们得以有信心和能力进入灾区开展服务。感谢所有真实坦诚地接受本研究各项调研和访谈的当事人，是你们开放自己的伤口，成就我们的研究。

感谢国家社科规划办公室、重庆市人文社会科学重点研究基地——三峡文化与社会发展研究院、重庆师范大学科研处的资助；感谢国家社科规划办各位匿名评审专家的宝贵指导意见；尤其要感谢人民出版社陈登老师给予的真诚帮助，本书才得以顺利出版。

本书参考了大量文献资料，借鉴和吸收了其他研究者的各类研究成果，其中的主要来源已在注释或参考文献中列出，如有遗漏，恳请谅解，并致以诚挚谢意。书中的错误和疏漏之处，肯定各位同行专家、读者不吝指正。

刘斌志

2017年3月1日于重庆大学城

责任编辑:陈　登

图书在版编目(CIP)数据

灾后青少年心理重建的社会工作研究/刘斌志 著. —北京:人民出版社,2017.7
ISBN 978－7－01－017908－7

Ⅰ.①灾…　Ⅱ.①刘…　Ⅲ.①灾害-青少年-心理康复-社会工作-研究-中国
Ⅳ.①B845.67②D432.6

中国版本图书馆 CIP 数据核字(2012)第 166206 号

灾后青少年心理重建的社会工作研究

ZAIHOU QINGSHAONIAN XINLI CHONGJIAN DE SHEHUI GONGZUO YANJIU

刘斌志　著

人民出版社 出版发行
(100706　北京市东城区隆福寺街 99 号)

涿州市星河印刷有限公司印刷　新华书店经销

2017 年 7 月第 1 版　2017 年 7 月北京第 1 次印刷
开本:710 毫米×1000 毫米 1/16　印张:20.75
字数:328 千字

ISBN 978－7－01－017908－7　定价:48.00 元

邮购地址 100706　北京市东城区隆福寺街 99 号
人民东方图书销售中心　电话 (010)65250042　65289539